HAMBURGER GEOGRAPHISCHE STUDIEN

Herausgegeben von Albert Kolb, Erich Otremba, Wilhelm Brünger
Schriftleitung Wilhelm Brünger

Heft 14

BAUGRUND UND BEBAUUNG HAMBURGS

Der Einfluß des natürlichen Untergrundes
auf die Entwicklung einer Welthafenstadt

von

HANS-JÜRGEN GÄBLER

Hamburg 1962

im Selbstverlag
des Instituts für Geographie und Wirtschaftsgeographie
der Universität Hamburg
in Kommission bei Cram de Gruyter & Co., Hamburg

Die Abhandlung wurde am 21. Juni 1961 von der Mathematisch-Naturwissenschaftlichen Fakultät der Universität Hamburg unter dem Dekanat von Prof. Dr. Kosswig auf Antrag von Prof. Dr. W. Brünger als Dissertation angenommen.

Druck: A. F. Blöcker, Hamburg-Wandsbek

VORWORT

Die Erforschung des Hamburger Baugrundes ist eine Angelegenheit der Geologen. Die Beschreibung der Bebauung Hamburgs ist eine historisch-topographische Aufgabe, die Betrachtung der Bauwerke ein architektonisches Thema. Die Frage nach den Beziehungen zwischen Baugrund und Bauwerk interessiert den Ingenieur. Zahlreiche Untersuchungen der hiermit angedeuteten Probleme findet man in der jeweiligen Fachliteratur.

Die Zielsetzung der vorliegenden Arbeit dagegen ist es, diese Vielzahl der Betrachtungsweisen von Baugrund und Bebauung in einer geographischen Zusammenschau zu vereinen.

Die dazu erforderliche Kenntnis vom Hamburger Baugrund, den Zugang zu den verwendeten Bodenprofilen sowie den Einblick in Planung und Ausführung vieler Bauvorhaben der Gegenwart und der jüngsten Vergangenheit verdanke ich der vielseitigen Ausbildung als Baureferendar beim Tiefbauamt der Baubehörde in Hamburg. Insbesondere konnte ich mein Hochschulwissen über die Baugrundlehre und die Bodenmechanik vertiefen, da ich im Rahmen dieser Ausbildung die Möglichkeit hatte, in der Außenstelle Hamburg der Bundesanstalt für Wasserbau, Abteilung Baugrund, unter der Leitung von Dr.-Ing. Steinfeld zu arbeiten.

Im Vermessungsamt der Baubehörde Hamburg war mir Baudirektor Reek bei der Beschaffung von Kartenmaterial behilflich. Ferner stellte mir Dr. Gaedechens aus seiner Privatbibliothek Literatur und Karten zur Verfügung und gab mir wertvolle Hinweise über die Geschichte Hamburgs. Erklärungen und Hinweise geologischer Art erhielt ich u. a. durch Dr. Simon vom Geologischen Landesamt in Hamburg.

Ihnen allen möchte ich an dieser Stelle danken. Mein ganz besonderer Dank aber gebührt Herrn Prof. Dr. Wilhelm Brünger, der die Anregung zu dieser Arbeit gab und der mich, den Bauingenieur, mit der Geographie vertraut gemacht hat.

Gleichfalls zu großem Dank verpflichtet bin ich Herrn Prof. Dr. Albert Kolb für die Aufnahme dieser Arbeit in die Hamburger Geographischen Studien, sowie allen denjenigen, die mir bei der Drucklegung mit Rat und Tat zur Seite gestanden haben.

Hamburg, 1962 — Hans-Jürgen Gäbler

INHALTSVERZEICHNIS

Seite

DER BAUGRUND HAMBURGS

DIE BEBAUUNG HAMBURGS

Abb. 1 **Blick vom östlich**

nach S ü d e n über Alstermarsch (St. Nikolai) und Elbmarsch (St. Katharinen, links v
auf das Stromspaltungsgebiet (Hafen) bis zum Rand der südlichen, der Harburger Ge

ger Geestsporn (St. Petri):

nach W e s t e n über die Alstermarsch (Rathaus) auf den Abhang der westlichen Hamburger Geest (St. Michaelis); im Hintergrund die Bahrenfelder Endmoränen.

EINFÜHRUNG

1. EIN ERSTER RUNDBLICK

Bereits mit einem Blick vom Turm der Petrikirche, der ältesten Marktkirche Hamburgs, im Herzen der Stadt, erhalten wir ein Bild von der vielgestaltigen Stadtlandschaft Hamburgs (vgl. Abb. 1).

Bei näherem Hinsehen erkennen wir auch das Nebeneinander der so unterschiedlichen natürlichen Landschaftsräume.

Die Kenntnis der geologischen Entstehung dieses Landes verhilft uns weiter zu einem Einblick in die natürlichen Untergrundverhältnisse, zu einem ersten Überblick über die Arten des vorhandenen Baugrundes.

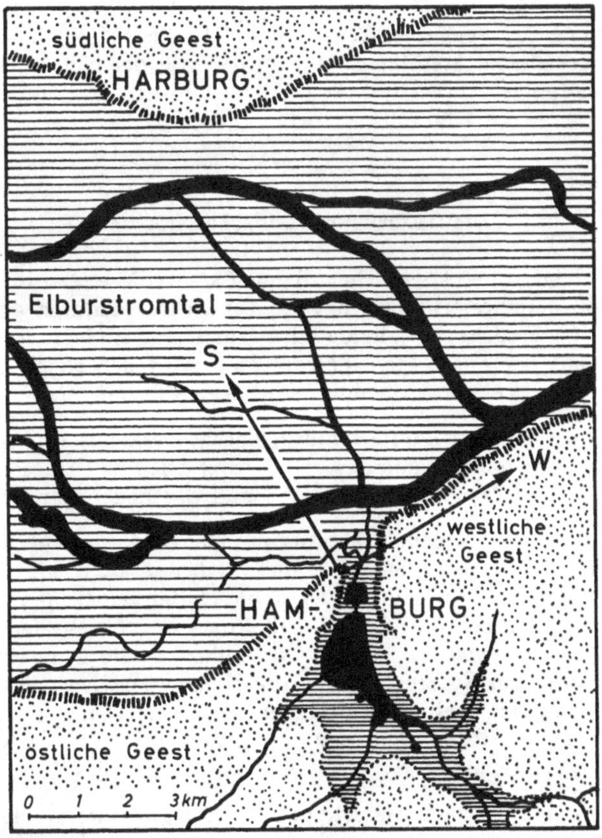

Abb. 1 a Das Elburstromtal und die Alsterniederung zwischen den Hamburger und Harburger Geestflächen

Orientierungskarte zu Abb. 1.

Die Stadtlandschaften

Zu Füßen des Beschauers auf dem Petrikirchturm pulst das geschäftige Leben der „City". Kontor- und Geschäftshäuser drängen sich um Rathaus und Börse. Beim Blick nach Süden erkennt man in der Nähe von St. Nikolai die alten, hohen, schmalen Kaufmannshäuser, dicht nebeneinander am Nikolaifleet stehend.

Der Blick nach Westen, elbabwärts, wird beherrscht von der Michaeliskirche. Hier finden wir – in unmittelbarer Nähe des Hafens und der City – Wohnhäuser.

Das breite Band der Elbe durchzieht das gesamte Bild im Süden. Werften und Hafenanlagen mit ihren Kaikränen geben dem Stadtlandschaftsbild des Welthafens sein Gesicht. Aber auch ausgedehnte Industriegebiete schließen sich an. Dabei wird die Landwirtschaft immer mehr zurückgedrängt (vgl. Abb. 103).

In gleicher Weise wirken die sich immer weiter ausdehnenden Wohngebiete, diese vornehmlich auf der Geest, jene hauptsächlich in der Marsch. Die gesamte landwirtschaftlich genutzte Fläche des Hamburger Staatsgebietes beträgt aber immer noch ca. 50 %.

Die Erwähnung der Begriffe „Geest" und „Marsch" bringt uns von der durch Menschenhand gestalteten Stadtlandschaft zu der von der Natur geschaffenen, ursprünglichen Landschaft.

Die natürlichen Landschaftsräume

Der Mensch hat seine künstlichen Bauwerke in diese ursprünglichen Naturlandschaftsräume hineingestellt und hat die Landschaft dadurch oft so stark verändert, daß selbst größere morphologische Unterschiede fast verwischt wurden oder jedenfalls aus der Perspektive des Fußgängers in den engen Straßenschluchten nicht mehr ohne weiteres erkennbar sind (vgl. Abb. 93).

Der Beobachter auf dem Petrikirchturm dagegen erkennt von seinem erhöhten Standpunkt aus doch noch zumindest eine ganz wichtige Tatsache: den Unterschied zwischen der tiefliegenden „Marsch" und der hochliegenden „Geest".

Im Süden steht der Nikolaikirchturm in der Alstermarsch, die Katharinenkirche bereits am Rande der Elbmarsch, die – das gesamte, hier ca. 8 km breite Urstromtal ausfüllend – im Süden von den „Harburger Bergen" begrenzt wird (vgl. Abb. 1 b); im Osten sehen wir die Jakobikirche und im Westen die Michaeliskirche auf der Geest, zwischen beiden Geestabhängen liegt die ca. 750 m breite Alsterniederung mit dem Rathaus, welche die Hamburger Geest also in zwei Teile schneidet: den östlichen Teil, der in einer schmalen Zunge ausläuft, auf der St. Petri und St. Jakobi stehen, und den westlichen Teil, auf dessen Abhang die Michaeliskirche errichtet ist.

Im Gegensatz zur flachen Marsch des Urstromtales weist die Geest, insbesondere an den Endmoränenzügen, mehr oder weniger starke Höhenunterschiede auf.

Der Baugrund

Entsprechend der unterschiedlichen geologischen Entstehungsgeschichte und des verschiedenen Alters der beiden Landschaftsräume Marsch und Geest ist mit der zunächst nur morphologischen Unterscheidung auch eine erste Aufgliederung des Hamburger Baugrundes möglich: in die im allgemeinen tragfähigen sandigen oder lehmigen pleistozänen Böden der Geest (Abb. 2) und in die bautechnisch ungünstigen, weichen holozänen Marschböden (Abb. 3).

Abb. 2 **Flachgründung im tragfähigen Geschiebelehmboden der Geest**
Fundamente für das AEG-Haus (6 Stockwerke) an der Stadthausbrücke

So vermittelt also der Blick vom Petrikirchturm mit Hilfe des ersten morphologischen Eindrucks bereits auch eine erste Übersicht über die Hamburger Baugrundverhältnisse, wobei natürlich zu berücksichtigen ist, daß es sich zunächst nur um ein sehr vereinfachtes Bild handeln kann, denn

1. gibt es auf der Geest ebenfalls weiche Bildungen des Holozäns (z. B. Torfe),
2. sind nicht alle pleistozänen Bildungen der Geest tragfähig (z. B. die Eem-Torfe oder die Bändertone),
3. sind nicht alle nacheiszeitlichen Bildungen unbedingt schlechter Baugrund (z. B. die Flußsande im Urstromtal),
4. sind die weichen holozänen Bodenschichten der Oberfläche teilweise nur sehr dünn, so daß auch hier der eigentliche Baugrund pleistozänen Ursprungs sein kann bzw. besonders bei tiefreichenden Bauwerken aus noch älteren Zeiten stammt (z. B. Glimmerton beim Elbtunnel).

a) Freilegen der alten Holzpfähle

b) Herstellen von Stahlbeton-bohrpfählen

Abb. 3 **Pfahlgründungen im weichen Boden der Alstermarsch**
Baugrube Kleiner Burstah / Ost-West-Straße

2. DIE ZUSAMMENHÄNGE ZWISCHEN BAUGRUND UND BEBAUUNG

Die Naturlandschaft läßt sich eingehend beschreiben, der Untergrund untersuchen, die geologischen Vorgänge lassen sich rekonstruieren. Die vom Menschen geschaffene Stadtlandschaft läßt sich ebenfalls beschreiben, ihre Entwicklung an Hand von Ausgrabungen, alten Berichten, Bildern und Karten verfolgen. Die Geographie erschöpft sich jedoch nicht in Beschreibungen; die geographische Betrachtungsweise ist eine synoptische, und es erhebt sich damit sofort die Frage nach den Zusammenhängen zwischen den jeweils gleichzeitig betrachteten Dingen.

Hier in diesem Falle erscheint die Stadtlandschaft als ein Gebilde, das in der Naturlandschaft auf dem Baugrund entstanden ist, wobei Fragen nach den Beziehungen zwischen Bebauung und Baugrund auftauchen.

In den „Richtlinien für bautechnische Bodenuntersuchungen" (DIN 4020) heißt es u. a.:

„Die Untersuchung des Baugrundes ist auch als Grundlage für Baugrundkarten und Bebauungspläne erforderlich, da in ihnen einerseits die Flächen ausgewiesen werden, die wegen ihres ungünstigen Baugrundes zweckmäßig von der Bebauung auszuschließen sind, und andererseits die Flächen, die eine wirtschaftliche Gründung gewährleisten."

Auch hier sind also Baugrund und Bebauung zueinander in Beziehung gesetzt. Es wird angedeutet, daß ein moderner, nach dem Plan entstandener Stadtgrundriß die Baugrundverhältnisse widerspiegeln müßte, insofern nämlich, als „ungünstiger Baugrund zweckmäßig von der Bebauung auszuschließen sei". Aber auch die ohne übergeordnete Planung entstandene Bebauung früherer Zeit wird in gewissem Maße vom Baugrund beeinflußt sein, je nachdem wie stark andere Faktoren vorherrschten, die den Menschen zwangen, auch „schlechten" Baugrund zu bebauen (Alstermarsch!). Hier tritt die Frage der „Wirtschaftlichkeit" auf. Umgekehrt haben andere Gründe den Menschen veranlaßt, verschiedene Flächen guten Baugrundes unbebaut zu lassen (z. B. Heiligengeistfeld).

Die Bebauung wird also – von der baugrundtechnischen Seite betrachtet – nicht immer zweckmäßig sein, d. h. sich der vorhandenen Tragfähigkeit des Bodens nicht immer anpassen. In erster Linie soll ja auch die Bebauung „zweckmäßig" sein von der Seite der Bewohner betrachtet, d. h. die Anordnung der Bebauung soll sich richten nach den jeweiligen Funktionen im gesamten Stadtorganismus. Deren – zufällige – Übereinstimmung mit den durch den Baugrund gegebenen Möglichkeiten macht die Gunst der Lage einer Stadt aus. Die zweckmäßige Verteilung der verschiedenen Funktionen der Stadt auf die einzelnen vorhandenen ursprünglichen Landschaftsräume mit ihren für die jeweilige Funktion unterschiedlich geeigneten Baugrundverhältnissen zeugt vom Geschick des Planers und von seinen Möglichkeiten, sich über äußere Hemmnisse, wie z. B. politische Grenzen oder die Bodenspekulation, hinwegzusetzen. Auch dies soll am Beispiel Hamburgs im Rahmen dieser Arbeit gezeigt werden.

3. ÜBER DEN AUFBAU DIESER ARBEIT

Diese Arbeit steht unter dem Thema, den Einfluß des natürlichen Untergrundes auf die Entwicklung des Welthafens Hamburg zu untersuchen. Bereits im vorhergehenden Kapitel sind die Fragen angedeutet, die es zu beantworten gilt:

Welches sind die im Untergrund liegenden Faktoren, die auf die Bebauung Einfluß haben und die das Entstehen, Wachsen und Fortdauern der Stadt und ihrer Bauwerke an dieser Stelle begünstigten? (Kausale Zusammenhänge)

Wie beeinflußte dieser unterschiedliche Baugrund im Laufe der Geschichte die Entwicklung Hamburgs? (Genetische Betrachtungsweise)

Welche Funktionen hat und hatte diese Stadt zu erfüllen und wie verteilen sie sich auf die einzelnen vorhandenen Landschaftsräume mit ihren unterschiedlichen Baugrundverhältnissen? (Funktionale Zusammenhänge)

Welche bautechnischen Aufwendungen und damit finanziellen Opfer verlangt der Hamburger Baugrund von seinen Bewohnern? (Wirtschaftlichkeitsbetrachtungen)

Bevor im 2. Teil dieses Buches die Entwicklung Hamburgs unter besonderer Berücksichtigung des Baugrundes geschildert wird, muß im 1. Teil auf eben diesen Baugrund näher eingegangen werden, und zwar einmal von der b a u t e c h n i s c h e n Seite, um die Möglichkeiten der Wechselwirkungen zwischen Bauwerk und Baugrund in Hamburg an Hand von Beispielen aufzuzeigen (Abschnitt I), zum anderen von der g e o l o g i s c h e n Seite, um die Verteilung der verschiedenen Baugrundarten über den Hamburger Raum kennenzulernen und um deren bautechnisches Verhalten aus der geologischen Entstehung heraus zu begreifen (Abschnitt II). Der S i e d l u n g s g e o g r a p h wiederum hat beide Betrachtungsweisen zu koordinieren und die Beziehungen zwischen der Geologie (Baugrund) und Bautechnik (Bebauung) aufzuweisen (Abschnitt III).

Bei dieser Gliederung ist die Betrachtung des Baugrundes von der bautechnischen – also einer mehr speziellen – Seite der geologischen Betrachtungsweise – die als allgemeinere den Vorzug verdiente – vorangestellt worden. Dies ist ganz bewußt geschehen, und zwar um bei der Behandlung der Geologie des Hamburger Baugrundes nicht *zu* allgemein zu werden, sondern um von vornherein zu wissen, welche geologischen Vorgänge später baugrundtechnische Bedeutung erlangen können.

Der 2. Teil dieses Buches ist der Bebauung gewidmet und gliedert sich in zwei Abschnitte. Der erste schildert in chronologischer Reihenfolge die Entwicklung Hamburgs von den ersten Siedlungsspuren bis zur Festungsstadt im 18./19. Jahrhundert, soweit sie vom Untergrund beeinflußt wurde (Abschnitt I). Im zweiten Abschnitt wird – unter Berücksichtigung des Baugrundes – die Entwicklung zur Groß- und Industriestadt bzw. zum Welthafen beschrieben, wobei wegen der sich überstürzenden Ereignisse und der raschen Zunahme des bebauten Gebietes die chronologische durch eine Gliederung nach Sachgebieten ersetzt wird (Abschnitt II).

Damit ergibt sich folgende Gliederung dieser Arbeit:

DER BAUGRUND HAMBURGS

I. DER BAUGRUND – BAUTECHNISCH BETRACHTET

Der Einfluß des Hamburger Baugrundes auf das einzelne Bauwerk
– Die Beziehungen zwischen Baugrund und Bauwerk –

II. DER BAUGRUND – GEOLOGISCH BETRACHTET

Entstehung und Verbreitung der Baugrundarten im Hamburger Raum
– Die Beziehungen zwischen Baugrund und Landschaftsraum –

III. DER BAUGRUND – SIEDLUNGSGEOGRAPHISCH BETRACHTET

Gliederung und Eignung der Hamburger Baugrundarten
– Beziehungen zwischen Baugrund und Bebauung –

DIE BEBAUUNG HAMBURGS

I. VON DER ERSTEN BESIEDLUNG BIS ZUR BEBAUUNG IM 18. JAHRHUNDERT

Am Rande des Urstromtales entsteht und wächst eine Hafenstadt
– Die Entwicklungsrichtungen der von Mauern umgebenen Stadt zwischen Marsch und Geest –

II. DIE BEBAUUNG IM 19. UND 20. JAHRHUNDERT

Die mittelalterliche Hafenstadt dehnt sich aus zur modernen Großstadt
– Die Verteilung der Funktionen einer Millionenstadt auf die verschiedenen Landschaftsräume mit ihren unterschiedlichen Baugrundarten –

4. SIEDLUNGSGEOGRAPH UND SIEDLUNGSPLANER

Das Verhältnis zum Bauwesen

Da es sich bei dieser Arbeit um ein geographisches Thema handelt, in dem viele technische Probleme anklingen, und das außerdem von planerischem Interesse ist, scheint es angebracht, gleich zu Beginn bei den Definitionen der Begriffe „Baugrund" und „Bebauung" auch die Stellungen von Ingenieur, (Städte-) Planer und (Siedlungs-) Geograph zueinander und zu den oben genannten Begriffen zu klären.

Die Erdoberfläche, das Untersuchungsobjekt des Geographen, tritt im Rahmen dieser Arbeit in zweifacher Weise in Erscheinung (vgl. Abb. 4):

1. in Form dessen, was von der Natur als ursprünglich vorhanden gegeben ist: als *Baugrund,*
2. in Form dessen, was vom Menschen auf ihr geschaffen worden ist: als *Bebauung.*

Baugrund ist — wörtlich genommen — der Grund, auf dem gebaut worden ist, gebaut wird oder auch nur gebaut werden kann. Danach ist er also zunächst einmal an ein vorhandenes, gewesenes oder geplantes Bauwerk gebunden. Aber auch zwischen den Bauwerken, ja weit ab von jeder Bebauung ist „Baugrund". Denn Baugrund ist nicht ein örtlich zu begrenzender Teil der Erdoberfläche, sondern es ist die gesamte Erdoberfläche, betrachtet unter dem Gesichtspunkt einer tatsächlich vorhandenen oder vorhanden gewesenen bzw. einer theoretisch möglichen Bebauung.

Ist der Baugrund somit nach den Seiten unbegrenzt, so findet er in der Tiefe dort eine Grenze, wo im Untergrund infolge des Bauwerkes keine wesentlichen Veränderungen mehr hervorgerufen werden, d. h. in erster Linie dort, wo die zusätzlichen Spannungen im Boden praktisch abgeklungen sind, was bei einem Hochhaus in etwa 40 m Tiefe der Fall ist (vgl. Abb. 25). Noch tiefere Schichten beeinflussen z. B. in Bergsenkungsgebieten die Standsicherheit der Bauwerke, ja in Erdbebengebieten kann man entsprechend die gesamte feste Erdkruste als Baugrund bezeichnen.

Der Begriff Bebauung birgt im allgemeinen einen Plural in sich, nämlich die Mehrzahl der *Bauwerke,* aus denen sie sich zusammensetzt. Ein Bauwerk ist nie Selbstzweck, es dient stets der Befriedigung irgendeines Bedürfnisses des Menschen, z. B. in ihm zu wohnen oder Waren zu lagern. Um den Begriff Bauwerk nicht zu eng zu fassen, sei hier nur an die dem Verkehrsbedürfnis dienenden Verkehrsbauten (Straßen, Häfen, Flugplätze usw.) erinnert.

Bebauung bedeutet aber mehr als lediglich eine Summe von Bauwerken. Dieser Begriff bezieht sich auch auf die flächenmäßige Verteilung der Bauwerke, wie sie von der topographischen Aufnahme erfaßt wird.

Der Topograph bringt also die Bauwerke in Beziehung zur Erdoberfläche als solcher, indem er ihre flächenmäßige Verteilung, die Bebauung, darstellt. Die Beziehung der Bebauung beispielsweise zur Erdoberfläche als Baugrund stellt nun der Siedlungsgeograph her, der dieses Gesamtbild der Bebauung beschreibt, mit anderen vergleicht und zu erklären versucht, warum es gerade hier so und nicht anders ausgefallen ist. Dazu muß er alle jene Faktoren möglichst vollzählig und vollständig zu erforschen suchen, welche die Entstehung des Siedlungsbildes in der Vergangenheit beeinflußt haben: Baugrund, Verkehrslage, der Mensch und seine sich wandelnden Bedürfnisse und technischen Möglichkeiten usw. Aus der Kenntnis dieser Faktoren versucht er dann, seine Erklärungen abzuleiten.

„Der normale Bau ist im mathematischen Sinne eine Funktion der geologischen, technischen und wirtschaftlichen Verhältnisse, $b = f(G, T, W)$. Differenziert man die Gesamterfahrung nach den unabhängigen Variablen (G, T, W), so lassen sich im allgemeinen die partiellen Differentiale untereinander vergleichen. Setzt man für G – als ausschlaggebenden Anteil – die Baugrundverhältnisse, so werden die nach dem Baugrund differenzierten Erfahrungen ausreichend unabhängig von den durch die Zeitumstände stärker beeinflußten technischen und wirtschaftlichen Verhältnissen." (M. Singer, 1932, S. 14).

Damit nun nicht von vornherein das Konglomerat der einzelnen Bauwerke eine allzu wüste und zufällige Bebauung ergibt, die dann dem Wohl der Allgemeinheit und damit auch dem Nutzen des Einzelnen zuwiderläuft, wird vorher der Städteplaner eingeschaltet als regulierender Faktor auf die Entwicklung der Bebauung.

Ferner hat er, „der Raumordner, nicht nur die absolut wertvollen und die relativ guten Kulturböden vor einer Bebauung zu schützen, er hat zugleich auch zweckmäßige Böden mit guten oder verhältnismäßig günstigen Baugrundeigenschaften für die Besiedlung zu bestimmen, als Baugebiet bereitzuhalten oder auszuweisen . . .

Für den Raumordner gilt es nicht, für ein bestimmtes Bauwerk Einzelberechnungen durchzuführen, er hat zu überprüfen, inwieweit ein gewisses Baugelände für eine gewisse Bebauungsart geeignet ist . . .

Die Arbeit des I n g e n i e u r s dagegen beginnt mit der detaillierten Baugrunduntersuchung und endet schließlich bei der Wahl einer bestimmten Gründung, bei der Ermittlung der Druckverteilung, bei der Setzungsberechnung und bei der Veranschlagung der Kosten. Seine Arbeit ist bei getroffener Grundstückswahl auf ein bestimmtes Bauwerk abgestellt." (H. A. Mittelbach, 1948).

Bevor ein Bauwerk entsteht, muß eine Bauidee vorliegen. Es ist nun Aufgabe des Architekten bzw. Ingenieurs, eine technisch mögliche und für den Bauherrn wirtschaftlich tragbare Lösung für dessen Bauprojekt zu finden, wobei die Baugrundverhältnisse oft über Ausführung oder Nichtausführung entscheiden können, so z. B. bei den großen Wohnungsbauprojekten der kommenden 60er Jahre, insbesondere in der Elbmarsch (vgl. S. 162).

Wie der Ingenieur, so muß auch der Städteplaner gewissermaßen nach einer „Verträglichkeitsbedingung" suchen,

der I n g e n i e u r zwischen den Wünschen des einzelnen Bauherrn und den jeweiligen Baugrundverhältnissen (d. h. nach einer entsprechenden Gründungsart),

der P l a n e r zwischen den Forderungen eines lebensfähigen Stadtorganismus und der jeweiligen Verteilung der für die verschiedenen Funktionen desselben unterschiedlich geeigneten Untergrundverhältnisse (vgl. Abb. 4).

Der „Raumordner" muß also einen Bebauungsplan aufstellen, und zwar den bestmöglichen, d. h. auf der vorhandenen Fläche nach einer möglichst zweckmäßigen und sinnvollen Verteilung der geplanten Bauwerke suchen. Dazu muß der Planer alle die Faktoren möglichst vollzählig und vollständig erforschen, die die Entstehung des Siedlungsbildes beeinflussen können: Baugrund, Verkehrslage, Bedürfnisse und technische Möglichkeiten des Menschen usw. Das sind also die gleichen Faktoren, wie sie der Siedlungsgeograph für seine Untersuchungen benötigt, so daß letztlich die Planung auch eine geographische Aufgabe ist. Nur muß gewissermaßen die umgekehrte Operation ausgeführt werden:

Der G e o g r a p h findet eine Bebauung vor und versucht, ihre Entwicklung zu erklären,

der P l a n e r muß einen Bebauungsplan entwerfen, in den später die einzelnen Bauwerke möglichst ohne Zwang und Schwierigkeiten zum größten Nutzen der Allgemeinheit hineinwachsen sollen.

„Differenziert" der Geograph, so „integriert" der Planer. Man vermag wohl die Technik des Integrierens bis zu einem gewissen Grade beherrschen, ohne von der Differentiation etwas gehört zu haben, das wahre Verständnis der einen Operation ist aber von der Kenntnis auch der anderen Operation abhängig. Wenn dies der Fall ist, verschwindet überhaupt die Unterscheidung des Planers (Raumordners) vom Geographen. Der richtige Raumordner hat die geographische Zusammenschau der Dinge und ist damit selbst Geograph, bzw. der Geograph, der die entsprechenden Zusammenhänge erkannt hat, ist auch ein Planer, wenn er nur gewillt ist, die erarbeitete Erkenntnis in die Praxis umzusetzen, der Analyse die Synthese folgen zu lassen und eine evtl. vorhandene Scheu vor den unweigerlich auftretenden Problemen der Technik zu überwinden. Diejenigen Planer, die sich – bislang fast ausschließlich – aus den Reihen der Architekten (Hochbauer) rekrutierten, sind dazu natürlich auf Grund ihres Studiums an einer „Technischen" Hochschule viel eher bereit, ja sie sind – mit den Augen eines Ingenieurs (Tiefbauer) betrachtet – in dieser Hinsicht oft viel zu unbekümmert. Dem Ingenieur wiederum mangelt es heute infolge der ungeheuren Ausweitung der Technik und der damit verbundenen Spezialisierung oft an dem für einen „Planer" erforderlichen „geographischen" Überblick.

Möge diese Arbeit dazu beitragen, dem Planer den Blick für die geographische Zusammenschau der Dinge zu öffnen und ihn andererseits mit den technischen Problemen vertrauter zu machen.

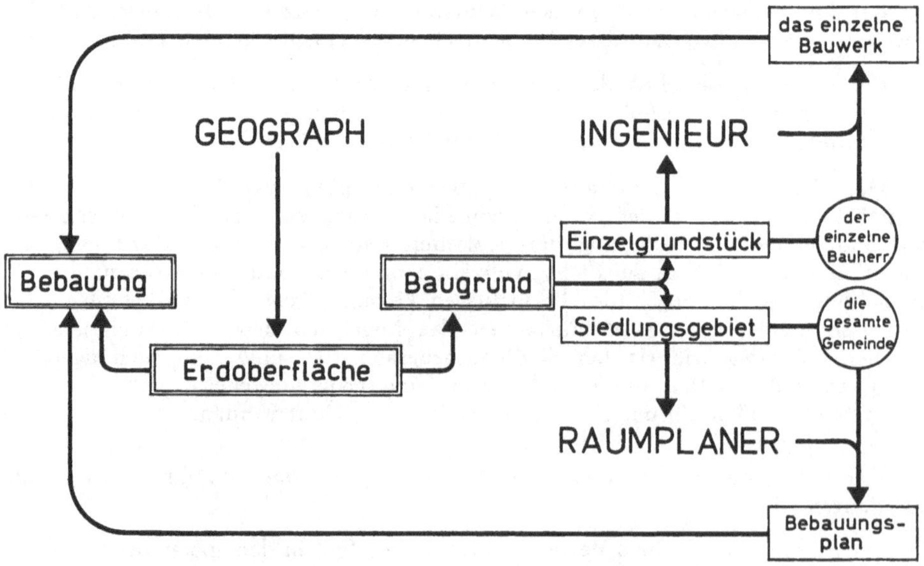

Abb. 4 **Das Verhältnis von Geograph, Ingenieur und Raumplaner zur Bebauung und zum Baugrund**

Das Verhältnis zur Geologie

Für den Geographen ist das Wissen um die geologische Vergangenheit seines Untersuchungsgebietes eine Selbstverständlichkeit, ja, eine Notwendigkeit. Für den Siedlungsgeographen kommen dazu Kenntnisse vom bautechnischen Verhalten des Untergrundes, um dessen Einflüsse auf die Besiedlung – hier insbesondere die Bebauung – aufzudecken. (Diesen Beziehungen ist der Abschnitt I des ersten Teiles gewidmet).

Aber auch der Ingenieur kann der Geologie nicht entraten.

Der Praktiker auf der Baustelle kann auf Grund seiner langjährigen Erfahrung mit dem betreffenden Baugrund durch einfachste makroskopische, grobsinnliche Untersuchungen des Bodens bereits recht gute Angaben machen über Rutschgefährlichkeit, Wasserführung, Verdichtbarkeit, Setzungsverhalten usw., wobei ihm gewisse geologische Kenntnisse sehr zustatten kommen können.

Der berechnende Ingenieur aber braucht Zahlenwerte. Er muß das genaue Gewicht des Bodens in seine Berechnungen einsetzen, er benötigt die Steifeziffer, um Setzungen vorauszuberechnen, den inneren Reibungswinkel und die Kohäsion, um die Standfestigkeit des Bodens zu überprüfen, den Durchlässigkeitsbeiwert, um eine Grundwasserabsenkung zu berechnen usw. Er hat es also mit „Bodenbeiwerten" zu tun, ohne die inneren Zusammenhänge genau kennen zu müssen.

Der Baugrundforscher und wissenschaftlich tätige Ingenieur aber muß sich gerade für diese Zusammenhänge interessieren. Er muß bestrebt sein, die Bodenbeiwerte auf möglichst wenige Grundgrößen zurückzuführen und dem berechnenden Ingenieur möglichst einfache, auf jeden Fall aber wissenschaftlich einwandfreie Beiwerte zu verschaffen. Er muß im Erdbaulaboratorium an Bodenproben die entsprechenden Messungen vornehmen. Dabei muß er sich bewußt sein, daß diese entnommenen Proben, mehr oder weniger zufällig und in ihrem Gefüge mehr oder weniger gestört sind. Infolge der wechselvollen geologischen Geschichte ist auch der Boden im allgemeinen sehr uneinheitlich und hinsichtlich Zusammensetzung und bautechnischem Verhalten auf engstem Raum oft starken Schwankungen unterworfen (Torfnester, Sandlinsen, Tonschollen usw.). Um Probebohrungen zweckmäßig ansetzen zu können, muß bekannt sein, welche Bodenschichten überhaupt zu erwarten sind und ob mit ungünstigen Einlagerungen (z. B. Faulschlammschichten) zu rechnen ist. Hier können nur geologische Kenntnisse dem Ingenieur weiterhelfen.

Neben der Mächtigkeit, Tiefenlage und Reihenfolge der einzelnen Bodenschichten des Hamburger Raumes lassen sich selbstverständlich auch Art und Eigenschaften der abgesetzten (z. B. Sand) oder auf andere Weise entstandenen (z. B. Torf) oder veränderten (z. B. entkalkter Geschiebemergel) Böden weitestgehend erklären aus der geologischen Geschichte dieses Gebietes.

Nach v. Terzaghi ist die „generelle Vergleichung zweier Baugründe in manchen Fällen auf Grund einer bloßen geologischen Begutachtung der Gelände mit hinreichender Genauigkeit zu bewerkstelligen" (K. v. Terzaghi, 1925). Dies gilt nicht nur für den berechnenden und ausführenden Ingenieur, sondern insbesondere auch für den planenden Ingenieur, für den Architekten sowie für den Landesplaner oder Raumordner, und damit wieder für den Geographen, dessen Analysen dem Raumordner zu Synthesen verhelfen sollen.

DER BAUGRUND HAMBURGS

Der Einfluß des Hamburger Baugrundes auf das einzelne Bauwerk

(Der Baugrund - bautechnisch betrachtet)

A. BAUGRUNDGRENZEN UND BEBAUUNGSGRENZEN

1. Die Bebauung „schlechten" Baugrundes

a) Innerhalb und außerhalb des Baugrundes liegende Einflüsse auf die Bebauung

Der Baugrund kann als Teil des Bauwerkes selbst angesehen werden, jedenfalls soweit, wie sich im Untergrund infolge des Bauwerkes die Verhältnisse wesentlich ändern (erhöhte Spannungen, veränderter Grundwasserspiegel usw.). Dieser „Bauwerksteil" ist aber eine naturgegebene Größe, sein „Wo" und „Wie" muß der Mensch zunächst einmal einfach hinnehmen. Das menschengewollte „Wo" und „Wie" der Bebauung muß darauf Rücksicht nehmen. Oft genug treten dabei Widersprüche auf: Der Baugrund ist für den vorgesehenen Zweck mehr oder weniger ungeeignet, so daß er entweder anders genutzt werden oder – soweit technisch möglich und wirtschaftlich vertretbar – erst geeignet gemacht werden muß (Entwässerung, Bodenverfestigung usw.).

„Die Abhängigkeit des Bauwesens von den geologischen Verhältnissen im allgemeinsten Sinne liegt in den Uranfängen, bei der Benutzung von Felshöhlen, der Anlage von Lößhöhlen, der Errichtung von Pfahlbauten, von schmalen Pfaden, beim Aufsuchen von Wasser klar zu Tage." Dagegen wird in großen Städten der Baugrund nicht mehr „nach seiner technischen Eignung gewählt, sondern innerhalb des Verbauungsplanes im vorausbemessenen Ausmaß eines Grundstückes erworben, wodurch über Grundriß und Gründung in der Hauptsache entschieden ist." (M. Singer, 1932, S. 1 und 5).

Diese „nicht-technische" Seite des Baugrundes soll im Rahmen dieser Arbeit nicht ausführlich behandelt werden. Es gilt aber, die Beziehungen zwischen der Bebauung und den nicht primär im Boden selbst liegenden – bautechnischen – Faktoren des Baugrundes von Fall zu Fall zu erkennen (z. B. die Besitzverhältnisse, politische Grenzen, Tradition, Staatsinteresse), um nicht in den Fehler zu verfallen, alles – oder möglichst vieles – was sich dem Betrachter Hamburgs darbietet, als alleinige Folge seines Untergrundes deuten zu wollen. Ferner ist die Kenntnis auch dieser Zusammenhänge wichtig, wenn es die Frage zu beantworten gilt: Inwieweit haben sich die Hamburger mit Hilfe der Technik über naturgegebene Widerstände des Baugrundes hinweggesetzt, um die für irgendeinen Zweck günstige Lage des Geländes zu nutzen? Oder: Inwieweit haben sie sich durch andere Faktoren davon abhalten lassen, günstigen Baugrund zu bebauen?

Die gegenseitige Beeinflussung von Baugrund und Bauwerk weist naturgemäß bei den unterschiedlichen Arten von Untergrund in Hamburg und bei den unterschiedlichen Anforderungen, die durch die verschiedenartige und mit der Zeit und der Technik sich ändernde Bebauung an den Boden gestellt werden, auch ganz unterschiedliche Maße auf. Einerseits werden mit der Zeit und mit der fortschreitenden Technik die Lasten immer größer, die in den Untergrund geleitet werden müssen, andererseits gibt eben diese fortschreitende Technik dem Menschen die Möglichkeit, immer weniger Ansprüche an den Baugrund zu stellen und auch mit dem schlechtesten Untergrund fertigzuwerden, wie u. a. das Beispiel von Mexico-City zeigt (vgl. W. Loos, 1949).

b) Beispiele anderer Großstädte

Mexico-City steht auf der Austrocknungskruste einer alten Lagune. Im Untergrund steht Ton an, treffend „Gelatineton" oder „Seifenmasse" genannt, mit einem Raumgewicht von nur 1,13 t/cbm und einem Wassergehalt bezogen auf die Trokkenmasse von 470 %, der nur wenig unter der Fließgrenze dieses Tones von 520 % liegt. Trotzdem ist in dieser Stadt mit den wohl größten Setzungserscheinungen der Welt – die Bauwerke werden z. T. auf Öldruckpressen gesetzt, um Setzungsunterschiede wieder ausgleichen zu können – von einer Entwicklungshemmung nicht zu reden, jedenfalls seitdem die Technik dem Menschen die entsprechenden Mittel geliefert hat. „Eine einmal gewählte Siedlungsstätte wird wegen der Verkehrswege und des Gebäudekapitals ohne Rücksicht auf ihre technische Eignung beibehalten . . . selbst wenn wiederholte Zerstörungen durch Naturkräfte (Erdbeben) bewiesen haben, daß das gewählte Gelände kein sicheres Baugelände ist" (M. Singer, 1932, S. 7).

Aber auch in jüngerer Zeit planmäßig auf Neuland gegründete Städte machten vor schlechtem Baugrund nicht halt, wenn die Städtegründer nur die nötige Macht hatten. Bei der Gründung von Petersburg im Jahre 1703 überwand Zar Peter der Große die Schwierigkeiten des Torfs, der Schluffsande und des Diatomeenschlammes in der versumpften Newa-Niederung nur unter Zwang mit Hilfe von Zehntausenden von Arbeitern.

Ein besonders deutliches Beispiel, daß der Baugrund in bautechnischer Hinsicht unter den Faktoren, die das Wachstum einer städtischen Bebauung bestimmen, letztlich nicht entscheidend ist, ist wohl das Ruhrgebiet. Handelt es sich bei Mexico-City um einen von Natur aus schlechten, nachgiebigen Baugrund (nämlich um weichen Ton, der außerdem durch künstliche Entwässerung stark schrumpft), so handelt es sich im Ruhrgebiet um einen allein durch den Bergbau künstlich für die Bebauung recht ungeeignet gemachten, an sich tragfähigen Untergrund.

Sind also andere Faktoren (Bodenschätze, Verkehrslage usw.) stark genug, so spielt der Baugrund eine geringere Rolle, es ist dann auch die aufwendigste Gründungsart noch wirtschaftlich.

Selbstverständlich wirkt sich zusätzlich „guter" Baugrund günstig aus. Und zwar nicht nur auf die Entwicklung der Bauwerke in die Höhe (Wolkenkratzer) und der Bebauung in die Breite (Riesenstädte), sondern auch auf den Zeitpunkt ihrer Entstehung, da die Bauten dann ja vom technischen Fortschritt der Gründungsmöglichkeiten unabhängiger sind. So konnten z. B. – in verkehrsgünstiger Lage – verhältnismäßig früh die Wolkenkratzer von Manhattan auf Felsuntergrund entstehen. Ein Beispiel für ein sehr frühes Großbauwerk, das den Untergrund in einem Ausmaß belastet, wie es wohl erst wieder 4000 Jahre später von den großen Talsperrenmauern erreicht wurde, sind die ägyptischen Pyramiden, die auf nachgiebigem Untergrund nicht hätten entstehen können.

Wie relativ allerdings der Begriff „guter Baugrund" ist, daß z. B. Fels nicht immer günstig ist, zeigt der Untergrund von Stockholm: U-Bahnen im Fels werden sehr teuer. Sie geben aber gleichzeitig gute und atombombensichere Luftschutzkeller ab, so daß ihr Bau insofern doch wieder „wirtschaftlich" wird.

Für die Bebauung eines ungeeigneten Baugrundes müssen also zwei Bedingungen erfüllt sein:

1. Es müssen die technischen Voraussetzungen hierzu bestehen.
2. Die erforderlichen Aufwendungen für die Gründung müssen sich „lohnen" (wirtschaftlicher Nutzen, z. B. bei einer Hafenstadt), von dritter Seite bereitgestellt werden (z. B. Bezahlung der Bergschäden durch den Bergbau) oder unter Zwang aufgebracht werden (politische, militärische Gründe).

So „lohnte" es sich bei dem Hafen von Batavia – Tandjong Prick –, die technischen Möglichkeiten der Pfahl- und Senkkastengründung in der schlammigen Flußniederung des Tjiliwong auszunutzen. Eine feste Bodenschicht steht hier erst in 15 bis 20 m Tiefe an. Die Wohnstadt Weltevreden von Batavia dagegen liegt mit billigen Flachgründungen auf sandiger Roterde.

Und liegen nicht Hamburgs Hafen, Industrie und Geschäftszentrum auch auf dem weichen Torf und Kleiboden der Marsch, die ausgedehnten Wohngebiete auf dem festen Lehm- und Sandboden der Geest? Die folgenden drei Abschnitte sollen zeigen, daß aber auch hier nicht immer die Bebauungsgrenzen mit den Baugrundgrenzen zusammenfallen.

2. Natürliche Bebauungsgrenzen am südlichen Rand des Elburstromtales

Ein sehr gutes Beispiel für das Zusammenfallen von Baugrund- und Bebauungsgrenzen erhält man mit einem Blick vom Geestrand bei Fischbek über das Elburstromtal hinweg (vgl. Abb. 5).

Die trockene, sandige Harburger Geest ist wegen des fehlenden Grundwassers nur sehr dünn besiedelt. Das hier sofort und in große Tiefen versickernde Grundwasser strömt unterirdisch zum Urstromtal, staut sich dort (vgl. S. 114) und bildet die Zone der Randmoore, die ebenfalls unbesiedelt ist. Zwischen diesen beiden Zonen, der sandigen, trockenen, hochliegenden Geest und den tiefliegenden Randmooren liegt auf den der Geest vorgeschütteten Sanden bzw. auf den aus der Marsch herausragenden Talsanden zwischen ca. +5 und +15 m NN die Siedlungszone mit den Verkehrswegen. Der Untergrund ist hier noch trocken und fest (Sand), Grundwasser ist aber bereits in gut erreichbarer Tiefe vorhanden (Grundwasserwerke Neugraben, Bostelbek und Süderelbmarsch!). Neben alten Bauernhöfen finden sich hier an den Verkehrswegen des Geestrandes auch ausgedehnte Siedlungen der Nachkriegszeit. Jenseits der niedrig gelegenen Zone der Randmoore und des Sietlandes folgt erst wieder auf dem an der Elbe gelegenen „Hochland" eine Siedlungszone, wo der mehr sandhaltige, nicht vermoorte Kleiboden den Obstanbau des „Alten Landes" ermöglicht (vgl. S. 121).

Abb. 5a Blick vom Fischbeker Geestrand nach Norden

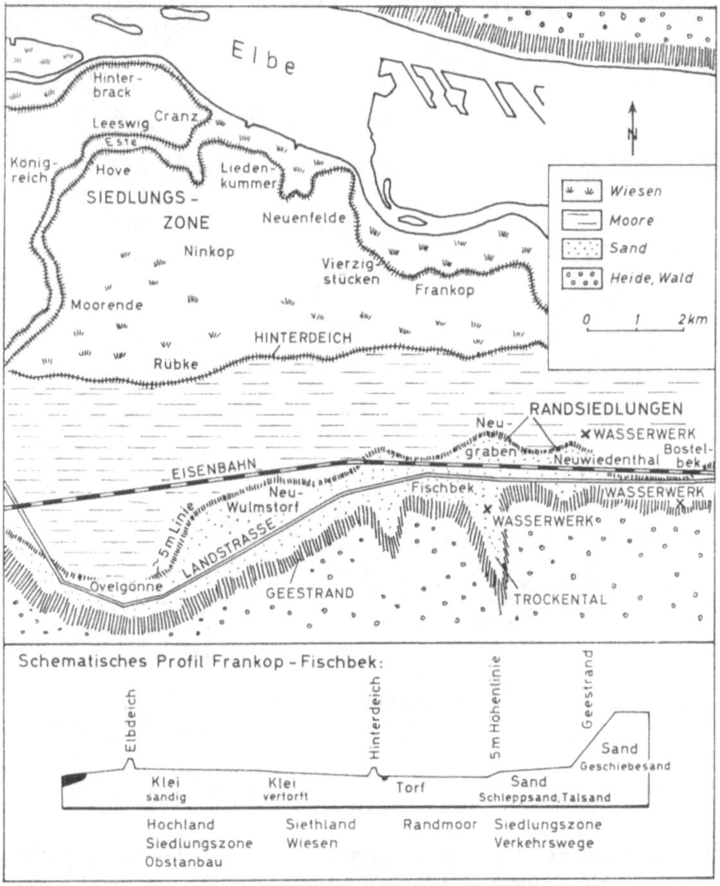

Abb. 5b Kartenausschnitt und schematisches Profil vom Elburstromtal mit dem südlichen Geestrand

Landwirtschaftliche Nutzung, Verkehrswege und Besiedlung orientieren sich hier am Rande der Großstadt nach den natürlichen Gegebenheiten.

3. Die Hamburger City und der westliche Grüngürtel als baugrundtechnisches Paradoxon

Im Falle des Harburger Geestrandes fiel guter Baugrund (Sand) mit bebautem und schlechter Baugrund (Torf) mit unbebautem Gelände zusammen. Werfen wir nun wieder einen Blick vom Petrikirchturm, und zwar in nordwestliche Richtung über den Jungfernstieg zur Sternschanze! Wir erkennen dabei im Vordergrund die dicht bebaute City an der Alster und dahinter eine durch viel „Grün" aufgelockerte Zone: Moorweide, Planten un Blomen, Botanischer Garten usw. Die dichte Bebauung füllt den schlechten Baugrund der Alstermarsch restlos aus und zieht sich dann auf den Abhang der westlichen Geest hinauf, der Grüngürtel dagegen liegt fast ausschließlich auf gutem, tragfähigen Geschiebelehm bzw. -sand der Geest (vgl. Abb. 6).

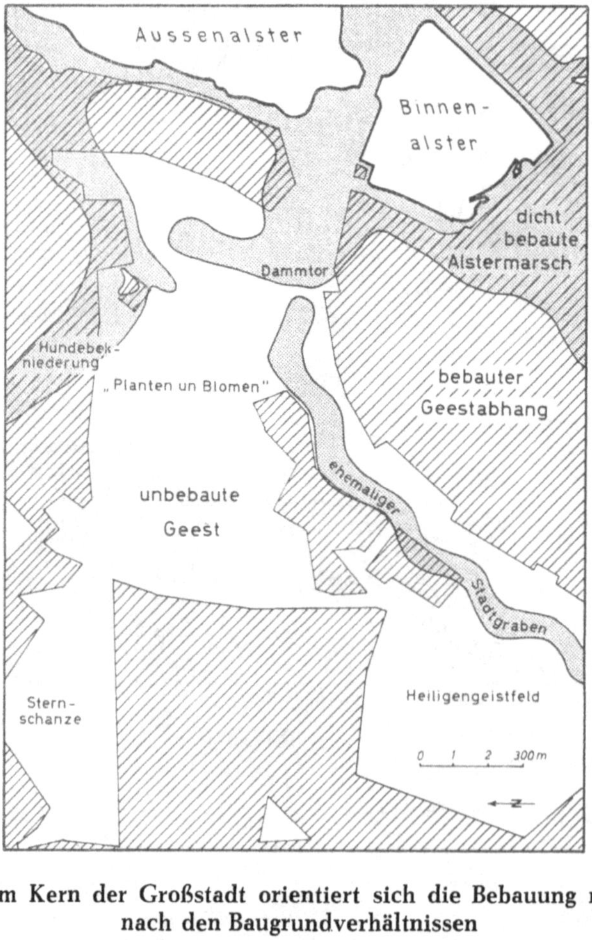

Abb. 6 Im Kern der Großstadt orientiert sich die Bebauung nicht mehr nach den Baugrundverhältnissen

Die „City" liegt auf dem schlechten Baugrund der Alstermarsch. Der im Osten anschließende, tragfähige Geestboden blieb außerhalb des ehemaligen Stadtwalles unbebaut.

Dunkle Flächen: schlechter Baugrund schraffierte Flächen: bebautes Gelände

Desgleichen ist nördlich des Dammtorbahnhofes der Geschiebelehmbuckel der Gänseweide unbebaut, und die Bebauung beginnt erst wieder an der Tesdorpfstraße in der vermoorten alten Entwässerungsrinne des zugeschütteten Hundebeks (humoser Sand, nahes Grundwasser lt. Baugrundkarte).

Eine Erklärung für diese „Widersprüche" gibt aber ebenfalls die Baugrundkarte (Abb. 6), in der noch der Verlauf des alten Stadtgrabens als „Auffüllung" zu erkennen ist:

Die City befindet sich im alten, traditionellen Stadtkern innerhalb der ehemaligen Stadtmauern in Nähe des Rathauses und der Börse (diese wiederum in Hafennähe). Der hier ohnehin teure Baugrund läßt die zusätzlichen Gründungsmaßnahmen (Pfahlgründungen) im Verhältnis gering erscheinen. „Der höchste bekannt gewordene Preis wurde im Jahre 1902 mit 3514 M je qm für einen 37 qm großen, außerordentlich wertvollen Frontstreifen zur Verbreiterung der Schleusenbrücke vom Hamburger Staat bezahlt" (W. Ruscheweyh, 1947, S. 29). Die Kosten für eine Pfahlgründung dagegen belaufen sich auf ca. 180 DM / qm für ein 5- bis 6-geschossiges Geschäftshaus. Sie errechnen sich folgendermaßen:

1 Betonrammpfahl trägt ca. 45 t;
das 5- bis 6-geschossige Geschäftshaus wiegt ca. 15 t / qm;
es ist also auf ungefähr 3 qm Grundfläche ein Pfahl erforderlich;

1 lfdm Pfahl kostete 1960 fertig gerammt ca. 55 DM;
angenommene Pfahllänge 10 m,
also sind die Kosten eines Pfahles 550 DM,
bzw. auf einen qm Grundfläche umgerechnet 550 : 3 = 183 DM.

Rechnet man zu diesen reinen Pfahlkosten noch einmal so viel für Stahlbetonfundamentbalken, Grundwasserabdichtung usw., so kommt man auf ca 300 bis 400 DM zusätzlicher Gründungskosten je m^2 Brutto-Baufläche.

Müssen Bohrpfähle (vgl. Abb. 3 b) zur Ausführung kommen, da die Rammerschütterungen die benachbarten Bauten gefährden würden, ergibt sich ungefähr die gleiche Rechnung, da ein Bohrpfahl zwar teurer ist als ein Rammpfahl, dafür aber auch mehr Tragfähigkeit besitzt.

Das Verhältnis der Kosten einer Pfahlgründung zu den Grundstückskosten wird also relativ klein. Noch kleiner erscheinen die zusätzlichen Gründungskosten, wenn man sie ins Verhältnis setzt zu der aus den Geschäftshäusern der Innenstadt erzielbaren Rendite:

Erdgeschoß (Läden):	450.–	DM / qm durchschnittl. Jahresmiete
Hochparterre:	200.–	„
1.–4. Obergeschoß:	280.–	„ (= 4×70.– DM / qm)
zusammen	930.–	DM / qm durchschnittliche Jahresmieteinnahme bei Geschäftshausneubauten (bezogen auf die Netto-Nutzfläche, d. h. Bruttobaufläche abzüglich Wände, Treppen, Aufzüge usw.).

Im Vergleich dazu die Verhältnisse bei einem viergeschossigen Wohnhaus (2,50 DM / qm Monatsmiete):

4×2,50×12 = 120.– DM / qm und Jahr.

Die hohen Grundstückspreise sind eine Folge der hohen zu erwartenden Rendite und diese eine Folge der günstigen Lage in Nähe von Hafen, Börse, Rathaus und Alster. Insbesondere am Binnenalsterbecken entstanden die feinsten Ladengeschäfte und vornehmsten Hotels Hamburgs sowie die repräsentativen Verwaltungsbauten großer Gesellschaften.

Der Grüngürtel folgt den alten Wallanlagen bzw. den ehemals von jeder Bebauung freizuhaltenden Vorfeldern („Glacis"-chaussee, Alster-„glacis"). Diese Flächen vor den Mauern der Stadt wurden dann als Friedhofsgelände („Bei den Kirchhöfen"), als Weide („Gänseweide", „Moorweide"), als Exerzierplatz (Heiligengeistfeld, Gänseweide) oder Tierpark („Tiergartenstraße") genutzt und bilden heute eine willkommene Gelegenheit für Grünanlagen und Ausstellungsgelände in unmittelbarer Nähe der City (Planten un Blomen). Im Osten der Altstadt ist eine solche Gelegenheit leider dadurch nicht genutzt worden, daß der alte Stadtgraben die Anlagen des Hauptbahnhofes aufgenommen hat (vgl. S. 205).

Daß sich die dichte Bebauung nicht in die Wallanlagen und auf das Glacis ausgebreitet hat, ist im wesentlichen dem Umstand zu verdanken, daß diese Flächen im Besitze der Stadt waren und der Boden daher nicht der Spekulation mit all seinen Folgen zum Opfer fiel.

4. Künstliche Bebauungsgrenzen

a) Innerhalb des „guten" Baugrundes der Geest

Waren es im vorangehenden Beispiel fortifikatorische Gründe, die den tragfähigen Baugrund unbebaut ließen im Gegensatz zu dem dicht bebauten Stadtkern in der sumpfigen Alstermarsch, so waren es auch oft politische Grenzen, die eine intensive Bebauung plötzlich aufhören ließen, ohne daß dafür der Baugrund als solcher irgendeine Veranlassung gegeben hätte. Abb. 7 a und b geben dafür je ein Beispiel.

In Eimsbüttel, an der Rellinger Straße, beeinflußte die Landesgrenze die Straßenführung (Abb. 7 a). Ohne Rücksicht auf die Baugrundverhältnisse wurde zunächst nur das Gelände auf hamburgischem Staatsgebiet durch die Querstraßen der Rellinger Straße aufgeschlossen. Diese Querstraßen haben noch heute auf dem ehemals preußischen Gebiet keine Fortsetzung.

War es hier in Eimsbüttel die Bebauung auf der Hamburger Seite, die an die Landesgrenze herandrängte, so war es im Falle Wandsbeks (Abb. 7 b) die Bebauung auf preußischem Gebiet, die durch die Landesgrenze eingeengt wurde. Der Baugrund besteht hier auf beiden Seiten der Landesgrenze aus Geschiebesand (vgl. Geol. Baugrundkarten von Hamburg).

Aber nicht nur Landesgrenzen, auch Eisenbahnlinien können zu Bebauungsgrenzen werden. Abb. 7 c zeigt die Güterumgehungsbahn zwischen Hamm und Horn, an deren westliche Seite die Bebauung bereits herangewachsen ist, sich aber östlich nicht fortsetzt. Vielmehr wächst auch hier wieder die (Nachkriegs)bebauung, jetzt von Osten kommend, auf die Bahn zu. Das gilt sowohl für die Geest als auch für die Marsch. Die Bahn – und die geplante, parallel dazu verlaufende Schnellstraße – trennen auch die projektierte „Bille-Gartenstadt" der Horner Marsch so in zwei Teile, daß man erwägt, unter diesen Umständen den westlichen Teil überhaupt nicht auszuführen.

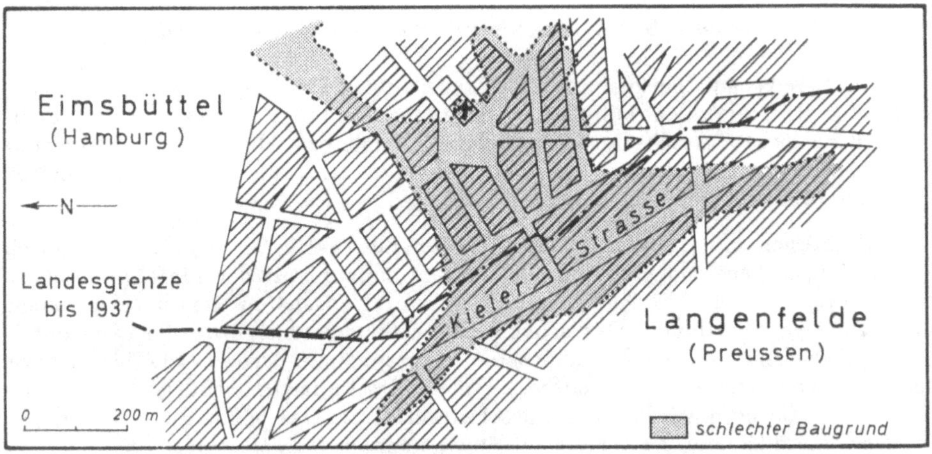

a) Straßenführung in der Nähe der Apostelkirche in Eimsbüttel

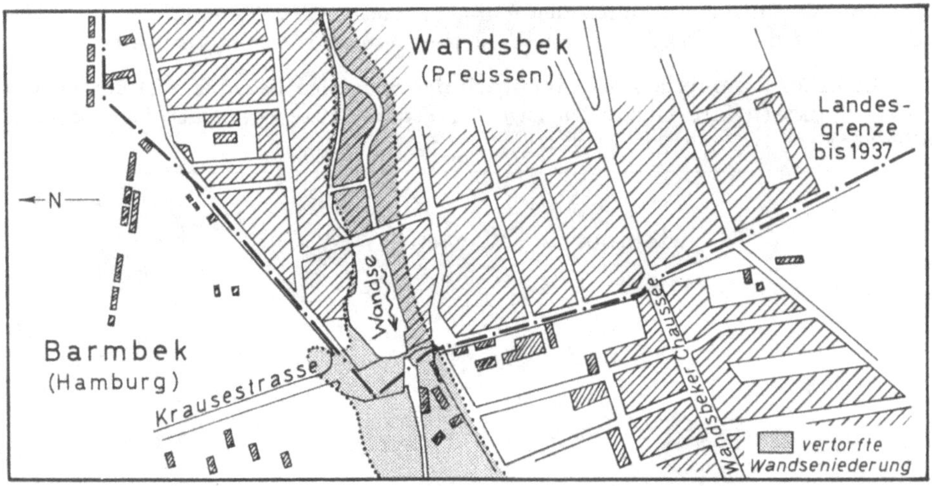

b) Bebauung 1895 an der Landesgrenze in Wandsbek

c) Straßenführung und Bebauung um 1940 zwischen Hamm und Horn

Abb. 7 Künstliche Bebauungsgrenzen

b) Innerhalb des „schlechten" Baugrundes der Marsch

Wie bereits am Beispiel der Güterumgehungsbahn angedeutet, wird auch schlechter Baugrund von künstlichen Bebauungsgrenzen durchzogen. Noch deutlicher wird diese Tatsache an verschiedenen Hamburger Hafenbecken. Hier sind es wieder die Landesgrenzen, die mehrfach eine sonst nicht erklärbare Anordnung der Becken verlangten (Abb. 8).

Die ältesten Häfen – am Nordufer der Elbe – haben alle die technisch zweckmäßigste Lage: ungefähr parallel zum Stromlauf, mit der Einfahrt stromabwärts liegend. Auch Moldau-, Segelschiff- und Hansahafen am Südufer haben diese günstige Anordnung. Das schon bebaute Steinwerder sowie die etwa durch den Spreehafen verlaufende Landesgrenze veranlaßten dagegen die bis nahezu senkrecht zum Stromstrich verlaufende Anlage des India- und Südwesthafens (und damit auch die merkwürdige Form des Hansahafens). Das beschränkte Hamburger Staatsgebiet sowie die Notwendigkeit, auch noch den Kohleschiff- und den Petroleumhafen auf ihm unterzubringen, ließen es nicht zu, weitere Hafenbecken direkt vom Strom (Köhlbrand oder Norderelbe) aus abzweigen zu lassen, sondern zwangen zur Anlage der durch den Vorhafen zusammengefaßten Kuhwerder-Häfen bzw. der durch den Parkhafen zusammengefaßten Waltershofer Häfen.

Die nahezu senkrecht zum Stromstrich der Süderelbe liegenden Harburger Seehäfen verdanken ihre ungünstige Lage der Landesgrenze gegen das hamburgische Moorburg.

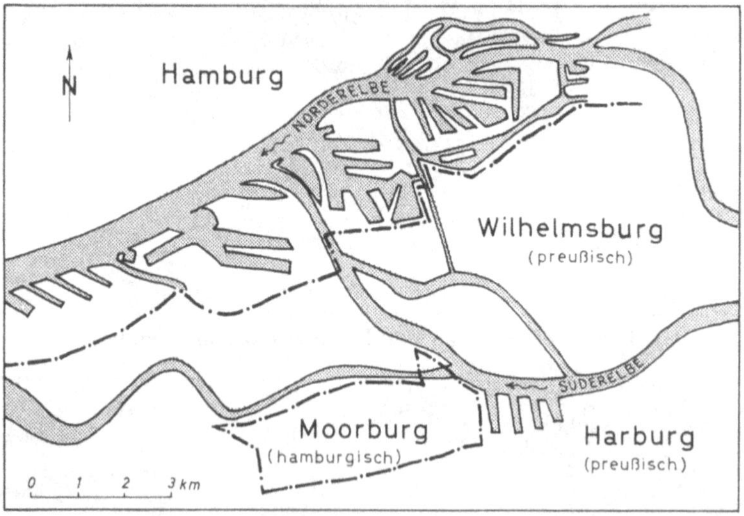

Abb. 8 **Anordnung der Hafenbecken und Verlauf der ehemaligen Landesgrenzen**

B. DAS BODENRELIEF UND SEIN EINFLUSS AUF DIE BEBAUUNG HAMBURGS

Nachdem im vorangehenden Abschnitt A einige natürliche und künstliche Bebauungsgrenzen gezeigt wurden und damit der mehr oder weniger überwiegende Einfluß anderer als im Baugrund selbst (bautechnisch gesehen) liegender Faktoren angedeutet wurde, soll in den folgenden Abschnitten B–E an Hand Hamburger Beispiele erläutert werden, wie denn überhaupt der Baugrund auf das einzelne Bauwerk einwirken kann und damit einen Einfluß auf die Bebauung ausübt. Weiter wird auf die technischen Möglichkeiten zur Überwindung der im Baugrund liegenden Schwierigkeiten eingegangen sowie auf einige bodenmechanische Grundgrößen, soweit sie den Hamburger Baugrund charakterisieren.

Dieser Abschnitt B behandelt die Beziehungen zwischen der Bodenoberfläche und dem Bauwerk.

1. An der Bodenoberfläche wirkende Kräfte

Hierbei ist zu unterscheiden zwischen den inneren und äußeren Kräften. Zu den Kräften, die vom Erdinnern her die Bodenoberfläche verändern, gehören z. B. Erdbeben, Erdfall, Bergsenkung. Sie treten in Hamburg gar nicht oder nur in sehr geringem Maße auf (vgl. Abschn. a). Bei den äußeren Kräften sind im wesentlichen zu nennen das Wasser (vgl. Abschn. b) und der Wind (vgl. Abschn. c). Lawinen, Steinschlag, Murbrüche sind unserer Landschaft naturgemäß fremd, nicht jedoch Erdrutsche. Hierüber vgl. S. 50 und S. 80.

a) Einwirkungen innerer Kräfte

Erdbeben, Vulkanismus treten nicht auf, Bergsenkungen gibt es nicht, da kein Bergbau betrieben wird. Dagegen ist hin und wieder in Hamburg ein Erdfall zu verzeichnen, da Salzstöcke vorhanden sind (Abb. 9). Allerdings ist nur der „Langenfelder Gipshut" der Oberfläche so nahe, daß bei gelegentlichem Einstürzen von unterirdischen Klotten und Klüften der Putz von den Decken der Häuser fallen kann. Sackungen solchen Ausmaßes wie in Lüneburg sind aber nicht zu erwarten. (Jedoch soll der „Bahrenfelder See" einem Erdfall seine Entstehung verdanken). Bauliche Maßnahmen wie in Erdbeben- oder Bergsenkungsgebieten (Auflösung der Baukörper in kleine Einheiten, Lagerung auf drei Punkten usw.) sind in Hamburg keinesfalls erforderlich.

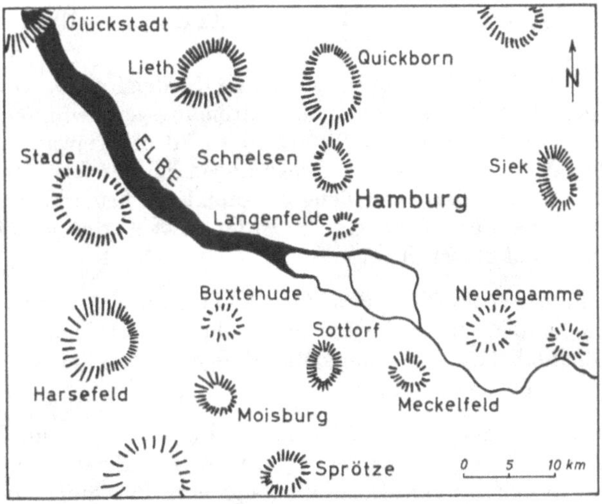

Abb. 9 **Salzstöcke im Untergrund Hamburgs**
(nach W. Drobek, 1955)

b) Einwirkungen des Wassers

Von der gewaltigen Arbeit des *erodierenden* Schmelzwassers nach den Eiszeiten zeugen die beiden Hohlformen, die Hamburg zu dem machen, was es ist: das Elburstromtal und der Alsterdurchbruch. Dagegen ist die Erosionswirkung des heutigen Elbstromes verschwindend gering. Sie ist jedoch nicht ganz verschwunden, insbesondere wo sie durch künstliche Maßnahmen (Stacks, Leitdämme) verstärkt wird, um die gebaggerte Fahrwasserrinne möglichst zu erhalten. Diese Maßnahmen sind jedoch zutreffender zu bezeichnen als ein Kampf gegen die *ablagernde* Wirkung des Wassers, der ja die Marschlandschaft ihr Entstehen verdankt (Abb. 11).

Dagegen ist der Bau der Staustufe Geesthacht auch als Maßnahme gegen die schädliche Erosion im Oberlauf der Elbe anzusehen. Grundwassersenkungen und zunehmende Schiffahrtsschwierigkeiten wären sonst die unangenehmen Folgen gewesen.

Worauf ist nun die Zunahme der rückschreitenden Erosion in den letzten Jahrzehnten zurückzuführen? Es muß der Angriff des fließenden Wassers auf die Flußsohle stärker geworden sein, d. h. die Fließgeschwindigkeit muß zugenommen haben. Dies kann nur eine Folge von erhöhtem Spiegelgefälle sein. Die Schleppspannung S des fließenden Wassers ist ja bekanntlich dem Gefälle J proportional, nämlich $S = 1000 . T . J$ (wobei S in kg/qm, T die Tiefe in m). Tatsächlich hat das Gefälle erheblich zugenommen, wie ein Vergleich der Tidehübe von Geesthacht und Bunthaus zeigt (vgl. W. Hensen, Kiel 1955):

Mittlerer Tidenhub

	1901	1954	Zunahme
Bunthaus	138 cm	233 cm	95 cm
Geesthacht	7 cm	41 cm	34 cm
Unterschied	131 cm	192 cm	61 cm

„Eine schon bis über Lauenburg reichende Sohlenerosion ist die Folge der Zunahme des Spiegelgefälles und damit der Strömungsgeschwindigkeiten bei Ebbe" (W. Hensen). Die Ursache für das Senken des Tideniedrigwassers und für das Heben des Tidehochwassers sind die Baggerungen in der Unterelbe. Dieser Einfluß konnte sich insbesondere von dem Zeitpunkt an bemerkbar machen, als er nicht mehr durch die Schaffung großer Hafenbecken, die ja wie Entlastungspolder wirken, vermindert wurde.

Neben der Sohlenerosion der Elbe ist die Erosion des abfließenden Niederschlagwassers zu nennen. Insbesondere in der Fischbeker Heide haben die Flakstellungen, Sandentnahmen und mangelnde Pflege in den letzten Jahrzehnten zu umfangreichen Erosionsschäden geführt.

Die Erosionsgefahr am Elbhochufer ist dagegen überall durch ausreichende Pflege des Pflanzenkleides gebannt. Welchen Gefahren eine längere Zeit ohne Bewuchs daliegende Böschung ausgesetzt ist, zeigt eine Böschung an der schon seit 1958 bestehenden Großbaustelle am Berliner Tor (Abb. 10).

Abb. 10 **Erosion an einer Böschung zwischen Bürgerweide und Klaus-Groth-Straße am Berliner Tor**

Fehlender Bewuchs hat zwei Jahre dem Wasser Angriffsmöglichkeiten gegeben.

Die Elbe wirkt nicht nur durch Erosion auf ihre Sohle, sondern auch durch Abrasion auf ihre Ufer ein.

„Vor dem steilen Geestrand bei Blankenese befand sich ein Schwemmlandgürtel, welcher Blankenbrook hieß und durch ein großes Fleet vom Festland getrennt war. Seit dem 16. Jahrhundert ist es jedoch den Fluten zum Opfer gefallen." Ähnlich unterlag das übrige Steilufer den abtragenden Kräften der Elbe, eine Folge des menschlichen Eingriffs in die Wasserverhältnisse. „Als die Hamburger seit 1570 darangingen, den Hauptstrom in den Nordarm zu lenken, um unter ihren Stadtmauern ein tiefes Fahrwasser zu erzielen (Erosion!), begann die Elbe ihr Bett im Altonaer Gebiet zu vertiefen und in der Folge die steilen Hänge zum Einsturz zu bringen. Verschiedene Nachrichten aus Blankenese, Oevelgönne und vor allem Nienstedten künden von diesen gefährlichen Erdbewegungen. In Nienstedten mußte die im 13. Jahrhundert gegründete Kirche, Mittelpunkt des ausgedehnten Pfarrbezirks von Rissen bis Othmarschen, 1616 ein ganzes Stück landeinwärts verlegt werden. Vom alten Friedhof konnte man noch im 18. Jahrhundert Spuren in der Nähe von Jacobs Restaurant sehen." (H. Ramm, 1958.) Heute verhindern überall Ufersicherungsbauwerke einen weiteren Abbruch (Abb. 11, 49). In Wittenbergen dagegen kann das Wasser auch heute noch ungehindert angreifen. Hier befindet sich das einzige lebende Kliff im Hamburger Raum. Es weicht durchschnittlich 1 m im Jahr zurück (Abb. 71).

Abb. 11 **Elbufer bei Dockenhuden**

Stacks lenken den Strom in die Fahrrinne, um dort Sandablagerungen zu vermeiden und das Ufer vor Abbruch zu bewahren.

c) Einwirkungen des Windes

Von den Wirkungen des Windes in der Eiszeit zeugen Ausblasungsrinnen vor dem Rand des Weichseleises (Raum Stapelfeld) und die Flottsandablagerungen im Harburger Gebiet (vgl. S. 117). Die Dünen von Boberg (im Urstromtal) und von Rissen (auf der Geesthochfläche) stammen aus späterer Zeit (Litorina-Zeit, vgl. S. 119), als noch kein ausreichendes Pflanzenkleid die Sande im Urstromtal schützte (Stranddünen). Binnendünen – meist geringeren Ausmaßes – dagegen können ganz verschiedenen Alters sein: „Auf den Sandern wurde das feine Material vielfach zu Dünenfeldern zusammengeweht . . . Die Dünen zwischen Boberg und Sande und bei Geesthacht gehören hierzu . . . Diese Dünen wurden im Postglazial durch den einwandernden Wald festgelegt. Erst als der Mensch durch die Zerstörung des Waldes, Viehtrieb und Plaggenschnitt die Vegetationsdecke vielenorts fast völlig zerstörte, gerieten sie wieder in Bewegung und führten zu ausgedehnten Versandungen von Kulturland. In zahlreichen Urkunden finden sich Klagen der Bewohner an die Regierung über „fliegende Sandberge". In jüngster Zeit wurden die Dünenfelder fast alle wieder festgelegt." (C. Schott, 1956).

Heute bilden künstliche Sandanschüttungen, z. B. Dämme, Spülfelder, dem Wind wieder Angriffspunkte. Hier ist daher das Aufstellen von Windschutzzäunen und das Anpflanzen von Sträuchern erforderlich (vgl. Abb. 96). Windschutzhecken schützen auch den Elbstrand z. B. bei Nienstedten vor Verwehungen (Abb. 12). Windschutzhecken sind auch Maßnahmen gegen den Wind selbst, nicht nur gegen den wehenden Sand. Insbesondere sind sie an der dem Südwestwind in starkem Maße ausgesetzten Geestkante zu finden. Aber auch in der Marsch soll z. B. ein Grünstreifen an der Bille mit abschließenden hohen Baumreihen die dahinterliegende, geplante „Bille-Gartenstadt" schützen.

Abb. 12 **Elbufer bei Teufelsbrück**
Windschutzhecken

2. Die Lage des Baugrundes zu den Wasserflächen

a) Das Gelände liegt zu niedrig

Hier ist es die Gefahr etwaiger Überschwemmungen, die es zu bannen gilt. Die Möglichkeiten hierzu sind 1. Warften (Abb. 13a), 2. Eindeichung (Abb. 13b) und 3. Aufschüttung oder Aufspülung (Abb. 13c).

Abb. 13a **Warft in Finkenwerder**
Nur das Haus selbst wurde vor Hochwasser – und wird heute, nach der Eindeichung, vor hohem Grundwasser – geschützt.

Abb. 13b **Bau des Schöpfwerkes hinter dem Finkenwerder Neßdeich**
Im Gelände der geplanten „Grachten"-Stadt muß der Grundwasserstand künstlich gesenkt und auch bei hohen Außenwasserständen niedrig gehalten werden.

Abb. 13c **Aufspülung in Moorwerder**
Links: alter, niedrig gelegener Koog;
Mitte: der alte Deich;
rechts: Spülfelder

Auf der Warft ist nur das Haus selbst geschützt. Alle umliegenden Ländereien und die Zufahrtswege sind weiterhin den Sturmfluten ausgesetzt, wie es noch heute bei der einzigen Landverbindung Finkenwerders (über Moorburg–Altenwerder) der Fall ist (vgl. Abb. 105). Warften gibt es nicht nur in der Marsch; auch auf der Geest, in flachem Gelände mit hohem Grundwasserstand und nicht ausreichender Vorflut, müssen die Häuser stellenweise auf künstlichen Hügeln errichtet werden, insbesondere wenn sie unterkellert sein sollen. Hier besteht zwar nicht, wie in der Marsch, die Gefahr der Überschwemmungen durch Hochwasser; die Keller sollen aber möglichst über dem Grundwasserspiegel liegen und müssen an die Kanalisation angeschlossen sein (vgl. Abb. 15).

Auch durch Deiche werden die umschlossenen Ländereien nicht hundertprozentig geschützt, wie die zahlreichen, von Deichbrüchen kündenden Bracks beweisen. Außerdem ist für eine ausreichende Entwässerung des eingedeichten Geländes Sorge zu tragen, wobei – zumindest für den Fall hoher Außenwasserstände – Pumpwerke unvermeidbar sind.

Die sicherste – und auch kostspieligste – Maßnahme ist natürlich die Aufhöhung des gesamten Geländes, wie sie sich bei der Bildung der Stadtwurt der Hamburger Altstadt allmählich vollzog und wie sie heute in großem Maße hauptsächlich bei der Gewinnung von Industriegelände angewendet wird (Abb. 96, 103). Bei ausreichender Aufhöhung bestehen dann auch keine Schwierigkeiten mit der Entwässerung mehr. In Wohngebieten muß dabei auch noch Vorflut für das in den Kellern anfallende Schmutzwasser bestehen. Z. B. ist der nördliche (ältere) Teil der Veddel nur mit Hilfe zweier Pumpwerke zu entwässern (vgl. Abb. 14), der südliche (neuere) Teil hat dagegen größtenteils dank ausreichender Aufhöhung freie Vorflut zum Auslaß am Reiherstieg.

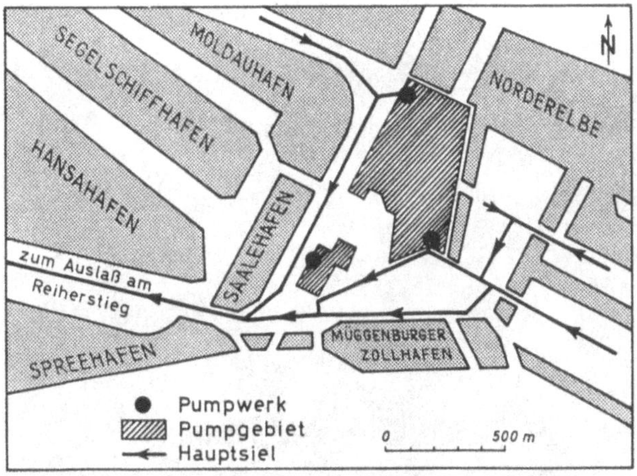

Abb. 14 **Kanalisation auf der Veddel**
Die später bebauten, ausreichend aufgehöhten Flächen können mit natürlicher Vorflut ohne Pumpwerke entwässert werden.

Abb. 15 a **Hochliegende Keller in der Elbmarsch**
Wegen des oberflächennahen Grundwassers müssen die Häuser auf „Warften" errichtet werden (Georg-Wilhelm-Straße)

Abb. 15 b **Hoher Grundwasserstand in einem eiszeitlichen Tunneltal**
Baugrube für ein Einzelhaus an der Schemmannstraße in Volksdorf

Die Kosten für eine großflächige Aufhöhung übersteigen aber selbst die Finanzkraft großer Wohnungsbaugesellschaften. Bei einem Preis von 6 DM / m³ aufgespülten Bodens kostet die Aufhöhung um 5 m nämlich 5×6 = 30 DM / m² Bauland! Eine Wirtschaftlichkeit besteht nur bei Industriegelände. So ist für das neue Siedlungsprojekt in Finkenwerder auf der 175 ha großen Fläche zwischen Neßdeich, Norderdeich und Landscheideweg (ca. 4000 Wohnungen) nur eine künstliche Entwässerung vorgesehen; das Gelände liegt 1 bis 2 m tiefer als das mittlere Elbhochwasser. „Aus dieser Not haben die Planer eine Tugend gemacht. Das Wohngebiet wird mit grün umrahmten Wasserläufen durchzogen, die ihm den Charakter einer holländischen Grachtenstadt geben werden" („Die Welt" am 1. 9. 1960). So angenehm wie eine „holländische Grachtenstadt" auch anzusehen sein mag, so berechtigt kann man fragen, was sie in einem Urstromtal zwischen pleistozänen, trockenen Geestrücken zu suchen hat, und ob in dem von Deichen eingeschlossenen, stets feuchten und außerdem sturmflutgefährdeten Gelände auch ein sicheres, angenehmes und gesundes Wohnen möglich sein wird (vgl. Abb. 13b sowie S. 156).

Die wasserwirtschaftlichen Maßnahmen (Schöpfwerk und Mahlbusen) erfordern hier allein 830.000,– DM, (d. h. 3500,– DM je Wohnung des ersten Bauabschnittes, der nur 240 Wohnungen aufweist). Die außerdem ständig anfallenden Pumpkosten und die Unterhaltungskosten der Gräben dürfen auch nicht vergessen werden: ca. 35.000,– DM / Jahr.

Vergleichsweise betragen die anteiligen Grundstückskosten ca. 1800,– DM je Wohnung im Falle Finkenwerder:

vorgeschriebene Geschoßflächenzahl = 0,45 (lt. Aufbauplan)
Bruttofläche je Wohneinheit ca. 80 m²
d. h. Bauland je Wohnung ca. 80 : 0,45 = 180 m²
Grundstückspreis in dieser Gegend 1960 ca. 10 DM / m²
also 10×180 = 1800 DM / Wohnung.

Demnach ließen sich die Erschließungskosten (vgl. auch S. 162) nicht einmal auffangen, wenn das Land an Bauwillige verschenkt würde.

Der Bau von Pumpwerken und Wettern zur künstlichen Entwässerung und Grundwasserabsenkung ist jedoch nicht nur zum Zwecke der Bebauung erforderlich. Auch intensiv landwirtschaftlich genutzter Boden verlangt einen gleichmäßigen, nicht zu hohen Grundwasserstand (Wiese: 50–80 cm, Weide 70 – 100 cm, Acker 90–120 cm unter Geländeoberkante).

Das größte, geschlossene Gemüseanbaugebiet Deutschlands, die Vier- und Marschlande, hat durch den Bau von 9 Pumpwerken und mehreren Schleusen einen von der Tide unabhängigen Grundwasserstand.

Der Francoper Schleusenverband erhielt 1947 ein Schöpfwerk.

Im „Wilhelmsburger Osten" wurde 1933 – 35 eine Melioration durchgeführt (2 Schöpfwerke, 21 km Wettern, 93 km Gräben. Vgl. M. Dobkowitz in „Hamburg und seine Bauten", 1953, S. 313).

Die Elbinseln Finkenwerder und Altenwerder besitzen jedoch bislang noch kein Pumpwerk, ebenso wie die größten Teile des Obstanbaugebietes des Alten

Die im Verhältnis zu Wasserstraßen niedrige Lage des Geländes bringt infolge der erforderlichen Durchfahrtshöhe namentlich für Seeschiffe mit hohen Aufbauten große Schwierigkeiten bei der Kreuzung von Land- und Wasserstraßen mit sich. Es müssen entweder Tunnel gebaut werden (Elbtunnel), die Brücken hinter den Seeschiffbereich zurückgelegt werden (Norderelbebrücken), oder es sind bewegliche Brücken erforderlich (z. B. Rethebrücke, die größte Hubbrücke Europas, mit 55 m hohen Stahltürmen und 640 t schwerem Hubteil).

b) Das Gelände liegt zu hoch

Liegen Geländeoberfläche und Wasserspiegel dicht beieinander, so erleichtert das jedoch den Güterumschlag, ein Steilufer dagegen – wie im Falle Altonas – wirkt sich sehr ungünstig aus: am Ufer kann nur eine Kaistraße entstehen, die Ausdehnung des Hafens ins Hinterland ist unmöglich (vgl. Abb. 59). Dagegen ist ein solches Ufer wegen seiner über den Wasserspiegel erhöhten Lage und der herrlichen Aussicht das ideale Gelände für qualifizierte Wohngebiete (Landhäuser der Elbvororte, Elbchaussee). Der große Höhenunterschied zwischen dem Hafen und dem Bahnhof Altona führte übrigens auch zu dem einzigen Eisenbahntunnel Norddeutschlands.

Das fehlende wassernahe Marschvorland läßt auf der westlichen Geest (St. Michaelis) Wohngebiete entstehen (Abb. 16 b) im Gegensatz zu den Kontorhäusern am Abhang der östlichen Geest (St. Petri, St. Jakobi, Abb. 16 a).

Abb. 16 a **Flacher Hang der östlichen Geest mit Marschvorland: Kontorhäuser in Hafennähe (Chilehaus)**

Abb. 16 b Steiler Hang der westlichen Geest ohne Marschvorland: Wohnhäuser alter und neuer Zeit (Kuhberg)

3. Die Neigung des Baugeländes

a) Zu großes Gefälle

Große Geländeneigung erschwert die Straßenführung, es treten für den Verkehr zu starke Gefälle auf (vgl. Abb. 16 b). Auf der westlichen Hamburger Geest (St. Michaelis) betrug das größte Straßengefälle vor der Sanierung 1 : 12, nach der Sanierung 1 : 40 (Martin-Luther-Str. und Dietmar-Koel-Str.). Die Helgoländer Allee, die dem Lauf des alten Stadtgrabens folgt (vgl. Abb. 131), hat ein Gefälle von 1 : 37 (also knapp 3 %), was auch für den heutigen Verkehr durchaus tragbar ist. Die Sylter Allee dagegen, die geradlinig von der Hafenstraße den Geesthang in einem tiefen Einschnitt bis an die Ecke Circusweg / Elbpark hinaufführte, war mit einem Gefälle von 1 : 20 (also 5 %) zu steil. Sie existiert heute nicht mehr.

Diese großen Gefälle sind in Hamburg im wesentlichen beschränkt auf die Geestränder zum Elburstromtal. Im übrigen sind nicht nur die Marschgebiete sondern ist auch die Hamburger Geest relativ flach, so daß die Planung mehr oder weniger zu einer zweidimensionalen Angelegenheit wird. So bereitet beispielsweise bei den neuen Großaufschließungen das Bodenrelief der Anlage der zunächst bequemlichkeitshalber lediglich auf Katasterplänen (in denen zwar die Grundstücksgrenzen. aber keine Höhenlinien eingetragen sind) geplanten Straßen und Wege im allgemeinen keine Hindernisse.

Deshalb erregte es dann auch bei den Stadtplanern z. B. im Falle Lohbrügge-Nord großes Erstaunen, daß die Haupterschließungsstraße am Rande zur Billeniederung in einem tiefen Einschnitt liegen wird. Um den unschönen Anblick zu mildern, der dadurch entsteht, daß die Häuser zu beiden Seiten dieser Hauptzufahrtsstraße sechs und mehr Meter über dem Niveau der Fahrbahn liegen, wird dann von denselben Stadtplanern verlangt, daß sich die Höhenlinien der Straßenführung anpassen, indem nämlich mit Hilfe von Planierraupen (und großen Geldmengen) am Gelände herummodelliert werden soll.

Bei kleinen Aufschließungen mit den modernen Reihenhäusern, die lediglich an unbefahrbaren Wohnwegen liegen, muß man bei starkem Gefälle als Notlösung zur Anordnung von Treppen greifen. In manchen Gebieten sind sie seit eh und je zur Selbstverständlichkeit geworden (Blankenese!). Bei vernünftiger Anlage und Beleuchtung sind sie auch ungefährlich. Wenn aber, wie allenthalben in Harburg mit seinem lebhaften Relief (vgl. S. 114), im Verlaufe solcher Wohnwege nur hin und wieder ein bis drei Stufen angeordnet wurden, dann bedeutet dies in jedem Falle eine Stolperstelle. Diese Gefahrenquellen in den öffentlichen Wegen hätten vermieden werden können, wenn die Planung der Reihenhäuser mit den dazugehörigen Wegen in drei Dimensionen – und nicht nur auf Katasterplänen – erfolgt wäre. So baute man die Häuser einfach ins Gelände hinein und mußte dann bei der Anlage der Wege wegen der vorhandenen Hauseingänge die oben erwähnten „Stolperstufen" in Kauf nehmen. Als besonders gutes (bzw. schlechtes!) Beispiel hierfür sei die Aufschließung Denickestraße / Weusthoffstraße in Harburg genannt.

Ein weiteres Beispiel mit solchen Schwierigkeiten bei der wegemäßigen Erschließung wird sich u. a. am Opferberg in Harburg ergeben, dessen Ostflanke im neuen Aufbauplan als Wohngebiet ausgewiesen ist. Hier ist allerdings das Gefälle so groß, daß man es wohl schon bei der Planung bemerken wird.

b) Zu kleines Gefälle

Ist ein geringes Geländegefälle für den Verkehr günstig, so stellen sich bei zu kleinem Gefälle Entwässerungsschwierigkeiten ein. Die schlechte natürliche Entwässerung führt zur Moorbildung (z. B. das Eppendorfer Moor), und auch die künstliche Entwässerung, die Kanalisation, wird schwierig: ein Pumpwerk ist oft nicht zu umgehen (z. B. das Pumpwerk Borsteler Chaussee am Rande des Eppendorfer Moores). Vgl. auch Seite 259: Ohmoor.

c) Das natürliche Geländegefälle und die Kanalisation Hamburgs

Der natürliche Vorfluter für alle Regen- und Abwässer Hamburgs ist die Elbe. Sei es, daß das Wasser durch Siele bis an die Ausmündungen in die Elbe gebracht wird (hauptsächlich zur ehemaligen Ausmündung Hafenstraße, jetzt durch Düker zum Hauptklärwerk Köhlbrandhöft gepumpt), oder daß es schon vorher über Auslässe oder Kläranlagen dem System der Elbenebenflüsse zugeleitet wird (Klärwerke Farmsen, Volksdorf, Bergedorf, Iserbrook, Sinstorf).

Leider ist die Geländeneigung nicht immer so günstig, daß das Abwasser im freien Gefälle die Elbe erreichen kann, wie z. B. im Falle Garstedt – Ochsenzoll, von wo das Abwasser durch fast 20 km Sielleitung ohne Zwischenschalten eines Pumpwerkes bis zur Hafenstraße in St. Pauli fließt (vgl. Abb. 17).

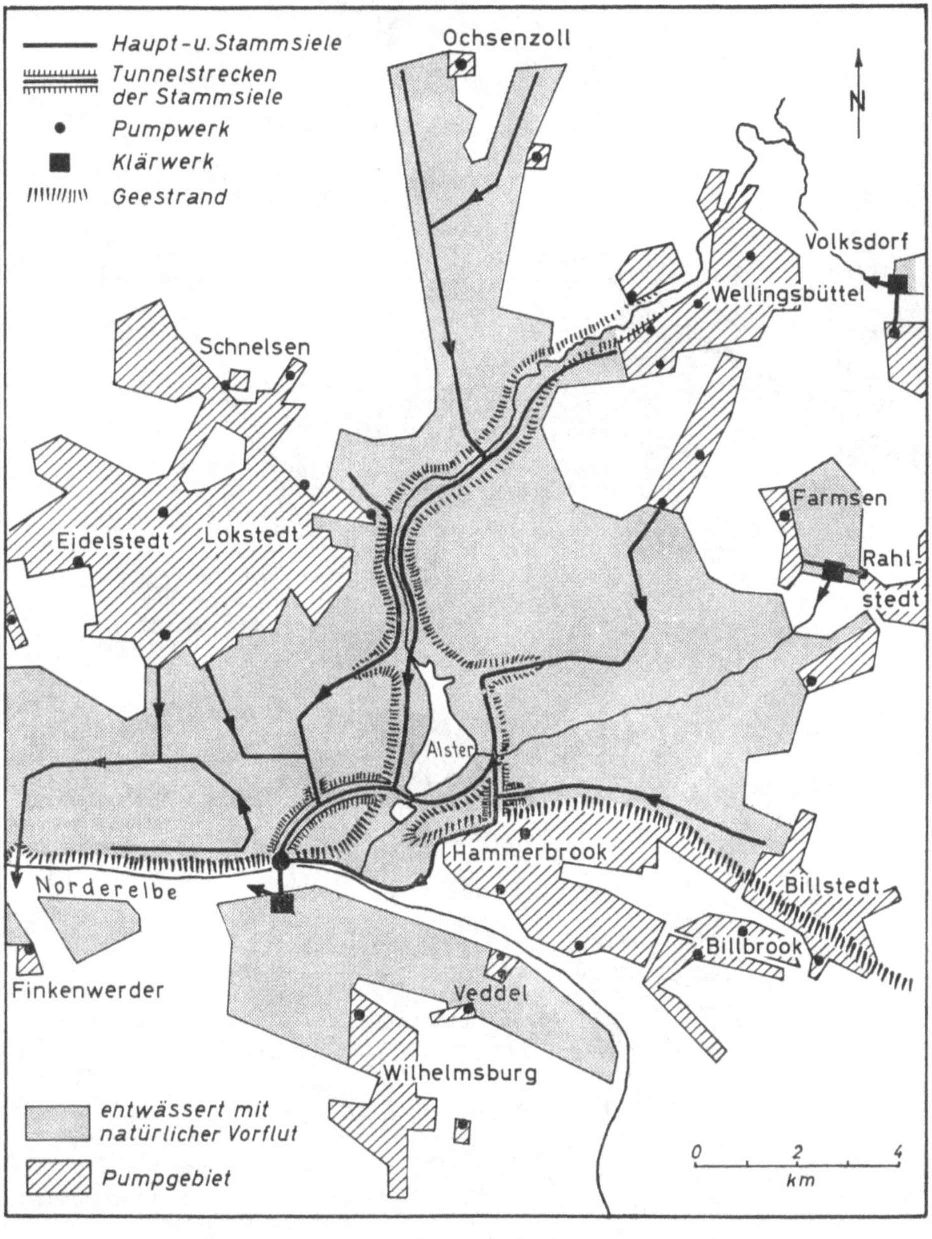

Abb. 17 **Die Kanalisation Hamburgs im Jahre 1957**
(nach einer Karte 1 : 50 000 der Baubehörde Hamburg)

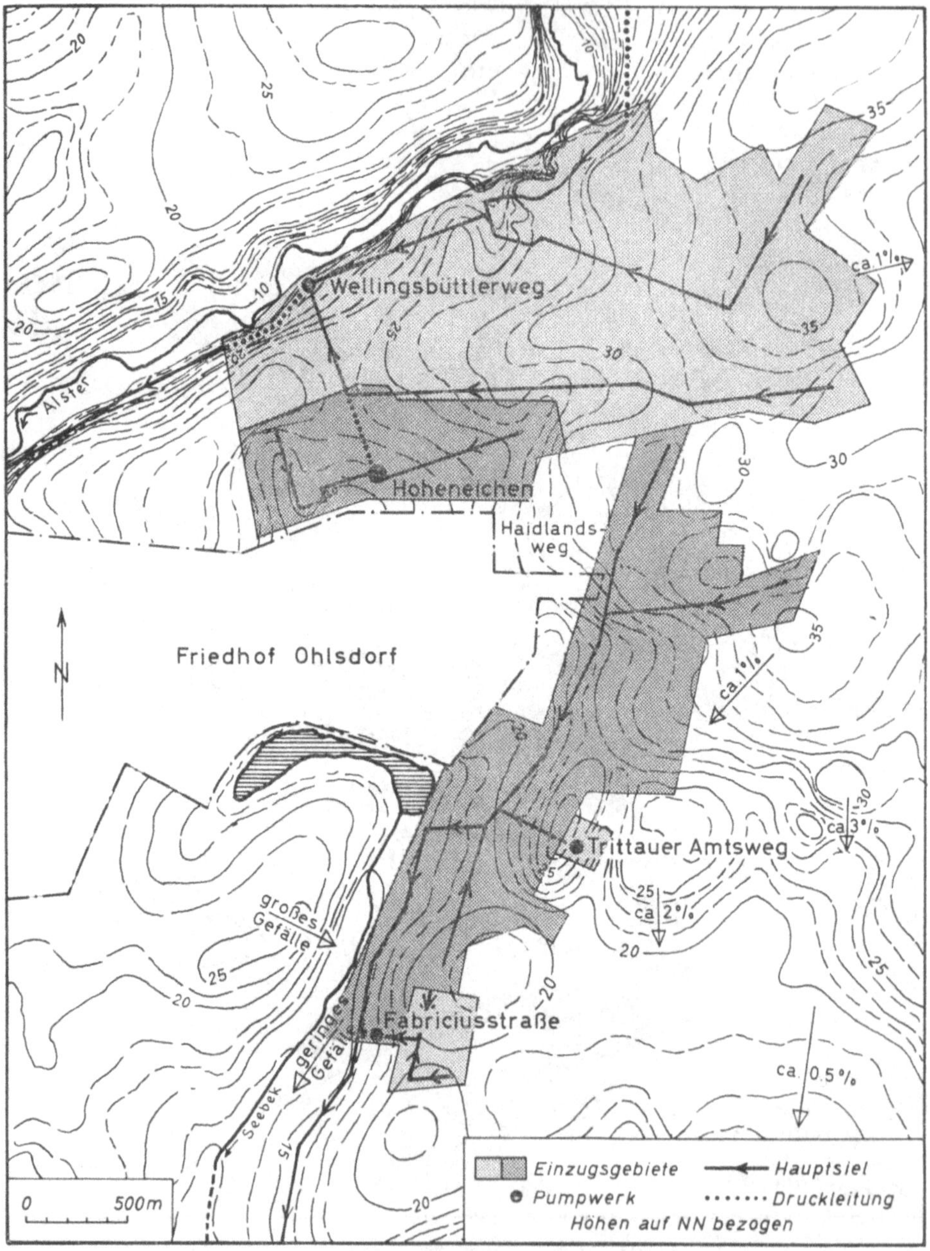

Abb. 18 **Natürliches Geländegefälle und künstliche Entwässerung**
(nach einer Karte 1 : 50 000 der Baubehörde Hamburg, 1957)

Wie sind nun im Durchschnitt die Geländeneigungen in Hamburg? In der Marsch ist das Gefälle praktisch gleich Null. Auf der Geest ist es recht unterschiedlich, es schwankt im Mittel zwischen 1 und 2 % (vgl. Abb. 18), kann aber auch stellenweise praktisch gleich Null sein, wie das Vorhandensein von ausgedehnten Moorgebieten beweist. In den natürlichen Entwässerungsrinnen der Geest (Alster und Zuflüsse) besteht ebenfalls nur ein sehr geringes Gefälle, weshalb sie ja auch größtenteils vermoort sind.

Zwischen der Geesthochfläche und der Marsch bzw. den obengenannten Entwässerungsrinnen herrscht dagegen ein – stellenweise sehr – starkes Gefälle (vgl. Abb. 18).

Welche Gefälle sind nun für Sielleitungen erforderlich? Das Gefälle schwankt je nach Wassermenge und Sieldurchmesser von 1 : 50 (2 %) bei den kleinen Sielen und den Hausanschlüssen und 1 : 3500 (0,03 %) bei den großen Stammsielen mit mehreren Metern Durchmesser.

Diese großen Stammsiele können also auf lange Strecken ohne wesentliches Gefälle die vor dem Vorfluter Elbe liegende Alsterniederung und Elbmarsch durchqueren (müssen aber unter Umgehung der Innenstadt die östliche bzw. westliche Geestflanke mit bis über 20 m unter Gelände liegenden Tunneln durchstoßen – vgl. Abb. 17).

Die kleineren Siele, die ihnen das Abwasser zuführen, brauchen aber größeres Gefälle. In der flachen Marsch sind daher meistens Pumpwerke erforderlich, lediglich bei kleinen, ausreichend aufgehöhten Einzugsgebieten nicht. Die kleinen Siele der Geesthochfläche nutzen zunächst den Höhenunterschied zur Marsch bzw. Alsterniederung (nebst Zuflüssen) aus. Das gelingt aber meistens nur bis zu einer gewissen Entfernung von der Niederung (Ausnahme: Ochsenzoll, s. o.!), dann sind irgendwelche natürlichen Erhebungen im Wege (vgl. Pumpwerke Hoheneichen und Trittauer Amtsweg auf Abb. 18). Diese können nicht – wie bei den Stammsielen – durchstoßen werden, einmal aus Kostengründen für das Siel selbst und zum anderen wegen der vielen Haussiel- und Trummenanschlüsse, die dann auch in großer Tiefe lägen. Zwar ließen sich solche Erhebungen manchmal umgehen, aber nur mit langen, teuren Umleitungen, da meistens keine weiteren Hauptsiele in der Nähe sind.

Diese Hauptsiele werden naturgemäß in den „natürlichen Entwässerungsrinnen" (Alstertal, Isebek, Wandse, Osterbek, Seebek usw.) geführt, da sie die tiefsten Punkte im Gelände darstellen und auch in ihnen die Häuser und Straßen entwässert werden müssen. In den Außengebieten sind die anfallenden Wassermengen aber oft noch nicht groß genug, um in dem geringen Gefälle von parallel zur Erdoberfläche verlegten Sielen mit ausreichender Geschwindigkeit (Sand- und Schlammablagerungen!) abzufließen. Die Siele geraten also bald in eine unwirtschaftliche Tiefe unter Straßenoberkante, so daß Pumpwerke erforderlich werden (vgl. Abb. 18, Pumpwerk Fabriciusstraße). Das gleiche ist der Fall, wenn ein neues Siel an eine alte Straßenführung gebunden ist, diese aber plötzlich ein starkes Gegengefälle aufweist (vgl. Abb. 18, Pumpwerk Wellingsbütteler Weg).

In der Marsch läßt sich das erforderliche Gefälle bei kleineren Einzugsgebieten durch ausreichende Aufhöhung des Geländes erreichen (vgl. Abb. 14), die ja ohnehin erforderlich ist, um vor Überschwemmungen oder hohen Grundwasserständen geschützt zu sein. Aber auch auf der trockenen Geest hat man, um für die Kanalisation das nötige Gefälle zu erreichen, schon zu dieser kostspieligen Maßnahme greifen müssen, wie Abb. 19 zeigt. Für das betreffende Aufschließungsgelände – Haidlandsweg in Bramfeld – war kein Gefälle zu dem ca. 3 Jahre vorher verlegten Siel in der Bramfelder Chaussee vorhanden, weil man damals – um Kosten zu sparen – dieses Siel nicht tief genug verlegt hatte, denn die Bramfelder Chaussee steigt dort an, das Gelände am Haidlandsweg dagegen fällt ab (vgl. Abb. 18). Der auf Abb. 19 erkennbare gemauerte Sielschacht, der ca. 1,50 m über die natürliche Geländeoberfläche hervorragt, zeigt das Ausmaß der erforderlichen Aufhöhung! So konnte wenigstens der Anschluß an das – tiefer liegende! – Schmutzwassersiel in der Bramfelder Chaussee erreicht werden. Die Abführung des Regenwassers bleibt aber weiterhin problematisch, denn zum Regenwassersiel der Bramfelder Chaussee besteht immer noch kein ausreichendes Gefälle, die vorhandenen Gräben und Teiche nehmen das Wasser nicht auf, und ein neues Regenwassersiel würde ca. 800 000,– DM kosten.

Abb. 19 **Aufschließung am Haidlandsweg in Bramfeld**
Infolge fehlender Vorflut zum Hauptsiel muß das Gelände künstlich höhergelegt werden. Der gemauerte Sielschacht im Vordergrund gibt die zukünftige Straßenhöhe an.

Läßt sich aus irgendwelchen Gründen kein Sielanschluß herstellen und muß das Abwasser an Ort und Stelle verwertet (versickert) werden, dann ist eine Grundstücksgröße von mindestens 1000 qm je Siedlerstelle vorgeschrieben. Da z. B. die 1951 erbaute Siedlung an der Lohkampstraße in Eidelstedt bereits jenseits der Wasserscheide gegen Schleswig-Holstein liegt und der Bau eines Pumpwerkes ins Hamburger Sielnetz für die 266 Siedler zu teuer wurde, waren also hier ca. 1000 qm große Grundstücke erforderlich.

Zur Abwasserverwertung auf eigenem Grundstück kann in diesem Zusammenhang noch gesagt werden, daß sie – auch bei der heute geforderten 1000 qm Grundstücksgröße (bei Sand und niedrigem Grundwasserstand evtl. 600 qm) – immer vom Übel ist, denn meist liegt in Hamburg lehmiger Untergrund (auf der Geest) vor, und bei den Bodenverhältnissen der Marsch mit dem hohen Grundwasserstand sind die hygienischen Bedenken erst recht groß. So ist die Verjauchung des Bodens und der Gräben der nach dem ersten Weltkrieg in Kirchdorf errichteten sogen. Hafenarbeitersiedlung genauso groß wie in den Sanierungsgebieten der wilden Bebauung und den Schrebergartenkolonien der Geest, z. B. bei den Siedlungen im Saselbektal oder bei der „Traunschen Siedlung" in Iserbrook. Selbst in dem verhältnismäßig dünn besiedelten ländlichen Gebiet von Neuenfelde nimmt die Verjauchung der Gräben katastrophale Ausmaße an, seit es an die zentrale Wasserversorgung angeschlossen ist und damit der Wasserverbrauch sprunghaft anstieg. Eine Besielung dieses Gebietes würde aber wegen des geringen Geländegefälles und der damit erforderlichen Pumpwerke große Kosten erfordern, die nochdazu von den nur wenigen Anliegern getragen werden müßten.

Beispielsweise ist für die neue Aufschließung Neuwiedenthal (zunächst für nur 1100 Einwohner) u. a. der Bau eines Pumpwerkes und einer 2,6 km langen Druckrohrleitung zur geplanten Kläranlage Harburg erforderlich (ferner Entwässerungsgräben, Schöpfwerke usw.), so daß die Kosten für die Entwässerung („äußere Erschließung") auf ca. 2800 DM je geplante Wohneinheit anwachsen.

Befindet sich zwischen der Siedlung Lohkampstraße und dem Hamburger Sielnetz eine natürliche Wasserscheide (s. o.), so befand sich zwischen Lokstedt und Hamburg eine „künstliche Wasserscheide", nämlich die Landesgrenze gegen Preußen, die dem Lauf der Tarpenbek folgte. Aus diesem Grunde konnte das Stammsiel, aus der Eppendorfer Landstraße kommend, nicht im Kollautal weiter aufwärts geführt werden, sondern es wurde nach dem hamburgischen Groß-Borstel in der Borsteler Chaussee verlegt. Auf diese Weise konnte dann später der Anschluß des gesamten Sielnetzes von Schnelsen, Niendorf und Lokstedt an das Stammsiel nur mit Hilfe des Pumpwerkes Niendorf am Mechthildweg erfolgen (bis 1960).

d) Die Reliefenergie

Entsprechend seinem höheren geologischen Alter ist die Altmoränenlandschaft viel ausgeglichener als die Jungmoränenlandschaft. Es ist selbstverständlich, daß für die Anlage eines Flughafens nur das flache Altmoränengebiet in Frage kam. Schon das geringe Gefälle im Südosten des Platzes (Abb. 20) macht es unmöglich, die Startbahn dort auch nur wenig zu verlängern, um damit wiederum am anderen Ende dar Bahn – auf schleswig-holsteinischem Gebiet – weniger Gelände zu beanspruchen und den Forderungen der Gemeinde Garstedt entgegenzukommen. (Vgl. S. 257.)

Die größten Höhenunterschiede und Geländeneigungen in Hamburg sind jedoch in einem Altmoränengebiet zu finden, dessen Reliefenergie nachträglich wieder vergrößert wurde: die Endmoränenzüge der Harburger Berge. Diese Höhenzüge der Warthevereisung (vgl. Abb. 69), unmittelbar an der Erosionsbasis des Elburstromtales gelegen, erhielten ihr neues, lebhaftes Relief unter den Wirkungen der nachfolgenden Weichseleiszeit (Trockentalbildung und Steilhangzertalung, vgl. S. 114).

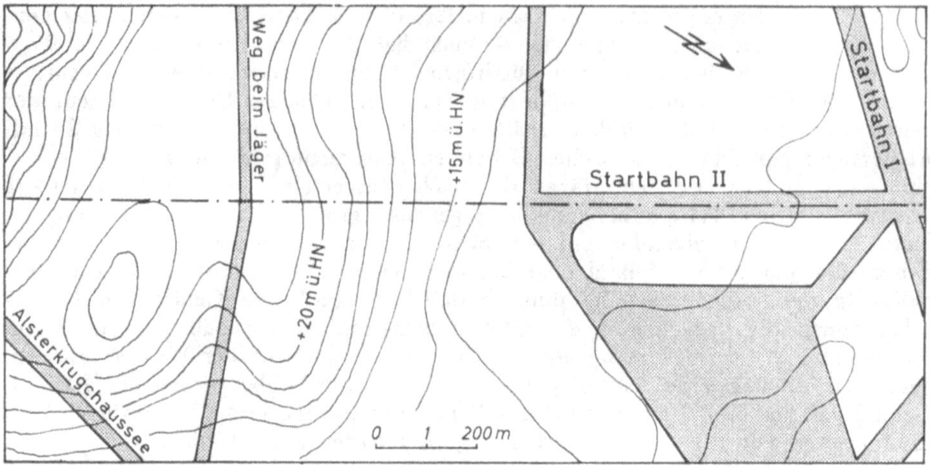

Abb. 20 **Das Bodenrelief an der SO-Ecke des Flughafens**
Die Höhenlinien entstammen einer Karte aus dem Jahre 1895

Diese Höhenunterschiede bereiten dort – im Gegensatz zu den flachen, nördlich der Elbe gelegenen Geestflächen – nicht unerhebliche Schwierigkeiten bei der Anlage von Straßen, insbesondere bei den heutzutage so zahlreichen Aufschließungen von Wohngebieten. Da die im Norden angrenzende Elbmarsch fast ohne jedes Gefälle ist und noch dazu schlechten Baugrund aufweist (Klei, Torf), ist der Bezirk Harburg in dieser Hinsicht zweifellos der interessanteste innerhalb Hamburgs.

C. DIE TRAGFÄHIGKEIT DES HAMBURGER BAUGRUNDES

1. Der Begriff der Tragfähigkeit des Bodens

In Hamburg, wie überhaupt im norddeutschen Raum mit Ausnahme einiger Orte wie z. B. Lüneburg oder Segeberg, steht kein fester Fels im Untergrund an, vielmehr besteht der Baugrund aus den mehr oder weniger lockeren Bildungen des Quartärs: diluviale Moränenböden und alluviale Schwemmlandböden, die bezüglich ihrer „Tragfähigkeit" ein sehr unterschiedliches Verhalten besitzen. Welche Eigenschaften der Hamburger Böden sind es nun, die dieses unterschiedliche Verhalten bestimmen, und wie äußert sich überhaupt die „Tragfähigkeit" dieser Böden?

Um die Begriffe, die mit der Tragfähigkeit des Bodens zusammenhängen, zu erklären, erscheint es zweckmäßig, einige Absätze aus den „Richtlinien für die zulässige Belastung des Baugrundes – DIN 1054, Ausgabe Juni 1953" zu zitieren. „Diese Norm gibt an, wieweit der Baugrund belastet werden darf, damit keine schädlichen Setzungen und Verschiebungen des Bauwerkes unter der Einwirkung der Lasten . . . eintreten und eine ausreichende Grundbruchsicherheit vorhanden ist" (§ 1).

Die Tragfähigkeit des Bodens ist nur ein sehr vager und ungenauer Begriff, denn (§ 2 Abs. 3) „bei Belastung des Baugrundes durch ein Bauwerk wird dieses durch unzulässig große Setzungen, durch Grundbruch, Gleiten und Kippen gefährdet", so daß sich also nicht vorhandene Tragfähigkeit in viererlei Weise äußern kann, wobei in den ersten beiden Fällen vertikale Kräfte und in den letzten beiden horizontale Kräfte maßgebend sind.

2. Setzungen des Hamburger Baugrundes

a) Setzungserscheinungen an Hamburger Bauwerken

Soweit die Setzungen unter dem gesamten Bauwerk gleichmäßig stark auftreten, sind sie im allgemeinen belanglos. Unterschiedliche Belastungen und unterschiedliche Bodenschichten führen aber meistens zu ungleichmäßigen Setzungen.

Welches sind nun die Folgen der unerwünschten Setzungen? Abb. 21 zeigt die charakteristischen, schrägverlaufenden Setzungsrisse (sie steigen nach der Seite der größeren Setzungen hin an). Bereits bei Setzungsunterschieden von 2 – 3 cm kann man mit Großrissen in Hochbauten rechnen.

Abb. 21 **Setzungsrisse an einem Haus in der Dratelnstraße in Wilhelmsburg**

Ist das Bauwerk in sich steif genug, so daß sich keine Risse bilden, dann ist Schiefstellen des ganzen Gebäudes die Folge (vgl. Abb. 22).

Abb. 22 **Schiefstellen eines Hauses am Finkenwerder Auedeich**

Abb. 23 zeigt die Setzungsunterschiede, die an der Georg-Wilhelm-Straße auftreten, indem die Straße auf dem Marschuntergrund allmählich versackt, die auf Pfählen gegründeten Gebäude dagegen stehen bleiben.

Abb. 23 **Versackung der Georg-Wilhelm Straße in Wilhelmsburg**
Beachte die Treppenstufen!

Setzungsunterschiede gab es auch bei den alten Halbportalkränen im Hafen. „Bei dem schwierigen Baugrund traten laufend Veränderungen der Kranspur der Halbportale auf, da die Kaimauer als Fundament der wasserseitigen Kranschiene und die die landseitige Kranbahn tragenden Schuppenstützen unterschiedliche Bewegungen in vertikaler und horizontaler Richtung machten." (F. Mühlradt, 1953, S. 281). Die Hauptgründe für die Wahl von Vollportalkränen bei den neuen Kaianlagen waren allerdings betrieblicher Natur.

Versackungen, Risse in den Bauwerken und Schiefstellen ganzer Gebäude sind also die Auswirkungen der Setzungen. Welches sind ihre Ursachen und welche technischen Maßnahmen werden in Hamburg angewandt, um diesen schädlichen Folgen entgegenzuwirken bzw. sie ganz zu vermeiden?

b) Der natürliche Hohlraumgehalt der Hamburger Böden als Ursache der Setzungen

„Setzungen entstehen dadurch, daß die aufgebrachte Last die Bodenschichten zusammendrückt" (DIN 1054 Abs. 2.31), was – zumindest in geringem Maße – bei jedem Baugrund der Fall ist. Zusammendrückbar sind in starkem Maße in Hamburg die „weichen" Bodenschichten der Marsch (Klei, Schlick, Moor), so daß dort mit den größten Setzungserscheinungen zu rechnen ist. Aber auch im Geestboden sind „weiche" Bodenschichten (Torf, Bänderton) eingelagert, ja selbst bei dem an sich „festen" Geschiebelehm treten Setzungserscheinungen auf, insbesondere wenn die eiszeitliche Vorbelastung fehlt (vgl. S. 104).

Sämtliche Hamburger Baugrundarten vom festen Geschiebemergel bis zum weichen Marschenschlick sind Lockergesteine. Ein wichtiges Merkmal dieser Lokkergesteine ist ihr Hohlraumgehalt. Neben der Kornform und Kornzusammensetzung ist er abhängig von der Art der Ablagerung, dem geologischen Alter, der Vorbelastung. Die Hohlräume zwischen den Körnern sind ganz oder teilweise mit Wasser ausgefüllt. So deutet also ein hoher Wassergehalt auf ein großes Porenvolumen und damit meistens auch auf lockere Lagerung und große Zusammendrückbarkeit hin. Vergleiche die folgende Tabelle der Porenvolumina mit den Tabellen der Steifeziffern und der „tgβ-Werte" auf Seite und

Torf, Marschenschlick	90–70 %	(frisch sedimentierte Tone)
Marschklei	70–50 %	(weicher Ton)
Bänderton	30–20 %	(sehr steifer Ton)
Glimmerton	ca. 15 %	(fester Ton, vorbelastet)
Dünensand	ca. 45 %	(gleichkörniger Sand)
Flußsand	50–25 %	(mehr oder weniger gleichkörnig)
Geschiebesand	30–15 %	(ungleichkörnig, keine Feinstbestandteile)
Geschiebemergel	ca. 10 %	(ungleichkörnig, vorbelastet, Feinstkorngehalt)

Der natürliche Hohlraumgehalt ist jedoch kein absolutes Maß für Verdichtungsfähigkeit bzw. Zusammendrückbarkeit, d. h. Setzungsgefährlichkeit des Bodens; vielmehr müßte eigentlich das Verhältnis von tatsächlicher zu dichtestmöglicher Lagerung betrachtet werden. So läßt sich z. B. der hohlraumreiche Dünensand infolge seiner Gleichkörnigkeit nur wenig verdichten.

c) Die Steifeziffern Hamburger Böden als Maßstab für das Setzungsverhalten

Für das unterschiedliche Setzungsverhalten der Hamburger Böden gibt die „Steifeziffer", gewonnen aus dem „Druck-Setzungs-Diagramm" einen Maßstab. Da im Laufe dieser Arbeit noch mehrfach auf diesen Begriff eingegangen wird, z. B. bei der bautechnischen Beurteilung und Vergleichung der Hamburger Bodenarten mit ihrer so unterschiedlichen geologischen Entstehungs- und Entwicklungsgeschichte, soll er an dieser Stelle kurz etwas näher erläutert werden und seine Eignung zur Klassifizierung der Hamburger Bodenarten diskutiert werden.

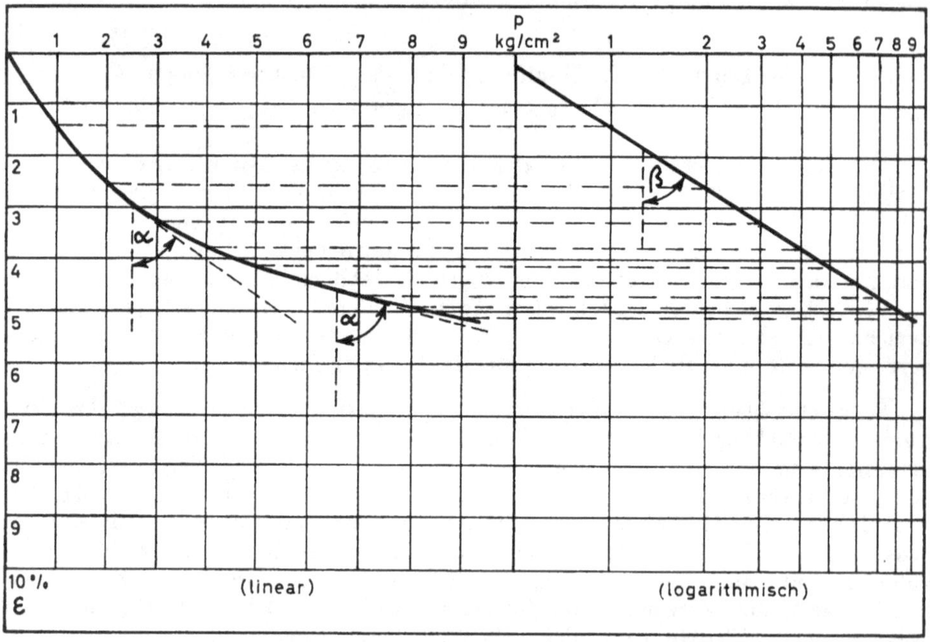

Abb. 24 **Drucksetzungsdiagramm eines Hamburger Geschiebemergels (Erstbelastung)**

Belastet man eine Bodenprobe, mißt die zugehörigen Setzungen und trägt Belastung (Spannung p in kg / cm²) und relative Setzung (ε in Prozent) in einem Koordinatensystem auf, so erhält man das „Druck-Setzungs-Diagramm" (vgl. Abb. 24), dessen Neigung als „Steifeziffer" definiert ist:

$$tg\alpha = \frac{dp}{d\varepsilon} = S$$

Dieser Wert ist aber nicht konstant, sondern nimmt mit wachsendem Druck zu. Bei dem in Abb. 24 gegebenen Beispiel beträgt er

bei p = 3 kg / cm² S = 165 kg / cm²,
bei p = 10 kg / cm² S = 550 kg / cm².

Wäre er konstant (dann geradliniger Verlauf des Drucksetzungsdiagrammes, Hookesches Gesetz!), so würde er sich ohne weiteres zu Vergleichszwecken bei unterschiedlichen Bodenproben heranziehen lassen. Da er aber nicht konstant ist, kann man dies nur unter dem Vorbehalt tun, daß man einen Mittelwert S innerhalb des praktisch interessierenden Spannungsbereiches betrachtet. So sind auch die Werte zu verstehen, die in der Literatur angegeben werden, z. B. bei Kögler-Scheidig, welche Werte hier zu ersten Vergleichszwecken wiedergegeben seien:

Kiessande, dicht	S =	1000–2000 kg/cm^2
Sand, dicht	S =	500– 800 „
Sand, locker	S =	100– 200 „
Ton, halbfest	S =	80– 150 „
Ton, steifplastisch	S =	40– 80 „
Ton, weich	S =	15– 40 „
Klei, Schlick	S =	5– 30 „
Torf	S =	1– 5 „

Zum Vergleich dazu Mittelwerte für den Hamburger eiszeitlich vorbelasteten Geschiebemergel:

in 0–10 m unter Gelände:	S = 500 kg/cm^2
„ 10–20 „ „ „	S = 1000 „
„ 20–40 „ „ „	S = 2000 „
tiefer als 40 m unt. „	S praktisch = ∞

(Erfahrungswerte der Bundesanstalt für Wasserbau, Außenstelle Hamburg.)

Die Zunahme der Steifeziffer mit der Tiefe ergibt sich aus der Tatsache der mit der Tiefe zunehmenden Bodenspannungen infolge Eigengewicht des Bodens (vgl. Abb. 25), denn: $S = p \cdot tg\beta$ (s. u.!).

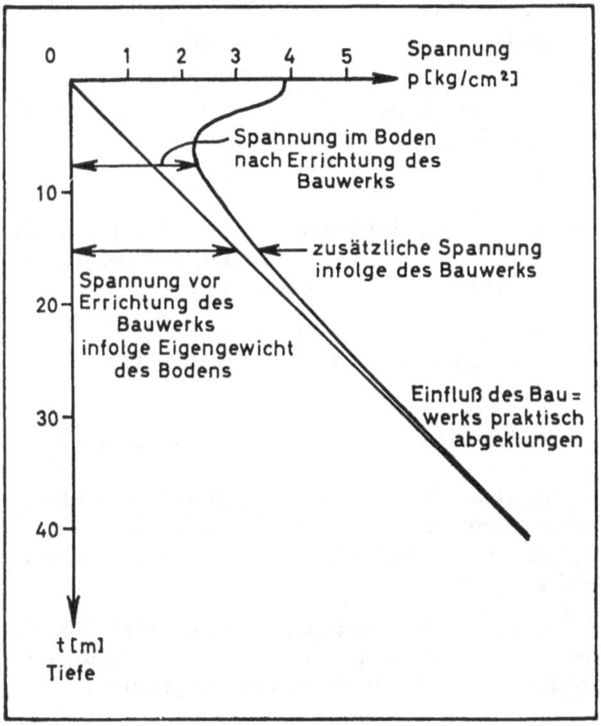

Abb. 25
Spannungsverlauf im Boden unter einem Hochhausfundament.

Der Verlauf des Drucksetzungsdiagramms (Abb. 24) wird, wie auch aus Untersuchungen v. Terzaghis hervorgeht (K. v. Terzaghi, 1925), durch ein logarithmisches Gesetz bestimmt in der Form

$$\varepsilon = A \cdot \ln p$$

d. h., trägt man p im logarithmischen, ε im normalen Maßstab auf, so erhält man eine Gerade mit der Steigung $tg\beta$ (vgl. Abb. 24). Dieser Wert ist für eine und dieselbe Bodenprobe konstant und daher zu Vergleichszwecken besser geeignet. Er ist aber ungebräuchlich, obgleich sich aus ihm sehr einfach die – in der Praxis besser brauchbare – Steifeziffer S errechnen läßt. Es ist nämlich

$S = p \cdot tg\beta$, denn

$\ln p = \varepsilon \cdot tg\beta$ (Geradlinigkeit im halblogarithmischen System, Abb. 24)

oder $p = e^{\varepsilon \cdot tg\beta}$

damit ist $\frac{dp}{d\varepsilon} = tg\beta \cdot e^{\varepsilon \cdot tg\beta} = p \cdot tg\beta$

es ist aber auch $\frac{dp}{d\varepsilon} = tg\alpha = S$

also ist $S = p \cdot tg\beta$.

Einige Werte für „$tg\beta$" bei Hamburger Bodenarten:

Kleiboden	10– 20
Bänderton, wenig sandig, aufgeweicht	20
miozäner Glimmerton, Erstbelastung	20
Bänderton, je nach Feinstanteil	40– 60
Bänderton, stark sandig	100
Geschiebemergel, Erstbelastung	40– 80
miozäner Glimmerton, vorbelastet	100
Geschiebemergel, vorbelastet	200–300

Vgl. hierzu die Diagramme Abb. 65, 68, 73 und 83.

Niedrige Werte bedeuten große Zusammendrückbarkeit (starke Setzungen). Ein Vergleich mit der Tabelle auf Seite 43 zeigt, daß dies besonders bei den jungen, lockeren, hohlraumreichen und wasserhaltigen Böden der Fall ist.

Vgl. S. 54: Zulässige Belastungen des Hamburger Baugrundes und S. 141: Zusammenstellung der Hamburger Baugrundarten nach ihrer Tragfähigkeit.

d) Maßnahmen gegen die Setzungen bei den Hamburger Verhältnissen

Die nicht tragfähigen Klei- oder Moorschichten sind in Hamburg nie so mächtig, daß sie sich nicht mit Pfählen durchrammen lassen. Daher ist die Pfahlgründung (vgl. Abb. 3, 106, 107) die am meisten verbreitete Methode, wenn unbrauchbarer Baugrund angetroffen wird.

Auch Sielleitungen müssen oft auf Pfählen gegründet werden (Abb. 26). Die nicht auf Pfählen liegenden Siele in dem auf Marschuntergrund aufgespülten Industriegelände der Hohen Schaar sind z. B. fast sämtlich zu Bruch gegangen.

Abb. 26 **Pfahlrammung für das Siel im Grevenweg**

Das zunächst ohne Pfähle verlegte Siel ist auf dem Marschuntergrund sehr bald zu Bruch gegangen. Die gerade fertiggestellte Straße mußte wieder aufgerissen werden; das Schmutzwasser aus den inzwischen errichteten Häusern läuft während des Umbaues in die Baugrube.

Sind die Moor- bzw. Kleischichten von geringerer Mächtigkeit, etwa bis 4 m, so wird evtl. die Sandersatzmethode wirtschaftlicher, d. h. der gesamte weiche Boden wird ausgehoben und durch Sand ersetzt (bei der „teilweisen Sandersatzmethode" nur bis zu einer gewissen Tiefe). Besonders vor dem Geestrand, wo die Moorschichten an Mächtigkeit immer mehr abnehmen, stehen Pfahlgründung und Sandersatzmethode oft gleichwertig nebeneinander (vgl. Abb. 27). Da sich Torfvorkommen auch auf der Geest finden, sind aber beide Methoden nicht auf die Marsch beschränkt, wo sie allerdings bei größeren Bauten die Regel sind.

Abb. 27 **Gründungsmöglichkeiten in der Marsch**
Pfahlrammung (links) und Bodenersatzverfahren (ausgehobener Torfboden in der Mitte) am Geestrand von Borgfelde

Auch im Sielbau ist neben der Pfahlgründung die Sandersatzmethode anwendbar. Der weiche Marschboden an der Randersweide in Bergedorf beispielsweise wurde ausgekoffert, die Sielbaugrube teilweise mit Sand wieder verfüllt und darauf das Siel mit einer Betonsohle verlegt.

Im Urstromtal finden sich außerdem Sande, natürlich abgelagerte und künstlich aufgeschüttete. Aus locker gelagertem Sandboden wird durch Verdichtung tragfähiger Baugrund. Insbesondere künstlich aufgeschütteter Sandboden wird zumeist durch Rütteln verdichtet, bei kleineren Flächen auch durch Stampfen. Der Flußsand der Elbe unter den Strompfeilern der Norderelbebrücken ist durch zahlreiche, ca. 6 m lange Holzrammpfähle verdichtet worden (vgl. Abb. 28).

Der im Hamburger Hafen so häufige, aufgespülte Sandboden wird neuerdings auch durch eingerüttelte „Sandpfähle" verdichtet, wodurch eine so große Verspannung der einzelnen Körner erzielt wird, daß darauf ohne weiteres flachgegründete Bauwerke errichtet werden können (vgl. Abb. 29 c).

Sind am Baugrund keine Maßnahmen erforderlich, wie meistens auf der Geest, so sind häufig noch am Bauwerk selbst Maßnahmen möglich, um schädlichen Setzungen entgegenzuwirken. Da ist zunächst die Vergrößerung der Fundamente bis zur durchgehenden Platte sowie eine Versteifung des ganzen Gebäudes zu nennen. Z. B. wurde bei den Grindelhochhäusern als Gründungskörper eine durchgehende Platte mit festverbundenen Kellerwänden gewählt, da bei dem vorhandenen Baugrund – Geschiebemergel mit mehr oder weniger mächtigen eingelagerten Sand- und Kiesschichten – mit nachträglichen, wenn auch geringfügigen Setzungen zu rechnen war (vgl. R. Lodders und B. Siebert, 1953, S. 184). Aber auch in der Marsch ist diese Maßnahme – zusätzlich – häufig anzutreffen. Das Hamburger Rathaus ist mit einer 1 m dicken Betonplatte (unter dem Turm 2.50 m dick) auf 4000 Holzpfählen gegründet, wie die meisten Gebäude in der Alstermarsch, die vor dem ersten Weltkrieg dort errichtet wurden (vgl. M. Singer, 1932, S. 315). Auch der Nikolaikirchturm ist „1845 wegen des schlechten Baugrundes in 28 Fuß Tiefe auf einer 12 Fuß dicken Konkretschicht gegründet" (C. F. Gaedechens, 1880, S. 247). Er hat sich infolge des ungleichmäßigen Untergrundes 11 cm nach Süden geneigt (M. Singer, 1932, S. 314).

Ist der Baugrund gleichmäßig – bei den Sanden des Urstromtales eher als bei den Geschieben der Geest –, dagegen die Belastung unsymmetrisch, so daß ebenfalls ungleiche Setzungen zu erwarten wären, so kann man sich mit einer entsprechenden Grundrißform des Fundamentes helfen, wie es z. B. bei den Erweiterungsbauten der Norderelbebrücken geschehen ist (Abb. 28). Daß in dem Flußsand der Elbe bei ungleichmäßiger Belastung ungleiche Setzungen zu erwarten sind, zeigten die Risse, die man in den alten Strompfeilern und Widerlagern der Brücke vorfand (Abb. 28). Diese Pfeiler und Widerlager wurden 1884/86 erstellt, die Überbauten der stromab gelegenen Brücke 1886/87, die der stromauf gelegenen (im Laufe des Umbaues 1958 erhalten gebliebenen, jetzt mittleren) Brücke aber erst 1928/29. Infolge dieser verschiedenen Lastzustände und der dadurch hervorgerufenen ungleichen Setzungen hatten sich die Risse gebildet.

Im Zuge der 1957 begonnenen Verbreiterung der Norderelbbrücke mußten die Pfeiler und Widerlager zur Aufnahme eines weiteren, dritten, Überbaues in stromaufwärtiger Richtung verlängert werden. Um die schwer im voraus zu ermittelnden Zwängungsspannungen infolge ungleicher Setzungen des alten und neuen Teiles zu vermeiden, wurde der neue Teil vom alten durch eine senkrechte Fuge vollständig getrennt, so daß er sich ungehindert setzen kann (Abb. 28).

Zwängungsspannungen infolge ungleicher Setzungen werden auch durch die Wahl einer statisch bestimmten Konstruktion vermieden, wie es bei dem auf aufgeschütteten Boden teilweise flach (ohne Pfähle) gegründeten Schuppen 58 geschah (vgl. Abb. 29 b).

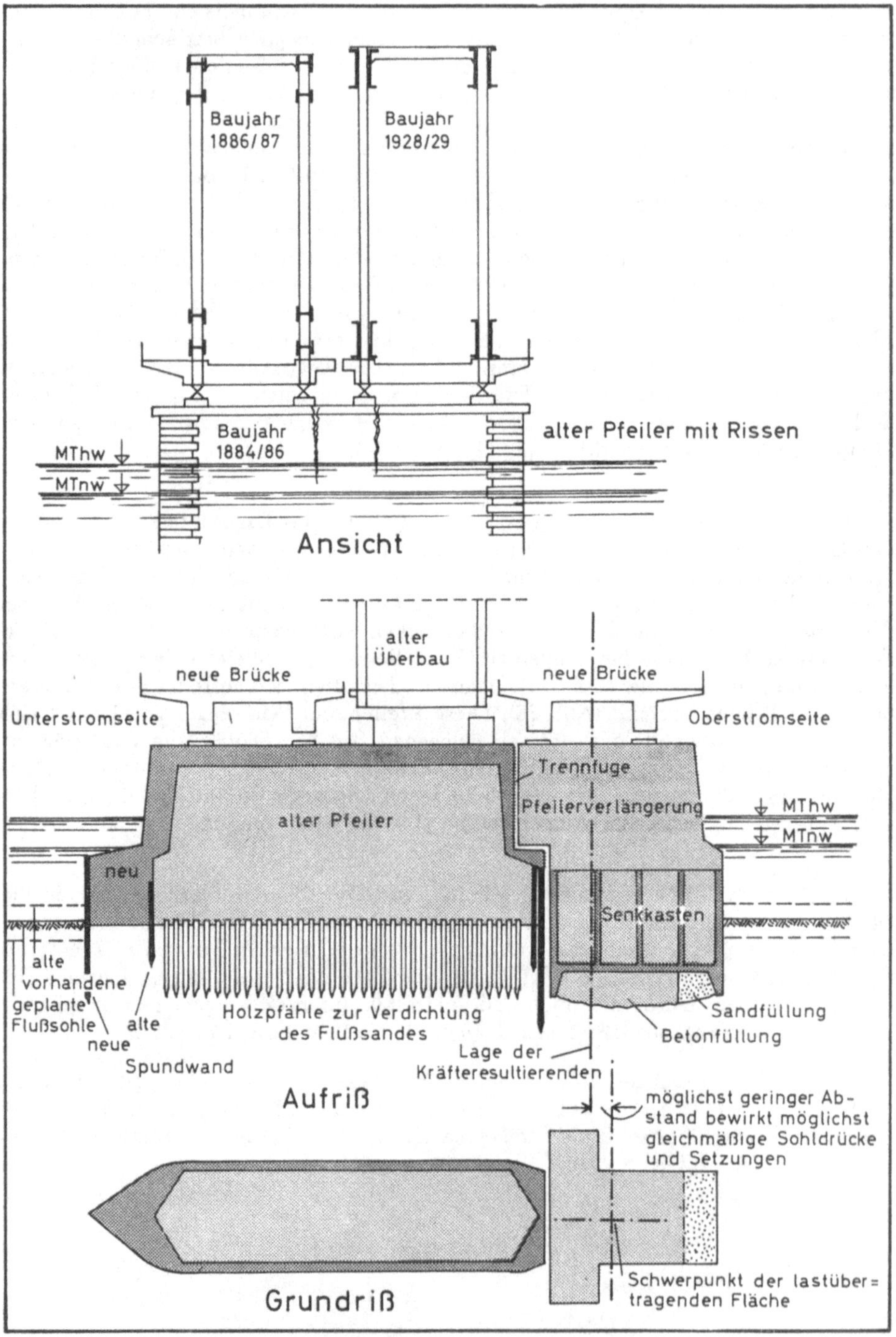

Abb. 28 **Strompfeiler der Norderelbbrücken**
(Vgl. Krupinski / Wetzel, 1958)

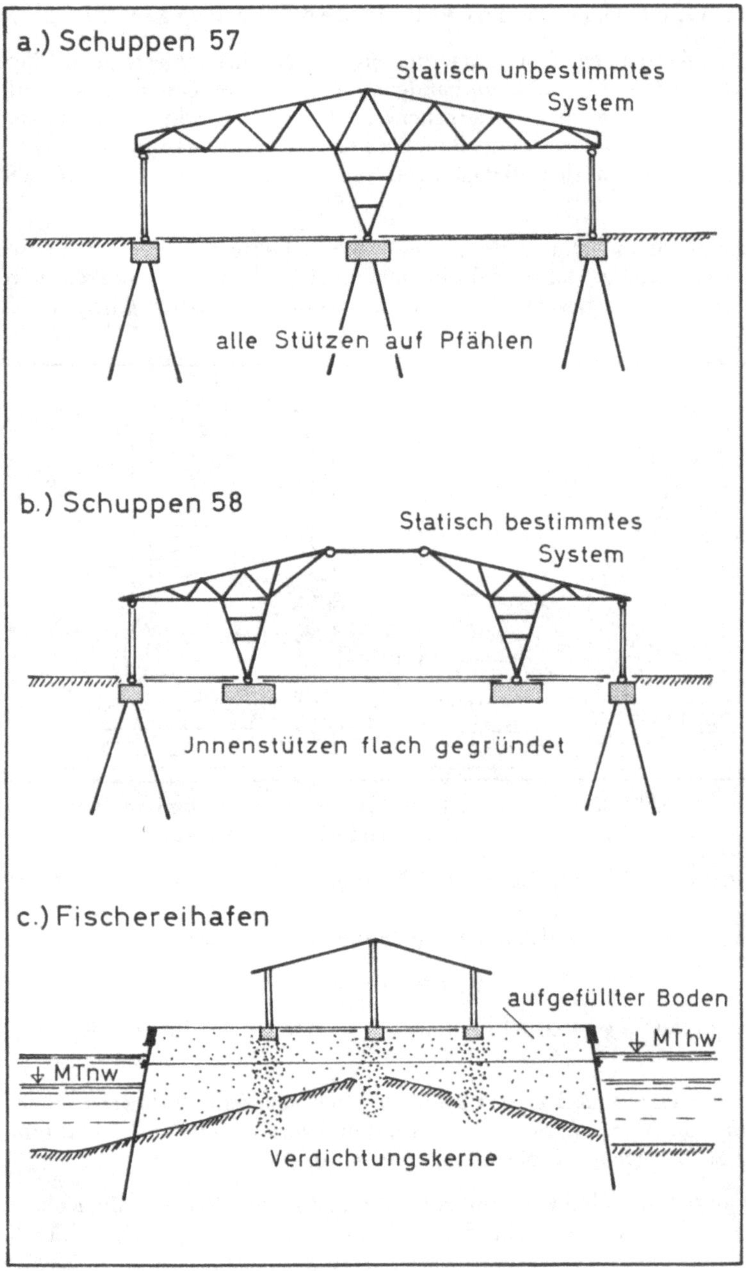

Abb. 29 a–c **Gründung von Hallenbauten in der Elbmarsch**

3. Die Grundbruchsicherheit des Hamburger Baugrundes

Ein charakteristisches Merkmal der Hamburger Lockergesteine ist ihre Zusammendrückbarkeit infolge der vorhandenen Hohlräume. Die daraus resultierenden Setzungen behandelte der vorhergehende Abschnitt 2. Ein weiteres Kennzeichen der Lockergesteine ist die Verschieblichkeit der einzelnen Bestandteile (Körner) untereinander. Sie ist bei Belastungen die Ursache eventueller „Grundbrüche" (vgl. Abb. 30).

„Grundbruch entsteht dadurch, daß die Schubfestigkeit (Reibung und Kohäsion) des Baugrundes längs gekrümmter Gleitflächen überschritten wird, wobei sich der Boden seitlich verschiebt und das Bauwerk plötzlich einsinkt" (DIN 1054 Abs. 2.32).

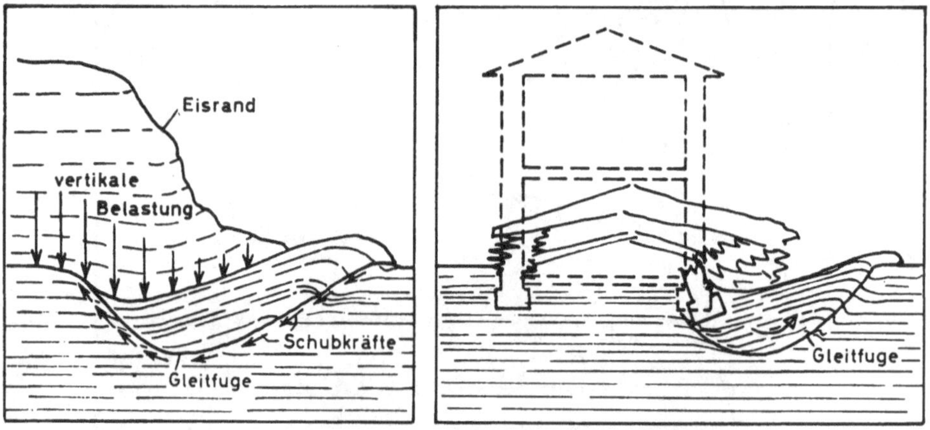

Abb. 30 **Grundbruch im Großen (Stauch-Endmoräne) und im Kleinen (Hauseinsturz)**

Die in einer sich ausbildenden Gleitfuge auftretenden Kräfte, die einer Verschiebung des darüber lagernden Erdkörpers und damit dem Grundbruch entgegenwirken, lassen sich aufteilen in Reibungs- und Kohäsionskräfte:

$$\tau = \sigma \operatorname{tg} \varrho + c$$

τ = Scherspannung, σ = Druckspannung, ϱ = Winkel der inneren Reibung, c = Kohäsion.

Je größer also ϱ und c, desto größer auch die Grundbruchsicherheit. (Außerdem nimmt diese mit wachsenden Gründungstiefen und Fundamentbreiten zu, da dann der zu bewegende Erdkörper größer wird).

Nun nimmt der Reibungswinkel ϱ mit der Korngröße ab, die Kohäsion c dagegen (die „Klebkraft" der „bindigen" Böden) nimmt mit abnehmender Korngröße zu:

Kies	ϱ = 40°–35°	Kies und Sand	c = 0
Sand	ϱ = 35°–30°	Schluff	c = 0,1 –0,2 kg/cm^2
Schluff	ϱ = 30°–25°	weicher Ton	c = 0,05–0,5 kg/cm^2
magerer Ton	ϱ = 28°–20°	fester Ton	c bis 10 kg/cm^2
fetter Ton	ϱ = 20°–10°		

Der feste Hamburger Geschiebemergel hat im Mittel folgende Werte:

$$\varrho = 35°, \; c = 0{,}6 \, kg/cm^2$$

Sein großer innerer Reibungswinkel ist auf den Gehalt an Kies und grobem Sand zurückzuführen, der hohe Kohäsionswert auf den Gehalt an Feinstbestandteilen (Schluff und Ton).

Die „rolligen" Hamburger Böden (vgl. Abb. 56), Geschiebesand und Flußsand, haben zwar auch einen großen inneren Reibungswinkel von i. M. $\varrho = 32°$, es fehlt ihnen aber die Kohäsion (daher auch „nichtbindige" Böden genannt). Bei ihnen wird also die Grundbruchsicherheit geringer sein, d. h. es werden breitere und tiefer gegründete Fundamente erforderlich sein als beim Geschiebemergel (je breiter das Fundament, desto geringer die den Grundbruch verursachende Bodenpressung; je tiefer das Fundament, desto größer die mögliche Gleitfläche und das dem Grundbruch widerstehende Gewicht des darüber liegenden Erdkörpers). Bei ungefähr gleicher Zusammendrückbarkeit (Steifeziffer) von Kiessanden und Geschiebemergel unterscheiden sich also diese beiden Böden in der Tragfähigkeit durch ihre unterschiedliche Grundbruchsicherheit.

Der „weiche" Hamburger Marschboden (Klei mit mehr oder weniger Sand und Torf, vgl. S. 120) weist allenfalls eine Kohäsion von $c = 0{,}2 \, kg/cm^2$ und einen inneren Reibungswinkel von $\varrho = 15°–25°$ auf. Zu den sehr großen Setzungserscheinungen kommt also noch eine nur geringe Grundbruchsicherheit.

Da ein Grundbruch im allgemeinen den Totalschaden des Bauwerkes zur Folge hat, wird von vornherein der Sicherheitsfaktor so groß gewählt, daß ein Grundbruch zu einem sehr seltenen Ereignis wird. Am häufigsten tritt der Grundbruch in Form des „Geländebruches" auf, d. h. unter einem Geländesprung bildet sich eine Gleitfuge aus und bringt die Kaimauer, Böschung oder dergl. zum Einsturz. Besonders gefährdet ist natürlich auch hier wieder der wenig schubfeste Kleiboden. So stürzte z. B. 1926 beim Bau der Ernst-August-Schleuse in Wilhelmsburg die im Kleiboden ausgehobene Baugrube ein, obgleich sie relativ flach abgeböscht war, nämlich in der Neigung 1 : 2,2 (vgl. Abb. 31).

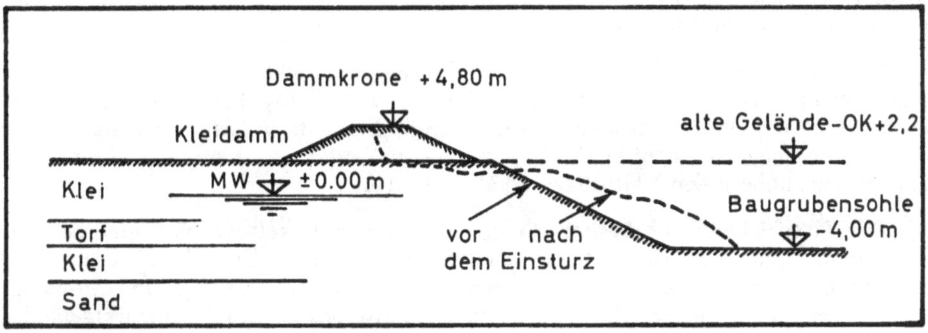

Abb. 31 Einsturz der Baugrube für die Ernst-August-Schleuse
(nach J. Ohde, 1952)

Abb. 32 **Grundbruch in der Elbmarsch**
Wiederaufgefüllte Uferböschung an der Stettiner Straße. Die alte Abrißkante ist noch erkennbar.

Ein Geländebruch in jüngster Zeit war der Einsturz des Stettiner Ufers am Ellerholzkanal (vgl. Abb. 32). Hier lag die Gleitfläche oben im aufgeschütteten Sand, mit ihrem unteren Teil im Marschklei. Der Einsturz ist zurückzuführen auf eine Störung des Gleichgewichts infolge Ausbaggerungen im Ellerholzkanal und Aufhöhungen an der Stettiner Straße.

Sand ist zwar wegen seiner geringen Rutschgefährlichkeit (höhere innere Reibung) standfester als der Marschklei, die innere Reibung kann aber kurzfristig aufgehoben bzw. verringert werden durch große Erschütterungen, etwa durch nahe Bombeneinschläge. Auf diese Weise stürzten während des Krieges mehrere Kaimauern ein, ohne einen Volltreffer erhalten zu haben.

Der Geschiebemergel besitzt die größte Standfestigkeit (großer innerer Reibungswinkel plus Kohäsion). Aber auch hier besteht u. U. Grundbruchgefahr, und es sind dann umfangreiche Sicherungsmaßnahmen nötig, wie z. B. in Altona an der Großen Elbstraße, wo der Geesthang die Entwicklung des Fischmarktgeländes hemmt (vgl. Abb. 59). Der Hang muß daher z. T. abgetragen werden, wodurch schwere Stützmauern und tiefreichende Spundwände zur Sicherung der am Hang stehenden alten Bebauung erforderlich werden.

4. Zulässige Belastungen des Hamburger Baugrundes

„Zulässige Belastungen" bzw. „Tragfähigkeiten" lassen sich höchstens für völlig gleichartig ausgebildete Böden angeben und auch hier eigentlich nur für gleichartige Bauwerke, denn die zulässige Belastung eines Baugrundes hängt nicht nur von seiner Beschaffenheit ab, sondern auch von Art, Größe und Gewicht des Bauwerkes, seiner Gründungstiefe (Grundbruch!) und vor allem von seinem Verwendungszweck und seiner Empfindlichkeit gegen Setzungen (DIN 1054, § 2.4).

Nun sind aber die Hamburger Bodenarten keineswegs gleichartig, wie aus ihrer geologischen Entwicklung auch nicht anders zu erwarten ist. Namentlich die Zusammensetzung des Hamburger Geschiebemergels wechselt sehr stark; Einlagerungen von Bändertonen (vgl. S. 93) oder Eemtorfen (vgl. S. 111) z. B. setzen seine Tragfähigkeit herab, da auch dann noch größere Setzungen zu erwarten sind, wenn sich diese eingelagerten Schichten erst in größerer Tiefe anfinden. Im Marschklei schwankt der Anteil sandiger oder organogener Bestandteile sehr stark (vgl. S. 120). Ebenfalls beeinflußt der Wassergehalt die Tragfähigkeit (wechselnde Grundwasserstände, vgl. S. 66).

Für das Einzelbauvorhaben ist daher stets die Untersuchung von an Ort und Stelle entnommenen ungestörten Bodenproben zu empfehlen. Für einen ersten Vergleich der Hamburger Baugrundarten untereinander genügen dagegen pauschale Angaben, wie sie etwa in den „Erläuterungen zur Baugrundplanungskarte von Hamburg" vom Geologischen Landesamt Hamburg gegeben sind entsprechend der DIN 1054. Siehe Tabelle Abb. 33.

Bodenart	Zustand	Tragfähigkeit ungefähre in kg / cm²
Torf	weich	0
Klei	breiig	0
"	weich, leicht knetbar	0,4
"	steif, schwer knetbar	0,8
Geschiebelehm		
(-mergel)	breiig	0
"	weich, leicht knetbar	0,4
"	steif, schwer knetbar	0,8
"	halbfest	1,5
"	hart	3,0
Geschiebesand	fest gelagert	2,0
"	grob, fest gelagert	3,0
"	kiesig, fest gelagert	4,0
Dünensand	locker	meist gering
humoser Sand	grundwassernahe	meist gering
aufgeschütteter Boden		1,0 und geringer

Abb. 33: Tabelle der Tragfähigkeit von Bodenarten im Normalzustand nach DIN 1054

M. Singer gibt eine Tabelle („Der Baugrund", Wien 1932), die sich wegen der Abhängigkeit vom geologischen Charakter sehr gut auch auf den Hamburger Baugrund anwenden läßt (Abb. 34).

	Bodenart	kg / cm²	entspricht in Hamburg etwa
Jung-alluvium:	Ton	1,0	Marschklei, fest (max. 1,0 kg / cm²!)
	Lehm	1,0	
	Feinsand	1,0 - 1,5	Sand der Bachtäler, jedoch nicht humos
	scharfer Sand	2 – 3	in Hamburg nicht vorkommend
	Kies u. Schotter	3 – 4	
Alt-alluvium:	Feinsand	2	Flußsand
	scharfer Sand	3	
	Kies u. Schotter	4 – 5	in Hamburg nicht vorkommend
	Dünensand	2	Dünen (max. 2,0 kg / cm²!)
Diluvium:	Ton, steifplastisch	2	Lauenburger Ton Tonmergel Bändertone
	Bänderton steifplastisch, glimmerreich	2	
	kalkreich	4	
	Mehlsand	3	Eisstauseeablagerungen
	scharfer Sand	4 – 5	Geschiebesande, Talsande
	Kies u. Schotter	4 – 6	Kiesnester und Moräne
	Grundmoräne mit höherem Kalkgehalt	5 – 7	Geschiebemergel
Tertiär:	Tone, steifplastisch	3 – 4	Glimmerton (Miozän)

Abb. 34 **Zulässige Inanspruchnahme der häufigsten Bodenarten** in trockener Lage für eine beiläufige Setzung in Sand von 0 – 1 cm, im Ton von 2 – 3 cm

(nach M. Singer, 1932)

Zum Vergleich die Bodenpressungen unter einigen Hamburger Bauwerken. Siehe Tabelle Abb. 35.

Die hohen Bodenpressungen unter den Großbauwerken in den Sanden des Elburstromtales lassen sich mit den für normale, mittlere Verhältnisse gedachten Werten der vorangehenden Tabelle nicht vergleichen, da hier die großen Gründungstiefen wesentlich höhere Pressungen zulassen. Hierbei kommt also die Abhängigkeit der Tragfähigkeit des Bodens vom errichteten Bauwerk selbst deutlich zum Ausdruck, wie sie auch die Tafel 1 der DIN 1054 zeigt (Abb. 36).

Bauwerk	kg / cm²	errichtet auf	Bemerkungen
Petrikirchturm	4,5	Geschiebemergel	
Norderelbbrücke	3,7	Flußsand	Eigengewicht
	7,3		maximale Kantenpressung, Verkehrslast und Wind berücksichtigt
Faulturm, Köhlbrandhöft	12 – 15	Talsand	
Elbehochbrücke	12	Talsand	nicht ausgeführt
BAT-Hochhaus	4,0	Geschiebemergel	Fundamentpressung
Esplanade	2,2		ideeller Sohldruck, wenn Lasten auf gesamte Grundflächen verteilt wären
Grindelhochhäuser	2,5	Geschiebemergel wechselnder Zusammensetzung	Eigengewicht und Nutzlast
	3,0		auch Wind berücksichtigt
4 – stöckiges Wohnhaus	ca. 0,15 kg / cm² je Stockwerk		5 · 0,15 = 0,75 kg / cm² insges. (Keller + Dach = 1 Stockwerk)
Hochhaus	ca. 0,12 kg / cm² je Stockwerk		
2-stöckiges Siedlungshaus	0,25 – 0,35		ideeller Sohldruck, wenn Lasten auf gesamte Grundfläche verteilt
Großer Getreidesilo, voll	3,5		desgl.
Radlast eines LKW	bis zu 10		Einzellast 8 t, Reifendruck 7 atü

Abb. 35 **Bodenpressung unter einigen Hamburger Bauwerken**

Gründungstiefe unter Gelände	Fein- bis Mittelsand bei der kleinsten Gründungsbreite von				Grobsand bis Kies			
	0,4 m	1,0 m	5,0 m	10,0 m	0,4 m	1,0 m	5,0 m	10,0 m
	zulässige Bodenpressung in kg / cm²							
bis 0,5 m	1,5	2,0	2,5	3,0	2,0	3,0	4,0	5,0
1,0 m	2,0	3,0	4,0	5,0	2,5	3,5	5,0	6,0
2,0 m	2,5	3,5	5,0	6,0	3,0	4,5	6,0	8,0

Abb. 36 **Zulässige Bodenpressungen nach DIN 1054**

5. Das Verhalten des Hamburger Baugrundes gegenüber waagerechten Kräften

a) Kippen und Gleiten von Bauwerken im Hamburger Baugrund

Schwieriger als die Aufnahme von Vertikalkräften ist im allgemeinen und bei den Hamburger „Lockergesteinen" im besonderen die Einleitung von Horizontalkräften in den Untergrund. Horizontalkräfte treten an Bauwerken auf entweder durch äußere Kräfte, wie z. B. Wind oder Trossenzug der Schiffe, oder aber – und das sind die wesentlichen Fälle – es handelt sich bei Geländesprüngen (z. B. bei den Kaimauern) um die horizontale Komponente des Erddruckes. Abb. 37 zeigt die Abhängigkeit des Erddruckes von den beiden Bodenbeiwerten, die mit der Verschieblichkeit der einzelnen Körner eines Lockergesteins zusammenhängen: Winkel der inneren Reibung und Kohäsion (vgl. S. 50). Je kleiner diese Werte, desto größer der Erddruck. D. h. gerade in der Marsch, wo die meisten Geländesprünge (Kaimauern!) vorkommen, ergeben sich infolge des ungünstigen Bodens (Marschklei) die höchsten Erddruckwerte. Außerdem ist es gerade hier – wiederum wegen der ungünstigen Bodenbeiwerte ϱ und c – schwierig, diese horizontalen Kräfte aufzunehmen.

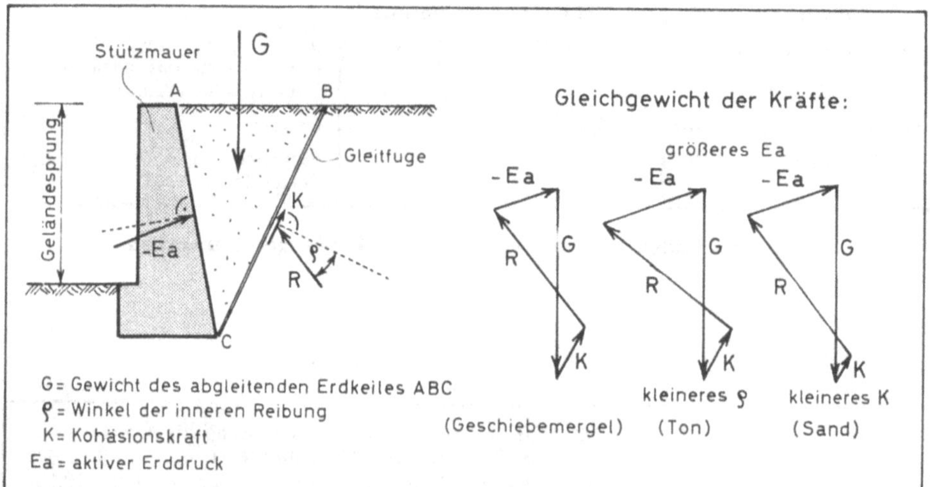

Abb. 37 **Abhängigkeit des aktiven Erddruckes von den in der Elbmarsch ungünstigen Werten der Kohäsion und der inneren Reibung**

Die Folgen etwa zu großer Horizontalkräfte sind das Kippen oder das Gleiten des Baukörpers (Abb. 38). „Beim Kippen neigt sich das Grundbauwerk um eine Sohlenkante oder um eine andere, meist unter der Gründungssohle liegende Drehachse. Das Bauwerk gleitet, wenn die waagerechten Kräfte größer werden als die Reibung an der Bauwerkssohle oder die Schubfestigkeit der Bodenschichten unter der Sohle oder der Erdwiderstand vor den Seitenflächen oder die Summe der gleichzeitig wirkenden widerstehenden Kräfte" (DIN 1054, Absatz 2.33 und 2.34).

Die vor dem zweiten Weltkrieg geplante Elbhochbrücke sollte als echte Hängebrücke ausgeführt werden, so daß die sehr großen horizontalen Verankerungskräfte vom Boden hätten aufgenommen werden müssen, und zwar im Süden vom alluvialen Marschboden bzw. vom spätdiluvialen Sand und im Norden vom diluvialen Geestboden (Geschiebemergel). In beiden Fällen wären erhebliche Verankerungsfundamente erforderlich gewesen, um durch ihr Gewicht ausreichende Reibungskräfte in der Bodenfuge zu erzielen.

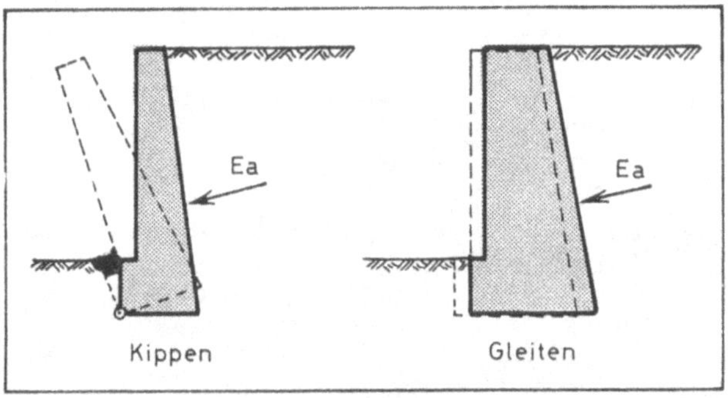

Abb. 38 **Wirkungen des aktiven Erddruckes**

b) Die Kaimauern in der Elbmarsch

Der Marschboden des Elburstromtales (Klei, Schlick, Moor, mehr oder weniger sandig) hat äußerst ungünstige bodenmechanische Eigenschaften (kleine Steifeziffer – vgl. S. 43 –, kleiner innerer Reibungswinkel – vgl. S. 50). Er ist daher ungeeignet nicht nur für die Aufnahme senkrechter Lasten, sondern insbesondere auch für die Aufnahme von Horizontalkräften, wie sie gerade bei den wichtigsten Hafenbauten, den Kaimauern, auftreten (vgl. Abb. 38 und 39).

Bodenmechanisch günstigere Eigenschaften dagegen hat der Flußsand des Elburstromtales. Da seine Oberkante durchweg noch höher als die ausgebaggerte Hafensohle liegt, ermöglicht er, daß die schweren Hafenbauten mit noch durchaus wirtschaftlichen Mitteln technisch einwandfrei erstellt werden können. So gibt es im Hamburger Hafen keine übermäßig langen Pfähle oder „schwebenden" Pfahlroste, da die Pfahlspitzen stets den tragfähigen Flußsand erreichen (vgl. Abb. 40), bzw. möglichst den noch festeren, pleistozänen Talsand (Abb. 39 c).

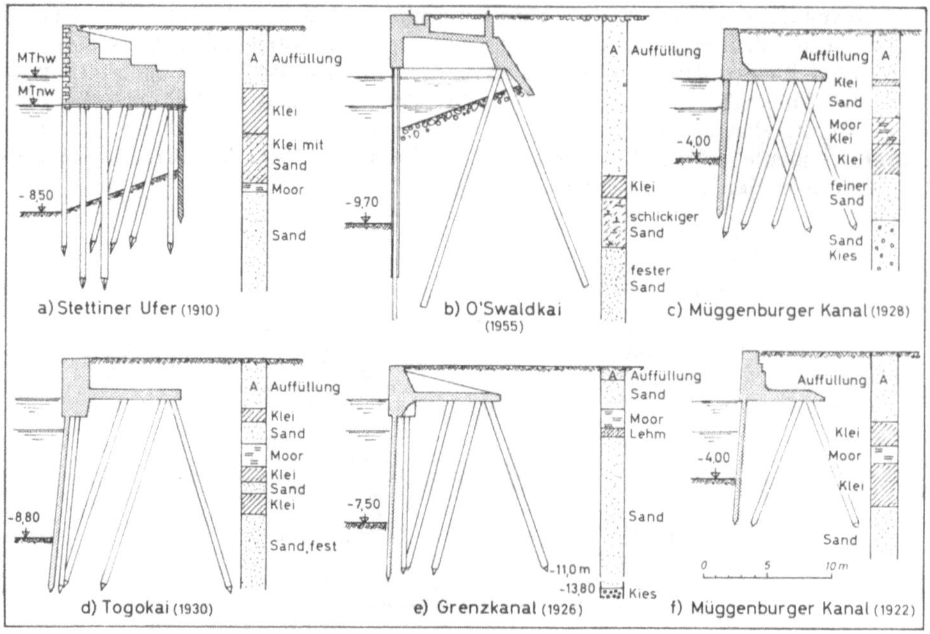

Abb. 39 **Kaimauern im Hamburger Hafen**

Die Aufgabe einer Kaimauer ist es, am seeschifftiefen Wasser ein senkrechtes Ufer herzustellen, um mit den Landfahrzeugen möglichst dicht an das Schiff heranfahren zu können und den Güterumschlag Land / Schiff und umgekehrt zu erleichtern.

Um dieses Ziel zu erreichen, gibt es nun die verschiedensten Bauweisen für Kaimauern:

einfache, massive und aufgelöste Schwergewichtsmauern;

die Pfahlrostbauweise mit rückwärtiger Spundwand (vgl. Abb. 39 a, die früher im Hamburger Hafen übliche Bauweise);

die Spundwandbauweise (vgl. z. B. Abb. 39 b);

die Senkkastenbauweise (auch eine Schwergewichtsmauer, vgl. Abb. 40 Mitte).

Die wirtschaftlichste Bauart ist zweifellos die Spundwandkaimauer, d. h. die Abgrenzung des senkrechten Geländesprunges zur Wasserseite hin durch eine Stahlspundwand. Diese Spundwand trägt im allgemeinen eine Kranbahnkonstruktion aus Stahlbeton, durch die sie auch nach hinten an Pfahlböcken verankert ist. An ihrem unteren Ende findet sie sowohl für die senkrechten als auch für die waagerechten Lasten ein festes Widerlager im Flußsand. Und gerade diese Konstruktion eignet sich bei den Hamburger Bodenverhältnissen besonders gut (wie ja auch der an der Hafensohle anstehende Flußsand in früheren Zeiten den Bau der Schwergewichtsmauern auf Holzpfahlrosten ermöglichte – vgl. Abb. 39a).

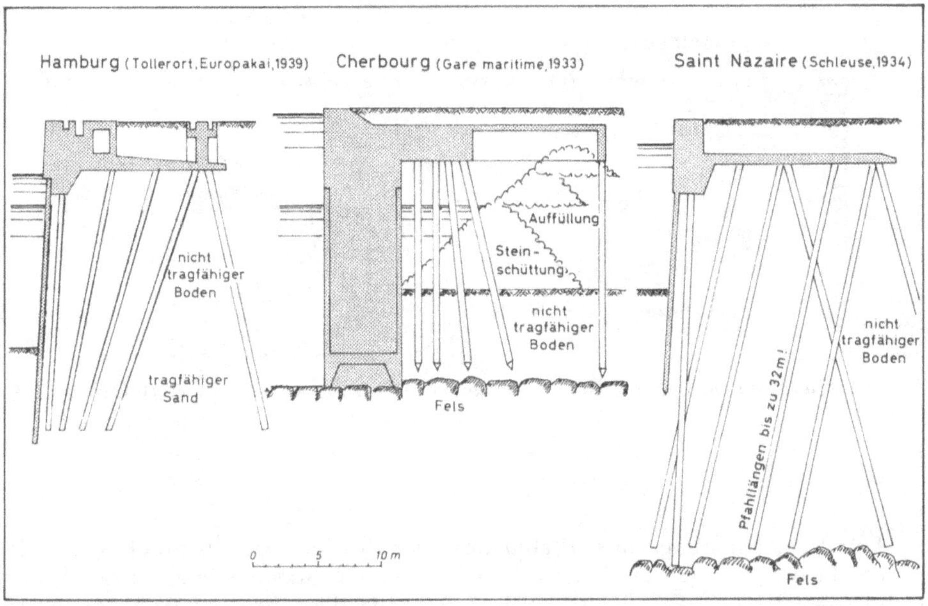

Abb. 40 **Kaimauerbauweisen in Abhängigkeit vom Baugrund**
(aus Kaimauerkatalog Christiani & Nielsen AG. 1958)

Im Hamburger Hafen ist normalerweise mit folgendem Baugrund zu rechnen:

+ 5,60 m NN: „sturmflutfreies" Hafengelände
± 0,00 m NN bis + 5,60 m NN: künstlich aufgeschütteter Boden
− 6,50 m NN bis ± 0,00 m NN: Klei, Schlick, Moor
− 6,50 m NN und tiefer: Flußsand

Zwar übt der Kleiboden unter der Last des aufgefüllten Sandbodens einen großen Erddruck auf die Spundwand aus, die erforderliche Stärke der Spundwand ist aber nach den Regeln der Statik der Belastung nur einfach proportional, wogegen die freie Länge mit ihrem Quadrat in die Rechnung eingeht. Die Länge der Spundwand wird aber in erster Linie von der Tiefe der Hafensohle bestimmt, denn die Wand findet bereits dort in dem fast stets vorhandenen Flußsand ein mehr oder weniger festes Widerlager (vgl. Abb. 39). Reichten die Klei-, Schlick- und Moorschichten in größere Tiefen hinab, etwa noch bis unter die Hafensohle, so ergäben sich für die Spundbohlen bald unwirtschaftliche oder auch technisch gar nicht mehr zu verwirklichende Längen und Profilstärken.

Fände sich dagegen an der Hafensohle statt Sand fester Fels, so wäre die Spundwandbauweise überhaupt nicht möglich, und man müßte z. B. die viel teurere Senkkastenbauweise wählen (vgl. Abb. 40, Mitte).

Werden die Horizontalkräfte am Fuß der Spundwand durch den Flußsand unmittelbar aufgenommen, so müssen sie vom oberen Ende der Wand erst auf Umwegen über Zuganker und Schrägpfähle in den Sanduntergrund geleitet werden. Abb. 41 zeigt die Reaktionskräfte bei Anordnung eines Pfahlbockes oder einer Ankerplatte; letztere wird in Hamburg nur in Ausnahmefällen gewählt – meistens bei Verstärkungen alter Kaimauern – da sich infolge der nicht gleitsicheren Kleischicht zu große Ankerlängen ergeben.

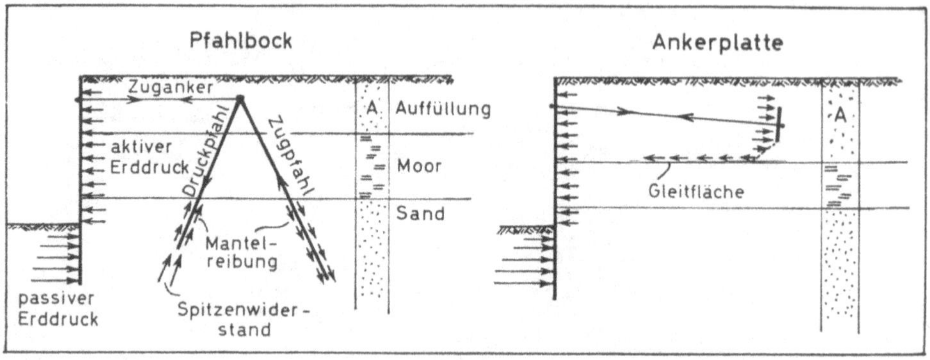

Abb. 41 **Reaktionskräfte im Baugrund der Elbmarsch bei verankerten Ufermauern**

Bei der Anordnung eines Pfahlbockes bereitet nur der Zugpfahl Schwierigkeiten, da die gesamte Pfahlkraft lediglich durch die Mantelreibung in den Untergrund geleitet wird. (Bei den alten Mauern wurde diese Schwierigkeit vermieden, indem das große Eigengewicht der massiven Mauer die Zugkräfte „überdrückte", vgl. Abb. 39 a). Die Zugkräfte in den Pfählen werden umso geringer, je flacher die Pfähle geneigt werden (Zerlegung der horizontalen Verankerungskraft nach dem Parallelogramm der Kräfte). Die größte Neigung, in der sich ein Pfahl ohne große Schwierigkeiten rammen läßt, ist 1 : 1. Je flacher der Pfahl geneigt ist, desto länger wird aber auch der „verlorene" Teil, der durch die nichttragenden Moor- und Schlickschichten führt. Je länger wiederum der Pfahl, umso geringer wird dieser „verlorene" Anteil im Verhältnis zur Gesamtlänge. Es muß daher in Hamburg das Bestreben sein, möglichst wenige aber lange und tragfähige Zugpfähle anzuordnen. Diesen Bedingungen genügen die neuerdings entwickelten, sogenannten „MV-Pfähle", die im Hamburger Hafen am Kraftwerk Neuhof (Abb. 42), Steinwerderkai (1958) und am Petroleumhafen (1959) zur Anwendung gekommen sind. Daß dies möglich war, ist wiederum dem Sand im Untergrund zu verdanken, denn das Prinzip dieses Pfahles beruht darauf, daß ein stählernes Zugglied (der unter 45° eingerammte „Pfahl") dadurch im Untergrund verankert wird, daß man den Boden rings um den Pfahl herum durch eingepreßten Zementmörtel verfestigt, was natürlich nur bei porösem, sandigem Boden möglich ist, wie er im alluvialen Flußsand des Elburstromtales vorhanden ist, nicht jedoch z. B. in den diluvialen Mergeln und Tonen des Lübecker oder Kieler Hafens. Hätten die eiszeitlichen Schmelzwasser in Hamburg lediglich das Elburstromtal in den Geschiebemergel eingetieft und nicht anschließend wieder auf dem undurchlässigen, altdiluvialen Geschiebemergel oder jungtertiären Glimmerton die Tal- und Flußsande abgelagert, so wäre es auch hier unmöglich gewesen, die großen Horizontalkräfte der Kaimauern mit Hilfe der so wirtschaftlichen „MV-Pfähle" in den Untergrund zu leiten. (Begann eine als Versuchs-Zugpfahl gerammte Stahlspundbohle sich bereits bei 90 t Zug zu bewegen, so tat dies ein Versuchs-MV-Pfahl am Hovekanal erst bei 180 t – vgl. A. Bolle 1958, S. 202 –; bei einem Versuch am Petroleumhafen ging bei 240 t Zug die Versuchseinrichtung zu Bruch, ohne daß sich der Pfahl bewegte!).

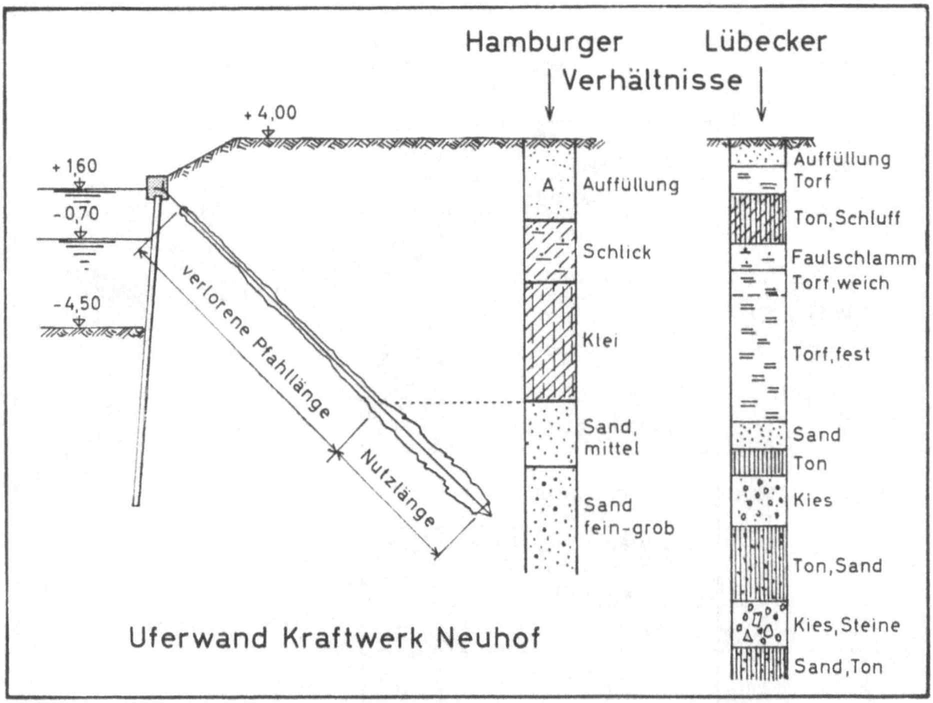

Abb. 42 **Vergleich des Baugrundes im Hamburger und im Lübecker Hafen**
Der im Elburstromtal vorhandene Sand ermöglicht die Anwendung von „MV-Pfählen"

D. DER HAMBURGER BAUGRUND ALS GRUNDWASSERTRÄGER

Der Boden besteht aus der Festmasse der Bodenkörner und aus den Hohlräumen dazwischen, die teilweise oder ganz mit Wasser ausgefüllt sind. Dieses „Grundwasser" ist ein Teil des Baugrundes und steht daher auch in vielerlei Beziehung zur Bebauung.

1. Das Grundwasser als Bodenschatz im Untergrund Hamburgs

Bei den Wasserwerken Hamburgs ist zu unterscheiden zwischen den zumeist aus den tieferen Grundwasserstockwerken (vgl. Abb. 43) gespeisten Werken und den an das Elburstromtal gebundenen Werken, die ihr Wasser aus den oberen Grundwasserstockwerken beziehen. Letztere wiederum lassen sich unterteilen in

a) die Werke, die das Oberflächenwasser der Elbe aufbereiten (Rothenburgsort, Baursberg),

b) die Werke, die aus den Flußsanden und Talsanden der Urelbe Wasser fördern, das letzten Endes auch aus der Elbe stammt (Curslack, Billbrook, Moorburg, Falkenstein, Süderelbmarsch) und

c) die Werke am Rande des Urstromtales, denen das Wasser von der Geest her zuströmt (Neugraben, Bostelbek, Süderelbmarsch).

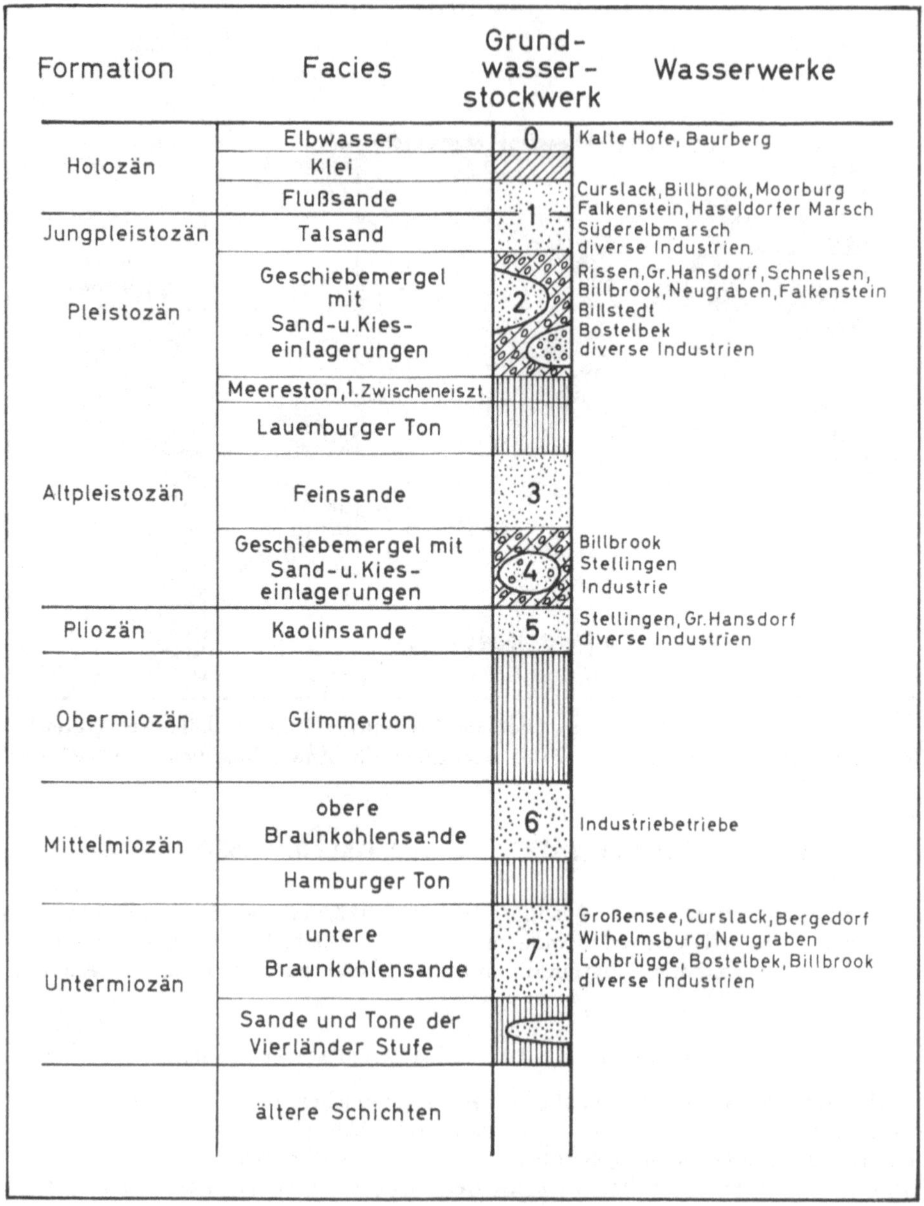

Abb. 43 **Geologische Formationen und Wasserwerke**
(nach E. Koch 1955, W. Drobek 1948 und 1955)

2. Durchfeuchtung der Bauwerke in den nassen Hamburger Böden

Wegen der im Boden enthaltenen Feuchtigkeit bedürfen die mit dem Boden in Berührung kommenden Bauteile der schützenden Isolierung (vgl. Abb. 44), insbesondere in Hamburg, wo tiefgründig sandiger Boden mit tiefem Grundwasserstand kaum vorkommt: In Elb- und Alstermarsch sowie in den Nebentälern der Alster ist der Grundwasserstand naturgemäß hoch, auf der Geest liegt der wasserstauende Lehmboden oft nur in geringer Tiefe unter dem Sand bzw. er tritt unmittelbar zu Tage. Es ist daher oft unter den Bauwerken eine Drainage erforderlich, um das Stauen des Wassers zu verhindern, sei es eine linienförmige Röhrendrainage oder ein Kiesflächenfilter (wie z. B. in Kl. Flottbek in dem Geschiebelehmboden an der Karl-Jacob-Straße).

Abb. 44 **Gründung von Häusern der Großwohnsiedlung Hohenhorst im feuchten Lehmboden der Geest**
Beachte die Isolierung des Kellers und die Pumpe!

Da die U-Bahnröhren namentlich bei der Unterquerung der Innenstadt in der Elb- und Alstermarsch oft ganz im Grundwasser liegen, ist hier eine besonders sorgfältige Isolierung erforderlich. Aus Gründen einer einwandfreien Abdichtung bringt man in Hamburg diese erst nachträglich auf die fertig betonierte Tunnelwand auf und benötigt daher breitere Baugruben als in dem größtenteils sandigen und oft trockneren Untergrund Berlins (vgl. Abb. 45), was – abgesehen von dem Mehr an Bodenaushub – höchst unerwünscht ist für den an der Oberfläche neben der Baugrube verbleibenden Verkehrsraum.

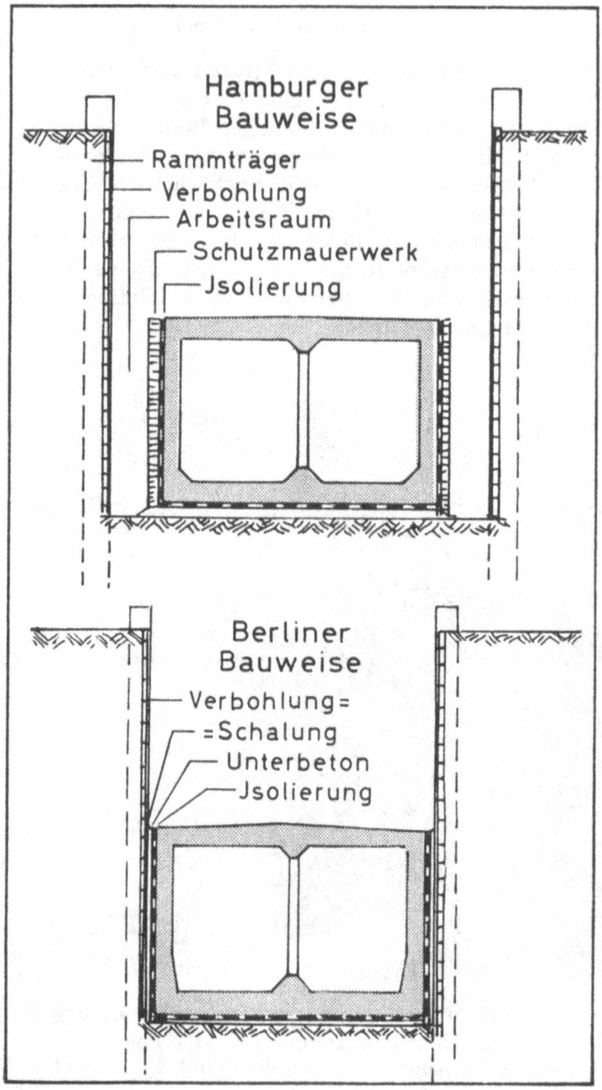

Abb. 45 **Isolierung der U-Bahntunnelröhren**

Sobald es sich bei dem Grundwasser noch dazu um „aggressives" Wasser handelt, z. B. infolge der Humussäuren bei vermoortem Boden, ist die Gefahr für die Bauwerke natürlich noch größer. So führt man z. B. darauf die schlechte Beschaffenheit der Siele in den humosen Sanden der Uhlenhorst zurück. Diese Undichtigkeiten wiederum machen das Siel zu einer Drainage, was sich besonders 1958 bemerkbar machte, als man begann, das Hamburger Abwasser von der ehemaligen Sielausmündung an der Hafenstraße in St. Pauli zum Köhlbrandhöft zu pumpen, und als man feststellen mußte, daß auch bei Trockenwetter das Schmutzwasser in größeren Mengen anfiel, als es dem Wasserverbrauch der angeschlossenen Einwohner und Industriegebiete entsprach. Vgl. hierzu auch Seite 133: chemisch verseuchtes Aufhöhungsgelände an der Steubenstraße!.

Nicht nur das Bauwerk ist vor der Durchfeuchtung zu schützen, sondern auch der Baugrund unter der Bauwerkssohle, insbesondere wenn er lehmig (schluff- und tonhaltig) ist, da dieser bei Wasseraufnahme seine Festigkeit verliert (vgl. Abb. 44, 70 b, 88 b). Es ist also auch aus diesem Grunde eine künstliche Drainage erforderlich, um die Bauwerkssohle trockenzulegen.

Ganz besonders beim Straßenbau ist eine sorgfältige Entwässerung (z. B. durch seitliche Gräben) erforderlich, da keine Straßendecke heil bleibt, wenn der Untergrund dauernd wassergesättigt ist, auch wenn er nicht lehmig ist. (Über die Frostgefährlichkeit der Hamburger Böden vgl. S. 72).

Hierin ist auch der Grund zu sehen, weshalb letzten Endes im Herbst 1960 die Rodigallee in Wandsbek-Jenfeld zerfiel, ***veranlaßt*** durch den plötzlich verstärkten Verkehr durch die HHA-Busse und durch die schweren Lastwagen, die Aushubboden vom U-Bahnbau in Wandsbek nach den Kippen (alte Kiesgruben) in Barsbüttel transportierten. Die ***Ursache*** lag aber in dem dortigen Untergrund: Geschiebelehm. Dieser Lehm war zwar sicherlich bis in „frostfreie" Tiefe durch Sand ersetzt worden – sonst wäre diese 30 Jahre alte Betonstraße schon längst in die Brüche gegangen –, das Niederschlagswasser staute sich aber bei starken und langanhaltenden Niederschlägen über dem lehmigen Untergrund, weichte ihn auf und ließ ihn unter der Verkehrsbelastung nachgeben. Wenn die Ausbesserungskolonne bei trockenem Wetter die größten Schäden beseitigt hatte, sorgte der nächste Regen – im niederschlagsreichen Jahr 1960! – wieder für neue Arbeit (vgl. Abb. 46).

Abb. 46 **Wassergesättigter Boden an der Rodigallee führt zur Zerstörung der Betonfahrbahn**

3. Auftrieb im Grundwasser

Bei manchen Tiefbauten in der Hamburger Marsch kommt es vor, daß sie ganz unter dem Grundwasserspiegel liegen und dann unter der Wirkung des Auftriebes aufzuschwimmen drohen. Ein solches Bauwerk ist in der Alstermarsch der U-Bahnhof Jungfernstieg, den man künstlich dadurch beschwerte, daß man alte Schienen mit einbetonierte. Im übrigen wird – auch beim gegenwärtigen U-Bahnbau – dem Auftrieb zusätzliches Gewicht durch größere Massen an Beton entgegengesetzt.

In der Elbmarsch ist hier selbstverständlich der Elbtunnel zu nennen, der eine zusätzliche Roheisenbelastung von über 2 t/m erhielt, um dem Auftrieb entgegenzuwirken.

4. Hydrostatischer Druck im Grundwasser

Bei den oben genannten, ganz im Grundwasser liegenden Bauwerken wird der volle hydrostatische Druck des Grundwassers zusätzlich zum Erddruck wirksam, die Bauteile (Tunnelwände usw.) sind also dementsprechend stärker zu dimensionieren. Das gleiche gilt natürlich auch für Tiefgaragen, Tiefkeller usw. Da an dem Grundwasserspiegel meist ohne weiteres nichts zu ändern ist, muß diese stärkere Dimensionierung einfach hingenommen werden.

Nicht so bei den charakteristischen Bauwerken der Elbmarsch im Hafen, bei den Kaimauern. Da Hamburg im Tidebereich liegt (mittlerer Tidehub 2,30 m), der Grundwasserspiegel diesen schnellen Schwankungen aber nicht zu folgen vermag, wäre also bei niedrigen Außenwasserständen mit einem Wasserüberdruck von über 2 t/m auf die Spundwand zu rechnen. Durch Einbau von Sickerschlitzen in die Spundbohlen ermöglicht man daher doch einen schnellen Ausgleich der Wasserspiegel vor und hinter der Wand und ermäßigt dadurch die Gesamtbeanspruchung der Wand um über ein Drittel.

5. Schwankungen des Grundwasserspiegels

Der schlechte Baugrund der Marsch erfordert durchweg Pfahlgründungen. Erst in neuerer Zeit werden fast ausschließlich Betonpfähle verwendet. Vorher kannte man nur Holzpfähle, die noch bis ins 20. Jahrhundert gang und gäbe waren. Diese Holzpfähle wurden von dem hohen Grundwasserstand in der Marsch vor dem Faulen bewahrt (vgl. Abb. 3a: alte, freigelegte Holzpfähle am Rödingsmarkt). Hieran wird deutlich, daß das Grundwasser ein integrierender Bestandteil des Baugrundes ist, und daß der Mensch schon dadurch Einfluß auf die Beschaffenheit des Baugrundes ausüben kann, indem er den Grundwasserspiegel oder auch den freien Wasserspiegel senkt, was z. B. vor einigen Jahren beim Fortfall der Schleusen zwischen den Hammerbrook- und den Billekanälen geschah (Senken des Wasserspiegels der Hammerbrook-Kanäle um 25 cm). Dabei gerieten stellenweise die Köpfe der Holzpfähle und ihre Verzimmerung über den Wasserspiegel (Abb. 47).

Abb. 47 **Durch Wasserspiegelsenkung freigelegte Köpfe von Holzpfählen**
Mittelkanal / Osterbrook

Um Absenkungen wesentlich größeren Ausmaßes, aber von nur vorübergehender Dauer, handelt es sich beim U-Bahnbau. Ein solcher künstlicher Wasserentzug des Bodens ist stets mit mehr oder weniger großen Setzungen verbunden und beschwört für die bestehenden Gebäude u. U. eine größere Gefahr herauf, als sie die Erschütterungen beim Rammen der Stahlträger der Baugrubenaussteifungen bedeuten. So sackte z. B. beim Bau des U-Bahnhofes an der Brauerstraße infolge der Grundwasserabsenkung das Straßenpflaster über dem Absenkungstrichter ab und es kam zu ähnlichen Erscheinungen wie an der Georg-Wilhelm-Straße in Wilhelmsburg (vgl. Abb. 23).

Ein Absenkungstrichter großen Ausmaßes bildete sich auch 1960/61 bei der Grundwasserabsenkung für den Bau der Tunnel- und Brückenbauwerke der Straßenkreuzung Billhorner Brückenstraße / Billhorner Röhrendamm. Hier kam es zu umfangreichen Sackungen der z. T. erst neu angelegten Straßen (Abb. 48 a). Ob auch die zahlreichen Wasserrohrbrüche in dieser Gegend (im Februar 1961 allein 2 innerhalb einer Woche) auf ein Zusammensacken der durch die Grundwasserabsenkung entwässerten Moorschichten (vgl. das Bohrprofil in Abb. 84) zurückzuführen sind, müssen erst noch genauere Untersuchungen ergeben.

Dabei wird deutlich, daß dem Grundwasser sogar eine tragende Funktion zukommt. Es trug vorher einen Teil des auflastenden Bodens, und zwar einmal infolge der Auftriebwirkung und zum anderen infolge des „Porenwasserdrucks". Der umgekehrte Vorgang: beim Konsolidieren eines tonigen Bodens entweicht ein Teil des in den Poren enthaltenen Wassers. Der Marschklei konsolidiert daher schneller, wenn man hilft, das dabei entweichende Wasser abzuleiten, was man z. B. beim Bau der Dradenaustraße durch Einrütteln von „Sandpfählen" vor Aufbringen des Füllbodens erreichte.

Abb. 48 a **Versackung im Marschboden**

Beim Straßen-, Brücken- und Tunnelbau am Verkehsknoten Billhorner Brückenstraße / Neue Amsinckstraße versackten die Straßen noch vor ihrer Fertigstellung

Abb. 48 b **Versackung im Geestboden**
Beim U-Bahnbau unter den Gleisen des Hauptbahnhofes waren die Versackungen deutlich an den Bahnsteigkanten zu erkennen.

Nicht nur in der Marsch, auch in der Geest ist mit solchen Sackungen zu rechnen. So befürchtete man beim Aushub der U-Bahnbaugrube unmittelbar vor dem Turm der Petrikirche, kiesig-sandige Bodenschichten anzuschneiden, aus denen das Wasser auslaufen konnte, wodurch dann den Turm gefährdende Setzungen entstanden wären (vgl. Abb. 75 a).

Bei der Baugrube in der Nordschleswiger Straße dagegen wurden Eemtorfe (vgl. S. 111) angetroffen, die sich bis unter die am Straßenrande stehenden Häuser hinzogen, so daß diese bei der Grundwasserabsenkung in Gefahr gerieten, Setzungen zu erleiden.

Die Setzungen bis zu 25 cm an den Bahnsteigen und Gleisanlagen des Hauptbahnhofes beim bergmännischen Vortrieb der U-Bahn-Tunnelstrecke zwischen Meßberg und Großer Allee können aber nicht – wie es zunächst versucht wurde – auf das Anschneiden und Leerlaufen wasserhaltiger Kies- oder Sandlinsen zurückgeführt werden. Hier wird vielmehr trotz aller Bemühungen beim Schildvortrieb mehr Boden entfernt worden sein, als es dem Volumen der festen Tunnelröhre entsprach. Wie hätte sich sonst der Verlauf der beiden nebeneinander liegenden Tunnelröhren an den Setzungen der Bahnsteigkanten genau verfolgen lassen können (vgl. Abb. 48 b)? Sind doch die etwaigen wasserhaltigen, durchlässigen Bodenlinsen keineswegs an diesen Verlauf gebunden. Es hätten dann also auch neben den Tunnelröhren Versackungen auftreten müssen.

6. Ausspülungen Hamburger Sandböden

Ein großer Teil des natürlichen Hamburger Baugrundes – sowie der künstlich aufgeschüttete – besteht aus Sanden. Hat das Grundwasser an Böschungen oder Baugrubenwänden Gelegenheit, aus diesen Böden zutagezutreten, so besteht – besonders bei feineren Sanden – die Gefahr des Ausspülens, wodurch Hohlräume im Untergrund entstehen, der Boden nachstürzt und Bauwerke einstürzen können. Entsprechend dem stark wechselnden Aufbau des nördlichen Elbhochufers treten hier zahlreiche Schichtquellen auf (vgl. S. 83: Geestrand bei Kirchsteinbek), bei natürlich oder künstlich vorgeschütteten Sanden Schuttquellen. Bei diesen sandigen Schuttquellen besteht die Gefahr des Ausspülens in großem Ausmaß (vgl. Abb. 49).

Abb. 49 **Das Elbufer bei Nienstedten**
Der Uferschutz gegen das von vorn angreifende Elbwasser wird durch das von hinten drängende Grundwasser zerstört.

Die Entwässerungsrinnen in dem Geschiebelehmboden der Hamburger Geest sind mit Sanden ausgefüllt und haben einen hohen Grundwasserstand (vgl. Abb. 81 und S. 118). Ragt eine Baugrube in diese Schichten hinein, so besteht hier die Gefahr von Fließsanderscheinungen, die namentlich beim Sielbau schon zu großen Schwierigkeiten geführt haben, in den letzten Jahren z. B. westlich der Alster im Kollautal an der Deelwisch und Hinter der Lieth, östlich der Alster z. B. am Berner Heerweg (im Tal der Berner Au) oder am Pulverhof / Auerhahnweg (im Wandsetal) – vgl. Abb. 50 –, im Elbtal u. a. beim Bau des Fangsieles in Blankenese unterhalb Baurs Park.

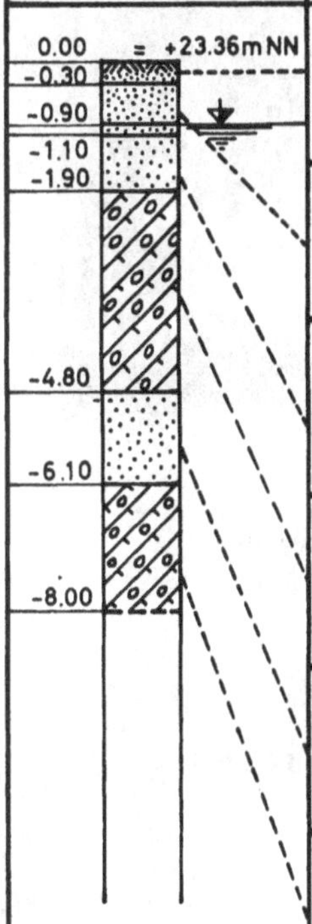

Probebohrung Blakshörn/ Karlshöher Weg in Berne	m unter Gelände	Mächtigkeit	a) Hauptbodenart b) Farbe c) Beimengungen	a) Beschaffenheit b) Wassergehalt c) Kalkgehalt	
	0.00		Fein- bis Mittelsand	lose	
		0.30	schwarz	feucht	Mutterboden
	0.30		Schluff, Humus	kalkfrei	
	0.30		Mittelsand	lagernd	
		0.80	graubraun	stark feucht	Sand
	1.10		sehr wenig Ton	kalkfrei	
	1.10		Mittelsand	läuft	
		0.80	hellgrau	nass	Triebsand
	1.90		sehr wenig Grobsand u. Ton	kalkfrei	
	1.90		Ton	fest	
		2.90	dunkelgrau	feucht	Geschiebemergel
	4.80		Sand, Schluff	kalkhaltig	
	4.80		Mittelsand	läuft	
		1.30	dunkelgrau	nass	Triebsand
	6.10		Grob- u. Feinsand Schluff, wenig Ton	kalkhaltig	
	6.10		Ton	fest	
		1.90	dunkelgrau	feucht	Geschiebemergel
	8.00		Sand, Schluff	kalkhaltig	

Abb. 50 a **An der Berner Au erbohrter Triebsand**

In diesen feinen Sanden ist wegen des geringen Durchlässigkeitsbeiwertes eine reguläre Grundwasserabsenkung nicht möglich. Dagegen bewährte sich überall das sogenannte „Vakuumverfahren". Bei diesem Verfahren werden Filterrohre in kurzen Abständen voneinander zu beiden Seiten der Sielbaugrube in den Sand eingespült und dann an eine Saugleitung angeschlossen. Wegen des niedrigen Durchlässigkeitsbeiwertes dieser feinen Sande bilden sich sehr steile Grundwasserabsenkungstrichter, und zwar einer dicht neben dem anderen. Beiderseits der Baugrube entsteht so gewissermaßen eine nicht mehr vom Grundwasser durchströmte „Wand", wodurch das Ausfließen des Sandes verhindert und das Arbeiten im Trockenen ermöglicht wird (vgl. Abb. 50 b).

Abb. 50 b **Blick in eine Sielbaugrube mit Fließsand**
Am Pulverhof in Farmsen.

7. Frostwirkungen am Hamburger Baugrund

Der lehmige pleistozäne Untergrund in Hamburg ist im höchsten Grade „frostgefährdet": Das in ihm enthaltene Wasser gefriert, durch die Kapillarwirkung dieses Bodens mit seinem Feinkornanteil wird von unten und von den Seiten Wasser nachgesogen, so daß Eislinsen entstehen: die Bodenoberfläche hebt sich („Frostbeulen" auf den Straßen). Bei anschließendem Tauwetter weichen diese Stellen auf und brechen unter aufgebrachten Lasten (schwere Kraftfahrzeuge) ein.

Straßen sind Bauwerke mit sehr geringer Gründungstiefe. Sie sind daher besonders frostgefährdet. Deshalb muß der anstehende Geschiebelehmboden stets bis zur frostfreien Tiefe ausgekoffert werden und durch Sand mit geringer kapillarer Steighöhe ersetzt werden. (Kapillare Steighöhe bei Schluffen und Tonen 15–50 m, bei Schluff allein bis 15 m, bei Sanden je nach Korngröße 0,05–1,0 m). Infolge des milderen Stadtklimas braucht hier aber nicht, wie beim Landstraßenbau, der Boden bis in 1,50 m Tiefe ausgewechselt zu werden. Wird jedoch das Straßenpflaster (oder die Schwarzdecke) einschließlich des Unterbaus (Packlage, Schotter oder Geröll) unmittelbar auf den Geschiebelehmboden aufgebracht, so führt dies unweigerlich zu den gefährlichen Frostaufbrüchen, wie z. B. bei der Sievekingsallee alljährlich bis zum Neuausbau im Jahre 1960. Hier hatte man sich bei der Anlage der Straße in den frühen dreißiger Jahren offenbar durch den stellenweise vorhandenen – aber auch nicht frostsicheren – Sand täuschen lassen (vgl. Abb. 51) und hatte gemeint, den Einbau einer Frostschutzschicht sparen zu können. Im sandigen Wandsbek und Barmbek dagegen ist dies meistens ohne weiteres möglich.

Es beeinflußt also das Vorhandensein von Lehm oder Sand – wenn auch nicht die Linienführung – so doch die Straßenbaukosten. Die Linienführung wird durch andere, verkehrsgeographische und verkehrstechnische Faktoren bestimmt.

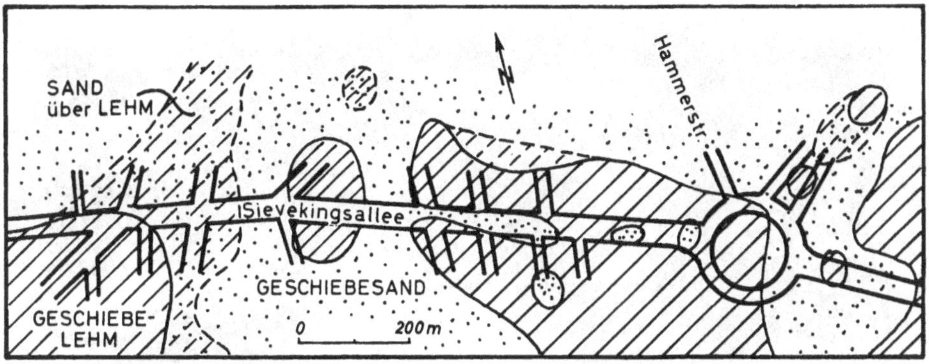

Abb. 51 **Lehmiger Untergrund beim Straßenbau**
(nach Geologischer Baugrundkarte)

E. DER HAMBURGER BODEN ALS BAUSTOFF

1. Rohstoffe für Baumaterialien aus Hamburgs Untergrund

Im Hamburger Untergrund steht kein fester Fels an. Es fehlen also Steinbrüche als Gewinnungsstätten für Werksteine, Pflastersteine oder Straßenschotter. Als weiterer wichtiger Baustoff fehlt Kalk im Hamburger Untergrund. Kalk wurde daher schon in frühen Zeiten von weither angefahren, und zwar auf dem Wasserwege. So befanden sich auch die Kalkhöfe am Wasser: auf dem Grasbrook *an der Elbe* („der Rath gestattete 1337 dem Domkapitel auf dem Brooke Kalk zu brennen, in Folge dessen der Kalkhof erbaut wurde" – C. F. Gaedechens, 1880, S. 53 – im 15. Jahrhundert wurde der Muschelkalkfelsen von Helgoland, das „Witte Kliff" von den Hamburgern für Bauzwecke abgetragen) und *an der Alster* auf der Weide vor dem Dammtor, wo heute noch der Straßenname „Kalkhof" daran erinnert, daß die Hamburger ab 1616 (Verlegung des städtischen Kalkhofes vom Wandrahm an die Alster, vgl. C. F. Gaedechens, 1880, S. 137) hauptsächlich Segeberger Kalk verbrauchten (vgl. S. 200: Alsterkanalisierung).

An die Stelle der fehlenden Steinbrüche treten in Hamburg (und überhaupt in Norddeutschland) die Tongruben (Abb. 52) und die Kiesgruben (Abb. 53) als Rohstofflieferanten für Ziegelsteine und für Beton. Die Ziegeleien in der Marsch verarbeiten den tonigen Kleiboden, die Ziegeleien auf der Geest den Ton der vom Inlandeis emporgepreßten tertiären oder altpleistozänen Schollen (besonders im Raum Hummelsbüttel). Ebenso sind sowohl das Elburstromtal als auch die Geest Lieferant von Kies und Sand für Bauzwecke.

Abb. 52 a **Tonkuhlen auf der Geest: Während der Eiszeit emporgestauchte Tonschollen**
Friedrich-Ebert-Damm / Am Stadtrand / Trabrennbahn Farmsen.

Abb. 52 b **Tonkuhlen in der Marsch: toniger Kleiboden**
Hinter (!) dem Obergeorgswerder Deich.

Abb. 53 a **Kiesgruben der Geest: Geschiebesande**
bei Stemwarde.

Abb. 53 b **Kiesgruben der Marsch: Fluß- und Talsande**
Harburg-Neuland (ebenfalls h i n t e r den Deichen, vgl. Abb. 52 b!).

Kies- und Tongruben stellen auf jeden Fall Wunden in der Landschaft dar, die aber bei entsprechender Pflege gut verheilen können (Öjendorfer See!), bei mangelnder Pflege jedoch gewissermaßen immer weiter ausbluten (Fischbeker Heide!). Da die meisten Kiesgruben am Rande der Großstadt oder schon auf dem Gebiet der angrenzenden Länder liegen (z. B. Schenefeld, Lemsahl, Stemwarde, Barsbüttel, Oststeinbek, Geesthacht, Fischbek), ist die Gefahr, daß sich niemand mehr nach der Ausbeutung darum kümmert, besonders groß. Naturschutzamt sowie der gemeinsame Landesplanungsrat Hamburg / Schleswig - Holstein verlangen daher mit Recht Sanierung und Restaurierung der Abbauflächen.

Das Fehlen von Naturbausteinen in der Norddeutschen Tiefebene führte im Hochbau zu der Backsteinbauweise, die sowohl im Kirchen- als auch im Profanbau mit den wunderbaren Bauwerken der „Backsteingotik" ihren Höhepunkt erreichte, und die im 20. Jahrhundert vor allem durch Fritz Schumacher eine neue Blütezeit erlebte – nicht zuletzt auch wegen der beim hiesigen Klima besonderen Eignung des roten Klinkers, „dem Nebel und Seewind nichts anhaben könne" (Schumacher).

Abb. 54 a **Straßenpflaster in der Marsch aus hartgebrannten Klinkern**
Finkenwerder.

Abb. 54 b Straßenpflaster auf der Geest aus Moränenmaterial
Stemwarder Landstraße.

Das Fehlen von anstehenden Hartgesteinen in der Norddeutschen Tiefebene führte dagegen im Straßenbau zu großen Schwierigkeiten. Zwar ließen sich auch hier hartgebrannte Klinker verwenden, und zwar insbesondere in der Marsch (vgl. Abb. 54 a), wo man nicht einmal, wie in der Geest (vgl. Abb. 54 b), auf die zahlreichen „Feldsteine" der Moräne zurückgreifen konnte. Aber dem modernen Verkehr genügt natürlich weder das Klinker- noch das „Katzenkopf"-pflaster. So wurde der Straßenbau zum Großabnehmer der Natursteinindustrie (ca. 75 % aller Natursteinprodukte!), denn der klassische Aufbau der Stadtstraßen bestand aus Packlage, Schotter und Pflastersteinen. Das führte – abgesehen von den hohen Lohnkosten beim Setzen von Packlage und Pflaster – zu hohen Transportkosten der aus Süddeutschland oder Schweden kommenden Natursteine, so daß man nach heimischen Straßenbaustoffen suchen mußte und in den eiszeitlichen Geschieben das Gesuchte für den Straßenunterbau fand.

Es handelt sich dabei um ein Material aller Korngrößen von 0 bis 100 mm mit einem Gehalt abschlämmbarer Bestandteile von ca. 5 %, das sogenannte „bindige Grand-Geröll-Gemisch" für den Straßenunterbau, sowie um den Sand bzw. Kies für die Unterschicht der bituminösen Decke (vgl. Abb. 55). Besonders interessant ist dabei das bindige Grand-Geröll-Gemisch, das wegen seines Gehaltes an abschlämmbaren Bestandteilen für die Betonherstellung und für den Straßen*untergrund* unbrauchbar ist und daher bislang wertlos war. Als nur ca. 15–20 cm dicke Schicht des Straßen*unterbaues* dagegen ist es nicht „frostgefährdet", da beim Gefrieren der in ihm enthaltenen Feuchtigkeit kein Wasser aus dem – selbstverständlich notwendigen – „frostsicheren" Untergrund nachsteigen kann. Die abschlämmbaren Stoffe, die dem Gemisch seine „Bindigkeit" verleihen, sind sogar sehr erwünscht, da sie dem Ganzen nach dem Walzen oder Rütteln bereits eine so große Standfestigkeit verleihen, daß der Unterbau dann unmittelbar von den schweren Baufahrzeugen befahren werden kann, sofern seine Zusammensetzung sowie die Witterung beim Einbau günstig waren.

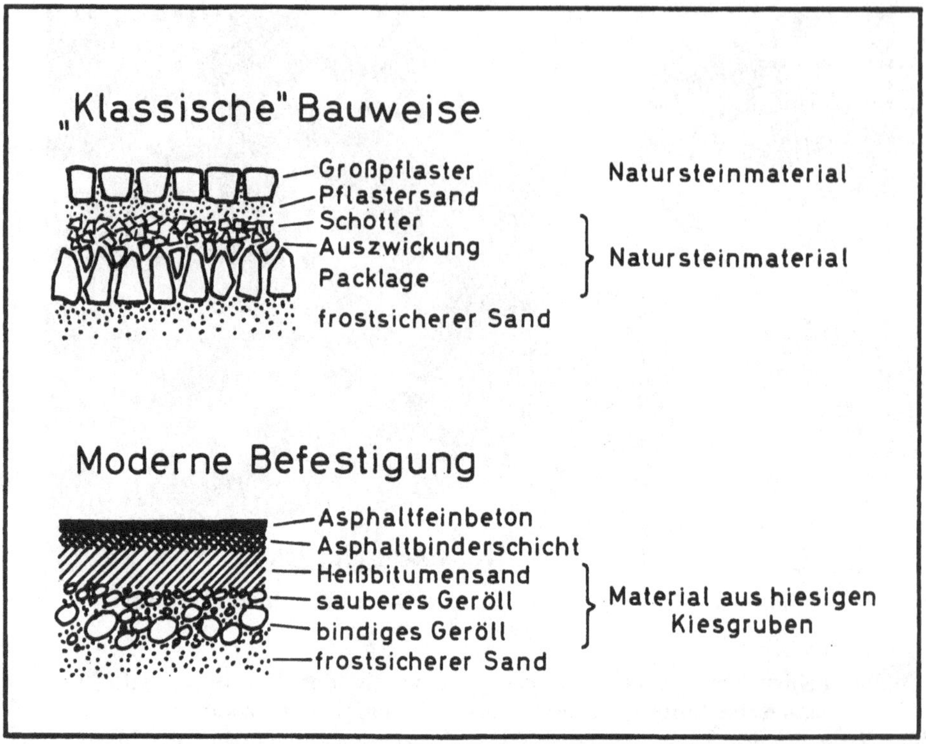

Abb. 55 **Der Anteil heimischen Materials (diluviales Geschiebe) am Aufbau der Straßendecken**

Als eiszeitliches Geschiebe ist dieses Grand-Geröll-Gemisch selbstverständlich von stark wechselnder Zusammensetzung (Gehalt an abschlämmbaren Bestandteilen, an Sand, Kies und grobem Geröll), selbst innerhalb derselben Grube. Will man also die Billigkeit dieses Materials voll ausnutzen, so dürfen bezüglich seiner Zusammensetzung nicht allzu strenge Vorschriften gelten, da eine evtl. erforderliche Verbesserung der Kornzusammensetzung mit Hilfe eines Zusatzes von bestimmten, ausgesiebten Kornfraktionen wieder eine erhebliche Verteuerung bedeutet. Es wäre die Aufgabe, mit systematischen Untersuchungen festzustellen, in welchen Grenzen der Gehalt der abschlämmbaren Bestandteile (etwa um 5 %) und des groben Gerölls (etwa um 30 %) schwanken darf, um noch einen standfesten Straßenunterbau zu erhalten.

Das Fehlen eines weiteren natürlichen Baustoffes im Untergrund Hamburgs und seiner Umgebung macht sich für die moderne Bauweise recht unangenehm bemerkbar: Es gibt hier kaum grobe Zuschlagsstoffe für den Beton (Kies bis 70 mm Korndurchmesser). Der Sand des Elburstromtales ist zu fein. Die Kiesgruben in den Moränengebieten enthalten nur wenig grobes Material, das zudem auch erst noch ausgesiebt werden muß. Namentlich im Jungmoränengebiet enthält der Kies außerdem oft Kreide- und Kalksteingerölle, die den Beton witterungsunbeständig machen.

Bricht man in München die dort vorhandenen groben Zuschlagsstoffe (Kiesel), um die fehlenden feinen Zuschlagsstoffe (Sand) zu erhalten, so muß man in Hamburg wegen der ja leider nicht möglichen Umkehrbarkeit dieses Vorganges die fehlenden groben Bestandteile für den Beton weit herholen, z. B. aus Dänemark, von Bornholm, oder Splitt aus dem Harz.

Wegen der hohen Frachtkosten ist dann dieses Material ungefähr fünfmal so teuer wie Sand (weshalb möglichst wenig davon dem Beton zugesetzt wird, was aber wiederum einen höheren Zementanteil erfordert). In Köln z. B. ist dagegen der grobe Kies genau so teuer wie der Sand. Dort ist es nämlich durchaus möglich, daß der beim Aushub einer Baugrube gewonnene Rheinkies an Ort und Stelle für den Beton verwendet wird.

Wegen des hohen Preises der groben Zuschlagsstoffe ist der Beton im Straßenbau in Norddeutschland gegenüber der bituminösen Bauweise kaum konkurrenzfähig, und nicht zuletzt aus diesem Grunde ist der Anteil der Betonstraßen am gesamten Straßennetz in Norddeutschland verhältnismäßig gering.

Gewissermaßen ein kleiner „Ausgleich" in diesem Konkurrenzkampf zwischen Zement- und Bitumenindustrie wird ersterer durch das Vorkommen eines bestimmten Feinstsandes in Hamburg gewährt. Dieser Feinstsand hat die Körnung 0 bis 0,2 mm. Der Zusatz dieses Sandes zum Beton begünstigt dessen Verarbeitbarkeit und die Wasserdichtigkeit, ohne zugleich ein „Zementfresser" zu sein, da der Anteil der Körnung 0 bis 0,02 mm nur ca. 3 % beträgt (sehr feine Zuschlagsstoffe haben eine enorm große Oberfläche und benötigen daher sehr viel Zementleim). Bei Bauwerken, die später im Grundwasser stehen (z. B. die U-Bahntunnel), kann man daher auf eine zusätzliche (bituminöse!) Isolierung verzichten.

2. Schüttboden für Aufhöhungen in Hamburg

Überschwemmungsgefahr und mangelhafte Tragfähigkeit eines großen Teiles des Hamburger Baugrundes erfordern umfangreiche künstliche Aufhöhungen. Wegen seiner guten Verdichtbarkeit (es ist „rolliger", d. h. „kohäsionsloser" Boden) eignet sich dazu besonders Sand. Geschiebelehm einmal aufgelockert – und meistens dabei durchfeuchtet! – läßt sich nie wieder in den ursprünglichen Zustand verdichten, so daß zumindest zu Beginn bei ihm mit größeren Setzungen zu rechnen ist. Außerdem eignet er sich ja schon wegen seiner Frostgefährlichkeit z. B. für Aufhöhungen im Straßenbau überhaupt nicht.

Sand für Aufhöhungen steht sowohl auf der Geest (Geschiebesande) als auch in der Marsch (Flußsande) zur Verfügung und wurde auch früher schon dort gewonnen:

„Um das nötige Material zur Aufhöhung (Winterhude–Uhlenhorst) zu erlangen, wurden mehrere hochliegende Felder abgetragen und der Barmbekerweg 1865 niedriger gelegt." (C. F. Gaedechens, 1880, S. 331.)

„Ein großer Theil (des Grasbrooks) diente noch lange Zeit zur Viehweide und zum Sandgraben (im 14. Jahrhundert)" (C. F. Gaedechens, 1880, S. 53).

Wenn auf dem Grasbrook Sand gegraben wurde, so bedeutet das übrigens, daß er auch in erreichbarer Tiefe lag, daß also in der Elbmarsch die Kleidecke bzw. Torfschicht stellenweise nur eine geringe Mächtigkeit besitzen (vgl. Abb. 53 b, 80).

Später diente der bei Vertiefung und Erweiterung der Wasserläufe und Häfen anfallende Sand zur Aufhöhung. Und so ist es bis heute noch geblieben. Indes ist der auf diese Weise gewonnene Sand nicht unerschöpflich. Vielmehr ist er bei dem zu erwartenden, weiter ansteigenden Bedarf der Industrie im Elburstromtal gar nicht mehr in ausreichender Menge vorhanden. So stellt H. Laucht einem maximalen Bedarf von 60 Millionen m^3 eine maximale Sandgewinnung von 42 Millionen m^3 gegenüber (H. Laucht, 1956, vgl. S. 136).

3. Böschungen im Hamburger Baugrund

Charakteristisch für Hamburg ist der Abhang von der hochliegenden Geest zum tiefliegenden Elburstromtal. Hier – und an anderen künstlichen Böschungen und Geländeeinschnitten – wird gewissermaßen der anstehende Boden an Ort und Stelle zum Baustoff, das „Bauwerk" ist die Böschung, natürlichen oder künstlichen Ursprungs.

Abb. 56 Natürliche Böschungsneigung eines „rolligen" (kohäsionslosen) Bodens
Sandgrube bei Neugraben.

Abb. 57 Natürlicher Bewuchs sichert allmählich die Böschung einer Sandgrube
Geestrand bei Neugraben.

Die natürliche Böschung stellt sich von selbst in der Böschungsneigung ein, die der vorliegenden Bodenart und ihrem „inneren Reibungswinkel" sowie ihrer „Kohäsion" (vgl. Abb. 56) entspricht. Der sich einstellende Bewuchs schützt dann bald die Böschung vor den angreifenden äußeren Kräften: Wind und Wasser (vgl. Abb. 57 und 10). Beseitigt man diesen Bewuchs, so wird es bald zu Rutschungen kommen, da der kleinste Anlaß genügt, das Gleichgewicht der Kräfte im Boden zu stören. „Als um 1860 der Garten des berühmten Ausflugslokals Rainville in Ottensen parzelliert und gerodet wurde, brach das ganze Steilgelände ein" (H. Ramm. 1959). In den neuen Grünanlagen oberhalb der Fischmarkthallen von Altona war 1959 der Beginn einer solchen Böschungsrutschung gut zu erkennen (Abb. 59): die Wurzeln der kleinen Sträucher vermögen den Hang nicht zu halten, die künstliche Böschungsneigung ist zu steil gewählt worden.

Zu steil gewählt war ebenfalls die Böschung der Bürgerweide am Berliner Tor (Abb. 58). Außerdem hatte hier der gefallene Regen die Standfestigkeit des Sand- und Lehmbodens verringert.

Abb. 58 a **Böschungsrutschung im Geestboden an der Bürgerweide (Berliner Tor)**
Die künstliche Böschung sollte durch Mutterbodenandeckung und künstlichen Bewuchs gehalten werden (1959).

Abb. 58 b **Dieselbe Böschung zwei Jahre später**
Durch den Einbau von Faschinen sollte die Böschung jetzt gehalten werden (1961).

Wasser beeinflußt also die Standfestigkeit des bindigen Geestbodens zum Schlechten, da es ihn aufweicht und Rutschungen verursacht. Der Moränenboden enthält nun neben dem bindigen Geschiebemergel sowohl Sandlinsen als auch Tonschollen. Am Geesthang treten daher häufig Schichtquellen, meist kleineren Ausmaßes auf, die aber genügen, den Boden entsprechend aufzuweichen und Rutschflächen zu erzeugen. Bei lang anhaltender Trockenheit oder auch bei Frostwetter spenden sie gar kein Wasser und sind kaum zu erkennen, so daß beim Bau von Böschungen an solchen Stellen die erforderlichen Maßnahmen leicht versäumt werden. Außerdem eine so steile Böschung wie beispielsweise an der Bundesstraße 5 am Geestrand von Kirchsteinbek einzubauen, ist natürlich ein Risiko, was dann auch noch während des Baues der Straße 1958 zu einer Rutschung geführt hat.

Noch größere Schwierigkeiten entstehen, wenn ein Hang, der sich kaum selbst hält, mit Häusern bebaut werden soll. Nachrechnungen von Hängen in Blankenese z. B. ergeben Werte für die Sicherheit gegen Abrutschen, die nur ganz wenig über 1,0 liegen, so daß neue Häuser, wenn sie nicht den Hang und damit sich selbst gefährden sollen, auf langen Pfählen gegründet werden müssen. Diese sollen bis mindestens auf das Niveau des Strandweges am Fuß des Hanges herabreichen, damit der Hang selbst nicht zusätzlich belastet wird. Um keine Erschütterungen durch Rammen zu erzeugen, kommen selbstverständlich nur Bohrpfähle in Betracht.

Die starke Wechsellagerung der Bodenschichten im Geesthang (Moränenboden) macht Berechnungen und Voraussagen über die Standsicherheit sehr schwierig. Das Vorhandensein toniger Schichten (mit geringem inneren Reibungswinkel) bedeutet stets eine besonders große Gefahr.

Abb. 59 **Beginn einer Böschungsrutschung am Geestabhang oberhalb des Altonaer Fischereihafens**

Entstehung und Verbreitung der Baugrundarten in Hamburg

(Der Baugrund – geologisch betrachtet)

A. DIE DREI WESENTLICHEN FAKTOREN FÜR DAS ENTSTEHEN DER HAMBURGER LANDSCHAFTEN

Die Eigenart der Hamburger Naturlandschaftsräume, der Aufbau des tieferen Untergrundes und die Art und Verteilung des Baugrundes sowie auch die dadurch mehr oder weniger beeinflußte Entwicklung der Stadtlandschaften lassen sich in groben Zügen zurückführen auf drei geologische Tatsachen:

1. Die stetige Senkung der mitteleuropäischen Geosynklinale

„Bedeutsam für die ganze Anlage und Entwicklung des Elbstromes und damit für das Wesen der Landschaft Hamburgs ist zunächst die Zugehörigkeit zu dem großen Senkungsfeld oder der Geosynklinale der weiten mitteleuropäischen Gasse, die sich zwischen der deutschen Mittelgebirgsschwelle im Süden und dem finnisch-skandinavischen Block im Norden über Nord- und Ostsee tief in den europäischen Kontinent hineinzieht . . ." (W. Brünger, 1955). Die Weiträumigkeit des Norddeutschen Flachlandes findet letztlich darin ihren Ursprung; ferner die Stetigkeit und Mächtigkeit der abgelagerten Schichten bis einschließlich des noch nicht verfestigten Tertiärs, und damit das Fehlen anstehenden festen Felsgesteins.

2. Das Eis des Pleistozäns

Die Gletscher der pleistozänen Vereisungen schufen die hochliegende Geestlandschaft. Eiszeitliche Ablagerungen bedecken in meist großer Mächtigkeit den älteren Untergrund (vgl. Abb. 60) und bilden so den unmittelbaren Baugrund: im wesentlichen tragfähiger Geschiebemergel bzw. -lehm und Schmelzwassersande.

Die mittlere Höhe des hamburgischen Geestgebietes beträgt + 37,50 m HN (W. Melhop, 1914, S. 11).

Das Stadtlandschaftsbild wird hier auf der Geest von den ausgedehnten Wohngebieten bestimmt.

3. Das Wasser im Spätglazial und Holozän

Das Schmelzwasser des Eises schuf das Elburstromtal, indem es im pleistozänen Untergrund eine 50–60 m tiefe und (zwischen Hamburg und Harburg) 8 km breite Erosionsrinne herstellte, die mit ihrer Sohle auf ca. – 20 m HN liegt (vgl. R. Pfefferle, 1935). Hier und im unteren Teil des Alstertales finden sich die Alluvionen naturgemäß in ihrer größten Mächtigkeit, indem sie nämlich das Urstromtal wieder um ca. 25 m aufhöhten mit Tal- bzw. Flußsanden und später mit Kleiboden, Schlick, Torf. Diese bauen die tiefliegende Hamburger Marschlandschaft auf.

Die mittlere Höhe des hamburgischen Marschgebietes beträgt + 5 m HN (W. Melhop, a. a. O.).

Hafen und Industrie sind hier das charakteristische Bild der Stadtlandschaft.

B. DER TIEFERE UNTERGRUND: TERTIÄRE UND ÄLTERE SCHICHTEN

Die heutigen Oberflächenformen und der anstehende Boden Hamburgs sind quartären Ursprungs. Wenige Meter bis zu mehreren hundert Metern pleistozäner und holozäner Schichten bedecken den tertiären bzw. den noch älteren Untergrund (vgl. Abb. 60). Somit besteht der unmittelbare Baugrund fast ausschließlich aus quartären Bildungen. Den tieferen Untergrund nun deswegen ganz aus diesen Betrachtungen herauszulassen, wäre aber verfehlt, denn zumindest im Einzelfalle hat er doch auch seine Bedeutung als Baugrund (z. B. der Langenfelder „Gipshut", aufgestauchte tertiäre Tonschollen u. a.). Außerdem kann die Mächtigkeit der hangenden Schichten bis auf wenige Meter herabgehen, andererseits reichen manche Bauwerke bis tief unter die Geländeoberkante hinunter (z. B. Elbtunnelnordschacht in den Glimmerton des Obermiozäns). Ferner sei hier auf die Bedeutung tiefer, grundwasser führender Schichten für die Wasserversorgung einer Großstadt hingewiesen (Braunkohlensande!).

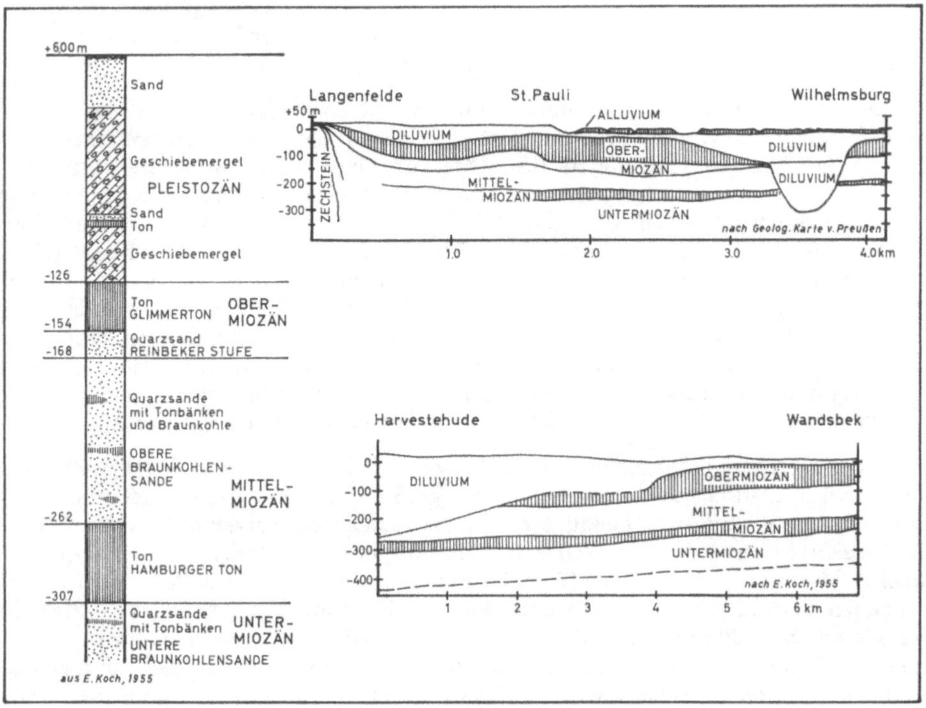

Abb. 60 Geologische Profile von Hamburg

1. Paläozoikum und Mesozoikum

Kristallines Grundgebirge wird in 5000–6000 m Tiefe vermutet. Proterozoikum und Paläozoikum bis einschließlich Karbon sind im Hamburger Raum nur als Geschiebe bekannt. Die ältesten nachgewiesenen Schichten stammen aus dem Perm:

a) das *Rotliegende* (Bänderschiefer, rote Sande und Kalksteine von Lieth und Stade z. B.) – der sich in den sinkenden Trögen ansammelnde Abtragungsschutt – Zeugen des Variszischen Gebirges;

b) die Salze des *Zechsteins* als Zeugen von Meeresüberflutungen, dem Beginn einer nur von geringen Hebungsperioden unterbrochenen, anhaltenden Senkung, während der sich zwischen fennoskandischem Block und dem deutschen Mittelgebirge in der Geosynklinale der mitteleuropäischen Gasse im Mesozoikum fast stetig Ablagerungen von einer Gesamtmächtigkeit von über 5000 m bilden konnten.

Zu den Salzen des Zechsteins gehört als oberste Schicht der Deckgips, der in dem Langenfelder Gipshut in Hamburg zu Tage trat, durch die „Salztektonik" in diese hohe Lage gepreßt. Dieser Salzstock zieht sich noch weiter nach Süden, so daß man auf dem Gelände des geplanten Altonaer Krankenhauses in Othmarschen zwischen Behringstraße / Holmbrook / Othmarscher Kirchenweg / Stiegkamp bei Probebohrungen wieder auf Gips traf, und zwar in nur so geringer Tiefe, daß die geplanten Hochbauten evtl. gefährdet werden könnten.

Die bekanntesten Beispiele der im norddeutschen Raum nur vereinzelt anstehenden oder aufgeschlossenen mesozoischen Schichten sind:

Im Trias der *Buntsandstein*felsen und der *Muschelkalk*felsen („Wittes Kliff") von Helgoland. Letzterer wurde im späten 15. Jahrhundert von den Hamburgern für Bauzwecke abgetragen (der letzte Rest 1711 von einer Sturmflut weggespült). Desgleichen zu Bauzwecken abgetragen wurden die Muschelkalkfelsen von Lüneburg und Segeberg (Kalkhof an der Alster! Vgl. S. 73). Nach der Ausbeutung der oberirdischen, durch die an der Wende Jura / Kreide beginnende und noch heute anhaltende Salztektonik emporgepreßten Kalkvorkommen, ist man heutzutage auf die – möglichst dicht – unter der Oberfläche liegenden Vorkommen angewiesen, z. B. auf die Kreide von Hemmoor und Lägerdorf als Rohstoff für den im modernen Bauwesen unersetzbaren Zement. Von der zwischen Trias und Kreide liegenden Juraformation ist zu sagen, daß sie im Bauwesen keine Rolle spielt, wohl aber in erdölhöffigen Gebieten Norddeutschlands als Speichergestein für Erdöl.

Über die Folgen der Salztektonik für den Hamburger Baugrund vgl. S. 21 (Erdfälle). Salzstrukturen haben aber noch eine große hydrogeologische Bedeutung. Insgesamt sind in und um Hamburg ca. 12 Salzstöcke zu verzeichnen (vgl. Abb. 9). In Langenfelde ist schon bei 250 m u. Gel. Salz erbohrt worden – der „Gipshut" reichte bis +20 m ü. NN! –. Die Tiefbrunnen, aus denen das Wasser aus dem untersten Hamburger Grundwasserstockwerk, den Braunkohlensanden, gefördert wird, sind aber 300 und mehr Meter tief. An den Salzstöcken ist also – wenn überhaupt – in den gewohnten Tiefen jedenfalls nicht mit Grundwasser zu rechnen, und auch in ihrer Umgebung wird es nicht einwandfrei sein. So wurde in der Nähe des Langenfelder Salzstockes ein Chloridgehalt von 6000 mg / l, in den unteren Braunkohlensanden Wilhelmsburgs (7 km vom Salzstock entfernt) noch 2200 mg / l festgestellt, in pleistozänen Sanden über dem Salzstock Reitbrook Gesamthärten bis 63,9° d (vgl. E. Koch, 1955).

2. Das Tertiär im Hamburger Untergrund

Der häufige Wechsel von tonigen und sandigen Schichten läßt den tertiären Untergrund Hamburgs sehr interessant werden, besonders vom Ende des Alttertiärs ab.

Dem Eozän folgen die salzwasserführenden „Gassande". Sie werden nach oben durch den mitteloligozänen „Septarienton" mehr oder weniger gut abgedichtet. Daß diese Decke keineswegs absolut wasserdicht ist, zeigt der Salzgehalt des Wassers in Hamburgs unterstem Grundwasserstockwerk, den untermiozänen „Unteren Braunkohlensanden" (vgl. Abb. 43). Insbesondere in der Nähe der Salzstrukturen weist das Wasser z. T. sehr hohe Härtegrade auf: am Ostrand des Langenfelder Salzstockes bis zu 81° d (Gipshärte allein 74° d), am Nordrand der Struktur vom Hahnöfersand ca. 100° d (vgl. E. Koch, 1955). Ob das salzige und eisenhaltige Wasser nur durch Spalten des Septarientones strömt, oder ob der Ton selbst in gewissem Maße wasserdurchlässig ist, soll hier nicht entschieden werden. Es sei nur darauf hingewiesen, daß es einen absolut wasserdichten Ton nicht gibt, selbst „fetter" Ton ist je nach dem vorhandenen Überdruck, unter dem das Wasser vor der Tonschicht steht, d. h. je nach dem vorhandenen Druckgefälle, mehr oder weniger schwach durchlässig. Der Durchlässigkeitsbeiwert von Tonen wird mit 10^{-9} bis 10^{-6} cm/sec angegeben (vgl. z. B. R. Jelinek, 1955), d. h. bei einem Druckgefälle von $J = h/l = 1$ (wobei h = Druckunterschied, l = durchströmte Strecke) beträgt die Sickergeschwindigkeit in fettem Ton 10^{-9} cm/sec = 0,03 cm/Jahr, bzw. es wird eine 1 m mächtige Schicht in ca. 3000 Jahren durchströmt. Bei Zugrundelegung eines Durchlässigkeitsbeiwertes von 10^{-6} cm/sec und eines Druckgefälles von $J = h/l = 10$ wird die Geschwindigkeit schon 10 000 mal größer, es sind also nur wenige Monate zum Durchströmen einer 1 m mächtigen mageren Tonschicht erforderlich.

Solche Verhältnisse können durchaus auftreten bei den beiden unteren, durch den Hamburger Ton getrennten Grundwasserstockwerken Hamburgs: Unteren und Oberen Braunkohlensanden (vgl. Abb. 61), womit deren gegenseitige Abhängigkeit auch beim Fehlen einer direkten Verbindung erklärbar wäre. Hierauf ist bei den Ergiebigkeitsberechnungen benachbarter Tiefbrunnen in den verschiedenen Grundwasserstockwerken zu achten.

Dagegen verhält sich z. B. der Septarienton Gasen gegenüber als absolutes Dichtungsmittel, denn wie hätten sich sonst die am 3. 11. 1910 bei einer Wasserbohrung in Reitbrook aus 248 m Tiefe zum Ausbruch gekommenen Erdgasmengen mit 27 at Überdruck darunter ansammeln können?

Diese Gasdichtigkeit einer Schicht im Untergrunde einer Millionenstadt hat für deren Energieversorgung eine große Bedeutung: Im „natürlichen Gasspeicher" von Neuengamme will man im Sommer überschüssiges Heizgas speichern, das im Winter an das Versorgungsnetz abgegeben werden soll, so daß die Kokereien das ganze Jahr über mit gleicher Kapazität arbeiten können. Oberirdische, künstliche Jahresausgleichbehälter sind völlig unmöglich wegen ihrer Größe: In Neuengamme sollen bis zu 70 Millionen m^3 Gas in den Untergrund gepreßt werden!

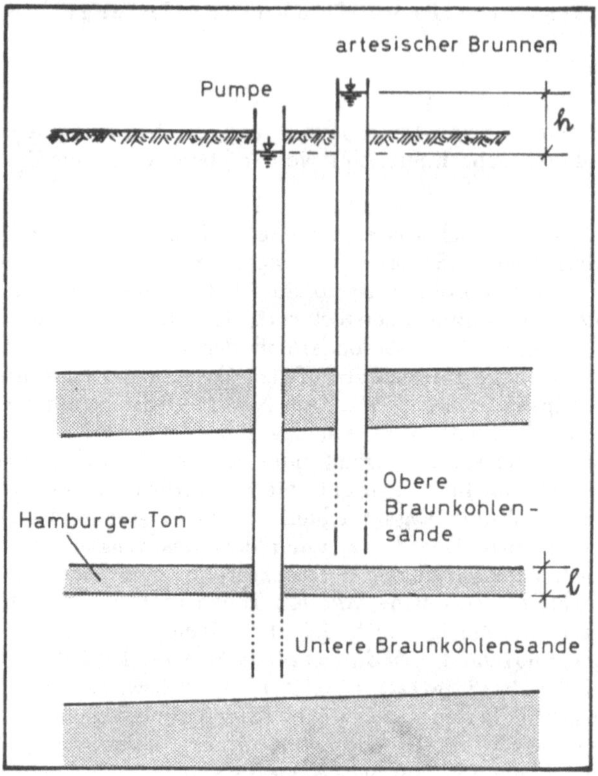

Abb. 61 **Prinzipskizze zur Erklärung der Abhängigkeit der beiden unteren Grundwasserstockwerke Hamburgs**

Außer der Gasundurchlässigkeit erfüllt der Septarienton von Neuengamme noch zwei weitere notwendige Bedingungen für einen natürlichen Gasspeicher: er ist so plastisch, daß er sich selbsttätig durch den Erddruck wieder schließt, wenn ein Rohr gezogen wird, und er bildet eine natürliche „Glocke", unter der sich das Gas sammelt, indem eine Verwerfung vorliegt (wegen der Plastizität ist auch sie gasdicht) – vgl. Abb. 62.

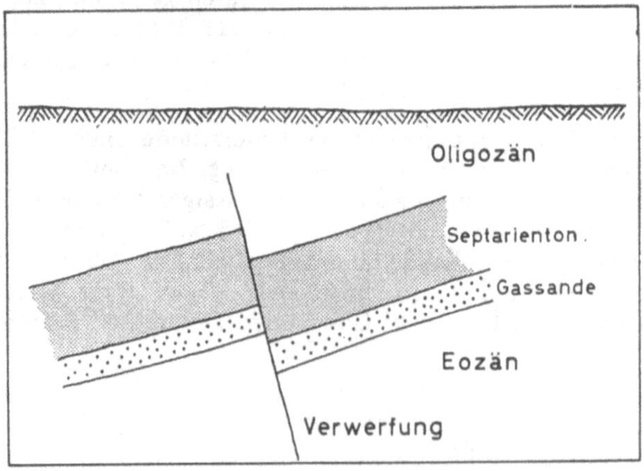

Abb. 62 **Schematische Darstellung des natürlichen Gasspeichers in Neuengamme**

Über die Grundwasserwerke, die Wasser aus den Braunkohlensanden erbohrt haben, vgl. Abb. 43.

Bei dem untersten Hamburger Grundwasserstockwerk muß darauf geachtet werden, daß nicht zu viel Wasser gefördert wird. Es besteht sonst die Gefahr des Nachströmens von salzigem Wasser aus der Umgebung der Salzstöcke. Besonders groß ist diese Gefahr für die Grundwassergewinnungsgebiete nordwestlich des Reitbrooker Salzstockes, insbesondere im Billbrooker Industriegebiet. Hier befinden sich zahlreiche Brunnen der Hamburger Wasserwerke, die bislang noch einwandfreies Wasser aus den Braunkohlensanden fördern. Da aber nun dieses Gebiet als Industriegebiet ausgewiesen worden ist und diese Industrie eine eigene Grundwasserversorgung benötigt, befürchten die Wasserwerke eine Versalzung ihrer Brunnen bei übermäßiger Wasserförderung. Tatsächlich hat man auch schon durch Messung des Salzgehaltes in den verschiedenen Tiefen ein Ansteigen des Salzwasserhorizontes, d. h. eine Verkleinerung der darüber liegenden Süßwasserlinse festgestellt.

Bei der Aufstellung von Flächennutzungsplänen darf also auch der tiefere Untergrund, sofern er für die Wasserversorgung Bedeutung hat, nicht unberücksichtigt bleiben.

Die Oberfläche des Tertiärs bildet die Basis des Pleistozäns. Die Reliefenergie des Tertiärs war – verglichen mit der heutigen Erdoberfläche – wesentlich größer. Noch heute zeigt die voreiszeitliche Auflagerungsfläche ein sehr lebhaftes Bild (vgl. Abb. 60), das aber gegenüber dem ursprünglichen durch Gletscher und Salztektonik völlig verändert ist. Möglicherweise haben Pliozänmulden – die ihre Ursache wiederum in der Salztektonik haben können – die ersten Gletscherzungen auf sich gelenkt. Diese haben einen Teil des tertiären Untergrundes – pliozäne Kaolinsande und zum Teil auch obermiozänen Glimmerton, vgl. Abb. 63 – ausgeräumt und durch stellenweise sehr mächtigen Glazialschutt ersetzt.

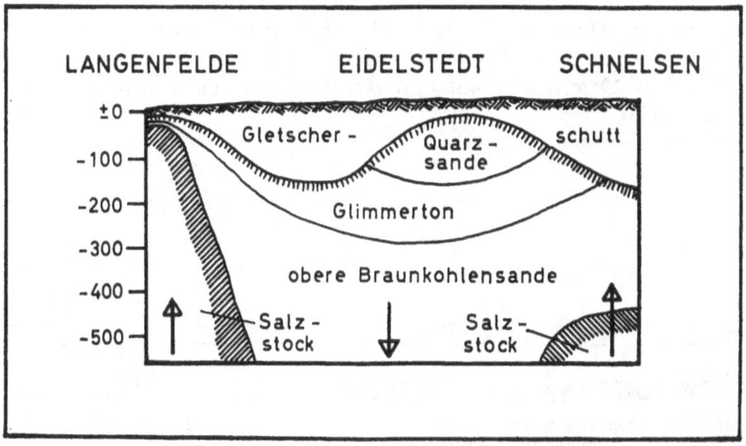

Abb. 63 **Beispiel für die prädiluviale Auflagerungsfläche Hamburgs**
(nach E. Koch, 1955)

So kommt es also, daß tertiäre Schichten in ganz verschiedenen Tiefen anzutreffen sind, daß sie zum Teil sogar als unmittelbarer Baugrund auftreten:

Obermiozäner Glimmerton wird mitunter bei Gründungsarbeiten im Hafen, besonders im nordwestlichen Teil, angetroffen. Hier, im Urstromtal, sind die pleistozänen Deckschichten teilweise fast vollständig ausgeräumt, so daß der tertiäre Glimmerton von tiefreichenden Gründungen unmittelbar erreicht wird. Z. B. war das der Fall bei Rammungen auf dem Gelände der Howaldtwerft. Der Glimmerton erwies sich hier als so fest, daß sich die Pfähle nicht weiter in ihn hineinrammen ließen.

Eine von A. Dücker untersuchte Probe aus 50 m Tiefe hatte ein Stoffgewicht von 2,66 t/m^3 und einen natürlichen Wassergehalt von 16,1 %, was beides auf eine sehr starke Konsolidation hindeutet (A. Dücker, 1951). Auch hat die Steifeziffer im vorbelasteten – und praktisch hier nur interessierenden – Bereich recht hohe Werte (vgl. Abb. 65).

Und zwar beträgt der Wert $tg\beta$ im Bereich von $p = 3$ bis 10 kg/cm^2 $tg\beta = 96$, das würde bei $p = 3\,kg/cm^2$ eine Steifeziffer von $S = 3 \cdot 96 \approx 300\,kg/cm^2$ und bei $p = 10\,kg/cm^2$ von $S = 10 \cdot 96 \approx 1000\,kg/cm^2$ bedeuten, also Werte, die noch etwas über den Erstbelastungswerten des Geschiebemergels liegen (vgl. Abb. 73).

Die Erstbelastungswerte des Glimmertons dagegen sind wesentlich niedriger: $tg\beta = 17$. Sie liegen aber infolge der hohen Vorbelastung (Inlandeis und hangende Schichten) im Bereich so hoher Spannungen und damit auch in so großer Tiefe unter Gelände, daß sie bautechnisch kaum noch interessieren.

Beim Bau des Nordschachtes des Elbtunnels ermöglichte der angeschnittene Glimmerton eine offene Wasserhaltung (vgl. Abb. 64).

„Der Glimmerton ist meist grau-schwarz, fett und glimmerreich, besitzt einen geringen, von Schalenresten stammenden Kalkgehalt und enthält viel Schwefeleisen und, durch Umsetzung, Gips" (M. Singer, 1932, S. 308). Er wurde auch in mehreren Tongruben der Geest, wo er in aufgestauchten Schollen auftritt, abgebaut (z. B. Kallmorgensche Tongrube in Langenfelde).

Mittelmiozäner Meeressand der Reinbeker Stufe wurde am Einschnitt der Eisenbahn beim Austritt in das Billetal angeschnitten, mitteloligozäner Septarienton beim Bau des Osterbekkanals und der U-Bahn am Klosterstern angetroffen (vgl. K. Gripp, 1933).

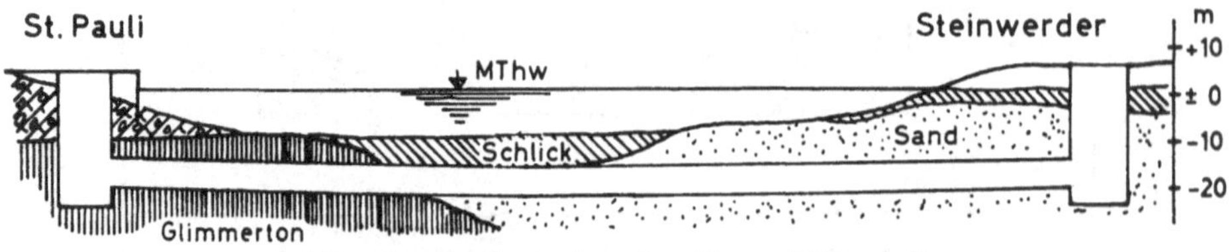

Abb. 64 Geologisches Profil am Elbtunnel
(nach E. Horn, 1911)

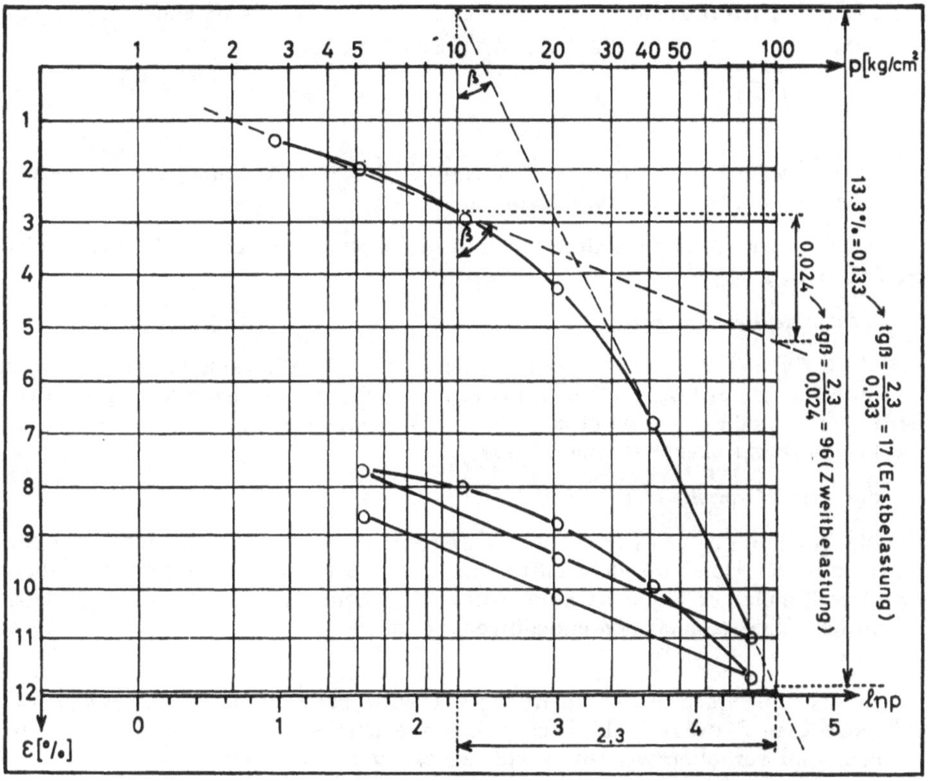

Abb. 65 **Drucksetzungsdiagramm des Glimmertons**
(nach A. Dücker, 1951)

C. DIE HOCHLIEGENDE GEEST UND DAS TIEFLIEGENDE URSTROMTAL: PLEISTOZÄNE BILDUNGEN

Es werden in Norddeutschland bekanntlich drei Eiszeiten mit zwei dazwischenliegenden Warmzeiten unterschieden:

die Elster-Eiszeit, deren Spuren in Hamburg an der Erdoberfläche nicht zu finden sind,

die *Holsteinsee - Warmzeit,*

die Saale-Eiszeit mit ihrem letzten, dem Warthevorstoß, durch den im wesentlichen die heutigen Oberflächenformen angelegt wurden und gegen dessen Ende sich das Elbe-Urstromtal zu bilden begann (das seinen heutigen Verlauf und die heutige Form aber erst später erhielt),

die *Eem-Warmzeit,*

die Weichsel-Eiszeit, deren weitester Vorstoß, das Brandenburger Stadium, kurz vor Hamburg stehenblieb und durch Schaffung periglazialer Verhältnisse im Hamburger Raum wirksam wurde. Die Schmelzwasser des Weichseleises gaben dem Elburstromtal den endgültigen Verlauf.

In den folgenden Abschnitten 1 bis 4 wird geschildert, welche Bodenarten sich in diesen Zeiträumen bildeten, wie sie entstanden und damit: wie sie sich als Baugrund verhalten werden, sowie: wo sie anzutreffen sind.

1. Die Elstereiszeit und die folgende Warmzeit

a) Der Lauenburger Ton als baugrundtechnisch interessanteste Ablagerung

Die älteste durch Bohrungen in Norddeutschland nachgewiesene Eiszeit ist die Elstereiszeit (entspricht in Süddeutschland der Mindeleiszeit). Ihre Ablagerungen finden sich in situ ausschließlich in den sogenannten „Kochschen Becken" (vgl. E. Koch, 1928). Es handelt sich hierbei um bis zu 300 m tiefe Mulden in der tertiären Oberfläche, die von den Gletschern eingetieft worden sind. Pliozän und teilweise auch Miozän sind aus ihnen meistens ausgeräumt (vgl. Abb. 60).

Als unterste pleistozäne Schicht findet sich hier Grundmoräne: Geschiebemergel mit zahlreichen Kies- und Sandeinlagerungen. Diese bilden nach drei tertiären das erste pleistozäne Grundwasserstockwerk (vgl. Abb. 43).

Über dem Geschiebemergel lagert bis zu 150 m mächtiger Feinsand, darüber „Lauenburger Ton", Ablagerung eines Eisrandstausees. Da dieser Ton von den Saale-Gletschern emporgepreßt sein kann, ist mit seinem Vorkommen auch außerhalb der „Kochschen Becken" zu rechnen. Nach Gripp (1933) handelt es sich z. B. bei einem Vorkommen in Boberg um „in kleinen Becken niedergeschlagene Gletschertrübe. Früher waren auch die rötliche Lage des obersten Lauenburger Tones sowie vereinzelte Meeresabsätze aus der vorletzten Zwischeneiszeit in stark gestauchter Lagerung zu beobachten." Es ist also durchaus auch der Lauenburger Ton mit in die Liste der in Hamburg vorkommenden Baugrundarten aufzunehmen.

So wurde z. B. bei Probebohrungen im Jahre 1958 in dem Straßenzug Karlshöhe–August-Krogmann-Straße an der Ecke Neusurenland schon in 3 m Tiefe unter Gelände plötzlich eine 2 m mächtige Tonschicht angetroffen, die vom Geologischen Landesamt Hamburg mit „Lauenburger Ton (?)" angesprochen wurde. Vgl. Bohrprofil Abb. 67.

Ein besonders günstiges Tonvorkommen (wahrscheinlich fast 200 000 m³ Abbau) wurde neuerdings in dem Hummelsbüttler Tongrubengebiet ausfindig gemacht. Nach einem Gutachten des Geologischen Landesamtes kommt Lauenburger Ton oder Tonmergel sonst in Hamburg unter so guten Abbaubedingungen nicht vor.

b) Andere Bändertone und Tonmergel sowie Schluffe

Wegen ihrer niedrigen Steifeziffer und ihrer Rutschgefährlichkeit, insbesondere bei Wasserzutritt, können die eiszeitlichen Tone, Tonmergel und Bändertone – auch späterer Eiszeiten – für Bauwerke sehr gefährlich werden. Wenn sie in aufgestauchten Schollen sehr nahe unter der Erdoberfläche liegen, ist die Gefahr besonders groß. Aber auch tiefer liegender Ton kann bei Großbauwerken schon zu ungleichen Setzungen und damit zu Rissen führen. Daher ist bei solchen Bauten in jedem Falle der Untergrund auf diesen Ton hin zu untersuchen, auch wenn der anstehende Geschiebemergel sowie in der Nachbarschaft ausgeführte Bohrungen keine Gefahr erkennen lassen.

Beim Bau des Boberger Krankenhauses dagegen traten die tonigen Schichten unmittelbar zutage (vgl. Bohrprofil Abb. 67). Außerdem war das Vorhandensein aufgestauchter Tonschollen bekannt, da hier schon vor dem ersten Weltkrieg Erdmassen für den Ausbau von Straßen und Bahnanlagen abgebaut wurden und bei dieser Gelegenheit der Geestabhang von Geologen eingehend untersucht wurde. Die auf dem Krankenhausgelände 1941, 1956 und 1957 niedergebrachten Bohrungen ließen keine zusammenhängende Schichtenfolge erkennen, sondern bestätigten das Vorhandensein zusammenhangloser, aufgearbeiteter Schollen von (Bänder-)ton-(mergel), Geschiebemergeln mit Sandlinsen bzw. -bändern.

Abb. 66 a **Fester Geschiebemergel über feinem Sand**
Autobahn An der Glinder Au

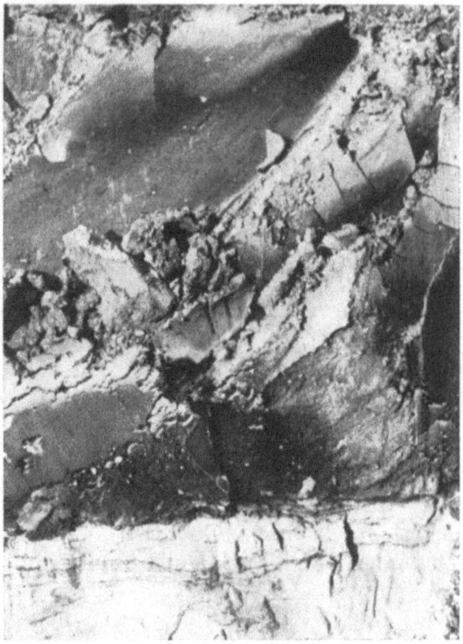

Abb. 66 b **Plastischer Tonmergel über feinem Sand**
Autobahn An der Glinder Au

Abb. 66 c **Übergang von feinen, festgelagerten Beckensanden zu Beckenton**
Alte Grube bei Barsbüttel

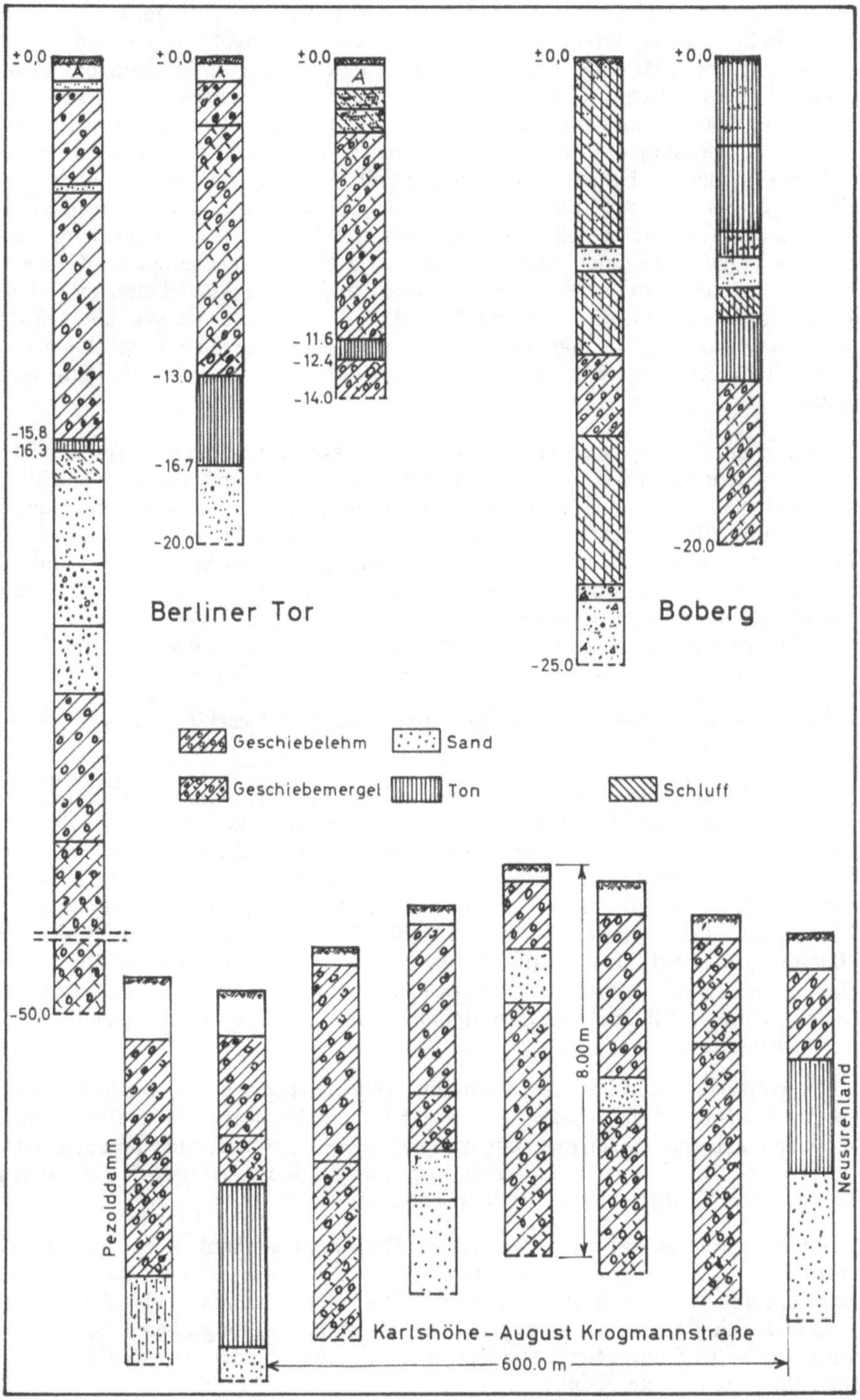

Abb. 67 **Erbohrte Bändertone und Tonmergel**

Für den Erweiterungsbau des Bergedorfer Allgemeinen Krankenhauses war eine so gründliche Baugrunduntersuchung vorher nicht durchgeführt worden, da man hier wohl keinen Bänderton oder ähnliche Schichten vermutete, denn er lag nicht wie im Falle des Boberger Unfallnachbehandlungskrankenhauses offen zutage. Aber – abgesehen von der hier nicht so sehr interessierenden Tatsache, daß beide Krankenhäuser am Geestabhang zum Urstromtal liegen – ist auch die übrige geologische Geschichte in beiden Fällen gleich: es handelt sich beide Male um Endmoränenstaffeln der Saale-Eiszeit (Boberg: Hennstedt–Lüneburger Staffel; Bergedorf: Kisdorf–Barendorfer Staffel; vgl. Abb. 69). Tatsächlich stellte sich dann beim Bau in Bergedorf heraus, daß auch hier emporgepreßte Bändertonschollen im Geschiebemergel vorhanden waren. Sie mußten entfernt und durch Magerbeton ersetzt werden. Es wurde eine tiefere Lage der Gründungskörper erforderlich, als ursprünglich geplant war, so daß man unter der Südseite des neuen Krankenhausflügels noch zusätzlichen Kellerraum erhielt, den man dann an anderer Stelle hätte sparen könnnen.

Da also der tonige Boden ein anderes Setzungsverhalten zeigt als der Geschiebemergel (kleinere Steifeziffer), ist die Kenntnis seiner Ausbreitung und Mächtigkeit unter einem Hochhaus auch in größerer Tiefe wichtig. Bei Bohrungen vor dem Bau des Polizeipräsidiums am Berliner Tor traf man in 15 m Tiefe unter Gelände eine Schicht Bändertonmergel an (Abb. 67). Er liegt unter Geschiebemergel und über Feinsanden. Seine Mächtigkeit schwankt zwischen mehreren Metern und wenigen Zentimetern, so daß also unterschiedliche Setzungen zu erwarten sind, die zu Rissen führen können, wenn man diesen Umstand nicht schon bei der Planung berücksichtigt und die Bauwerksteile entsprechend dimensioniert.

Abb. 66 a und b lassen den Unterschied zwischen Geschiebemergel und Tonmergel erkennen.

Beim U-Bahnbau in Wandsbek wurden 1960 „Bändertonschichten" angetroffen, die zur Hauptsache aus feinsandigen Schluffen bestehen, die von tonigen Zwischenschichten durchsetzt sind. Hier war das Problem weniger die mangelnde Tragfähigkeit, sondern vielmehr diesen feinkörnigen, von sperrenden horizontalen Tonschichten durchsetzten Boden mit vertikalen Grundwasser-Absenkungsbrunnen zu entwässern. Diese Unmöglichkeit zwang zwischen Richard- und Ritterstraße dazu, die U-Bahnbaugrube zwischen Spundwänden auszuheben. Man erkannte die Notwendigkeit hierzu erst, als die ca. 15 m langen Rammträger für den sonst üblichen „Berliner Verbau" mit nur wenigen Rammschlägen in den weichen Schluffschichten verschwanden.

Ein völlig entgegengesetztes Verhalten zeigten dagegen die Schluffschichten, die beim Bau derselben U-Bahnlinie an der Lohmühlenstraße angetroffen wurden: Hier ließen sich die Träger nur sehr mühsam in den Schluffboden rammen, der so dicht gelagert war, daß er seiner Verdrängung durch den eindringenden Pfahl einen äußerst großen Verdrängungswiderstand entgegensetzte.

Das erste Interglazial wird Holsteinsee–Warmzeit genannt, nach einer Meerestransgression, die das ganze Holstein erfaßte und mit einer Bucht bis Lauenburg / Boizenburg reichte. Die Ablagerungen der Holsteinsee kommen ebenfalls in aufgestauchten Schollen vor, so in den Hummelsbütteler Ziegeleigruben (Cardium- und Tellina-Sande, Torf und sehr fester Ton – vgl. K. Gripp, 1933). Auf den Blankeneser Höhen fand man Austernbänke.

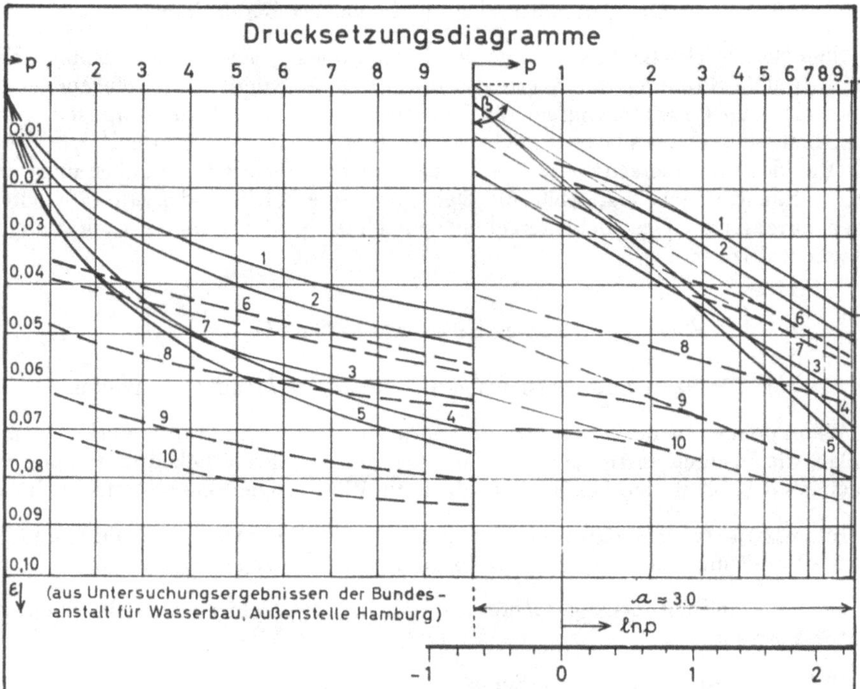

Steifeziffer

$S = p \cdot tg\beta$

	Nr.	$tg\beta = \frac{a}{b}$	$p = 3\,kg/cm^2$	$p = 10\,kg/cm^2$
Erstbelastung	1	63	190 kg/cm²	630 kg/cm²
	2	61	183 "	610 "
	3	63	190 "	630 "
	4	44	132 "	440 "
	5	41	122 "	410 "
Zweitbelastung	6	65	195 "	650 "
	7	73	219 "	730 "
	8	142	426 "	1420 "
	9	94	282 "	940 "
	10	130	390 "	1300 "

Kornverteilung

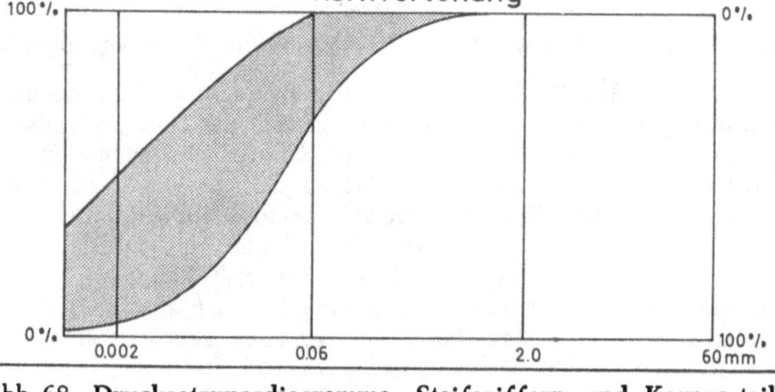

Abb. 68 **Drucksetzungsdiagramme, Steifeziffern und Kornverteilung von Bänderton und Tonmergel**

c) Das Setzungsverhalten Hamburger Bändertone

Über das Drucksetzungsverhalten von Bändertonen geben die Diagramme Abb. 68 Auskunft. Die Streuung der Werte ist infolge unterschiedlichen Feinsandgehaltes größer als beim Geschiebemergel. Zu bemerken ist auch, daß der Unterschied zwischen Erst- und Zweitbelastung nicht sehr ausgeprägt ist. Die Steifeziffern – auch z. T. die der Zweitbelastungsäste – liegen noch unter den Erstbelastungswerten des Geschiebemergels (vgl. Abb. 73). Daher ist es erklärlich, daß ein mit solchen Tonen durchsetzter Geschiebemergel in bautechnischer Hinsicht sehr sorgfältig untersucht werden muß.

2. Die Geschiebeböden der Saale-Eiszeit

a) Die Saale-Endmoränenzüge im Relief des Hamburger Raums

Während der Saale-Eiszeit hat das nordische Eis seine größte Verbreitung gefunden, die Elsterablagerungen sind fast überall überfahren. Bekannte Endmoränengebiete sind bei Duhnen, bei Itzehoe sowie die Wingst. Die Elbe bestand noch nicht.

Interessant für Hamburg ist der letzte große Vorstoß der Saale-Eiszeit, die Warthe-Vereisung, die früher als selbständige Eiszeit angesehen wurde.

Folgende Endmoränenzüge gehören im Hamburger Gebiet zur Saale-Eiszeit bzw. Warthe-Vereisung:

Wilseder Berg – Harburger Berge,

die Blankenese – Bahrenfelder Berge, die sich jenseits des Elbedurchbruches in den Garlstorfer Bergen fortsetzen,

ein weiterer Zug von der unteren Seeve bis Lüneburg sowie nördlich der Elbe,

die Boberger Höhen und die Moränen zwischen Weichsel-Eisgrenze und Blankeneser Höhen, also im wesentlichen das ganze Hamburger Stadtgebiet,

die Geesthachter Höhen mit ihrer Fortsetzung über Reinbek

(vgl. Abb. 69, nach H. Illies 1955, R. Mende 1956).

Die Ablagerungen der Warthegletscher – Geschiebemergel, tiefgründig entkalkt zu Geschiebelehm – bilden den größten Teil des Hamburger Geestbodens.

b) Die wichtigste Baugrundart Hamburgs: der Geschiebemergel

Geschiebemergel (Abb. 70 a) ist das bindige, kalkhaltige Moränenmaterial. Da es vom Eis transportiert ist, hat keine Sortierung nach der Korngröße stattgefunden. Die Kornverteilungskurve reicht vom Ton und Schluff (zerriebenes Moränenmaterial, Gletschertrübe) über Sand und Kies bis zu den großen erratischen Blöcken, den Findlingen. Aus diesem Grunde ist er sehr hohlraumarm, ähnlich einem guten Beton, dessen Körunng auch so abgestuft sein soll, daß die Hohlräume der größeren Teilchen immer wieder von den nächstkleineren Teilchen ausgefüllt werden (Abb. 73). Entsprechend dieser dichten Lagerung ist auch der natürliche Wassergehalt nur sehr gering. Er beträgt im Mittel ca. 12 %, bezogen auf das Trockengewicht. Wie fest der Geschiebemergel ist, zeigte sich bei einem Versuchsbau für den U-Bahntunnel in der Lübecker Straße (Abb. 72, vgl. hierzu auch Abb. 71).

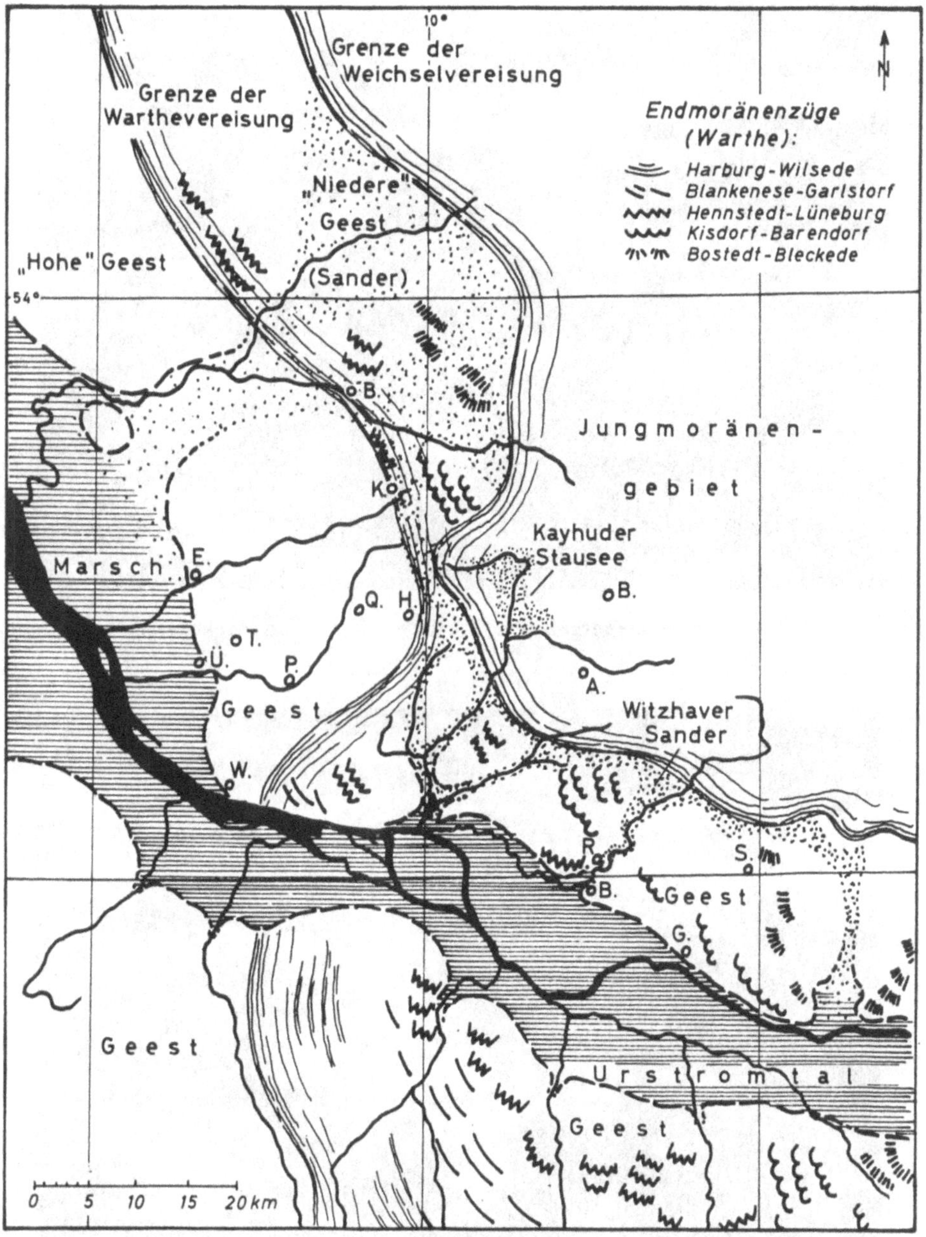

Abb. 69 **Vereisungsgrenzen, Endmoränen, Urstromtal im Hamburger Raum**
(nach H. Illies 1955, R Mende 1956)

Abb. 70 a **Fester Geschiebemergel (mit Kreidestückchen und gekritztem Geschiebe)**

Abb. 70 b **Aufgeweichter Geschiebelehm**

Abb. 71 **Der Geschiebemergelaufschluß des Wittenbergener Kliffs**
Beachte das Eemtorflager im oberen Drittel der Wand!

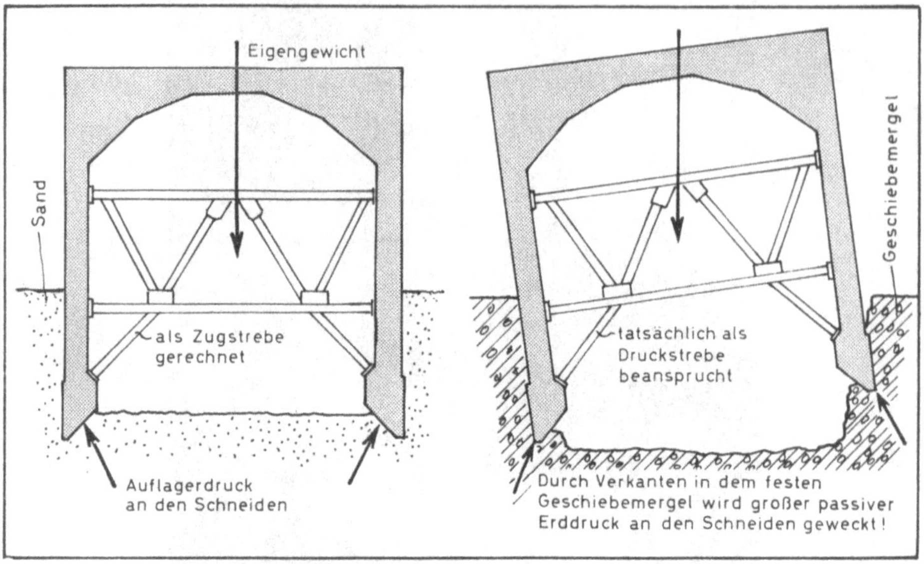

Abb. 72 Großversuch im Geschiebemergel
Die Tunnelröhre der U-Bahn läßt sich in dem festen Untergrund nicht absenken (am Lübecker Tor)

Eine Verkittung der einzelnen Körner wird durch den Ton- und Kalkgehalt des Geschiebemergels hervorgerufen. Ton und Kalk sind bekanntlich auch die Rohstoffe des Zements, der die Kies- und Sandkörner des Betons miteinander verkittet. Und noch eine Übereinstimmung des Geschiebemergels mit dem Beton besteht und macht ihn damit zu dem tragfähigsten Baugrund Hamburgs überhaupt: Die Verdichtung.

a) Drucksetzungsdiagramme Hamburger Geschiebemergel

Verdankt der Beton nicht nur der günstigen Kornverteilung seine dichte Lagerung, sondern auch einer künstlichen Verdichtung durch Stampfen und Rütteln, so hat beim Geschiebemergel eine Verdichtung durch die Belastung des Inlandeises stattgefunden. In Abb. 73 sind einige Drucksetzungsdiagramme Hamburger Geschiebemergelproben aufgetragen. Das Gefüge der Bodenproben wird leider bei der Entnahme und dann später beim Einbau in die Versuchsapparatur so weitgehend zerstört, daß die bei einer ersten Belastung der Probe erzielten Ergebnisse die Kurve eines unvorbelasteten Bodens ergeben und erst der wesentlich flachere Ast einer Zweitbelastungskurve die tatsächlichen Verhältnisse widerspiegelt. Aus ihr werden dann auch die Steiffeziffern ermittelt, die den Setzungsberechnungen usw. zugrunde gelegt werden. Die Rechtfertigung dieser Annahme liegt eben in der geologischen Geschichte des Landes, aus der hervorgeht, daß eine eiszeitliche Vorbelastung tatsächlich stattgefunden hat.

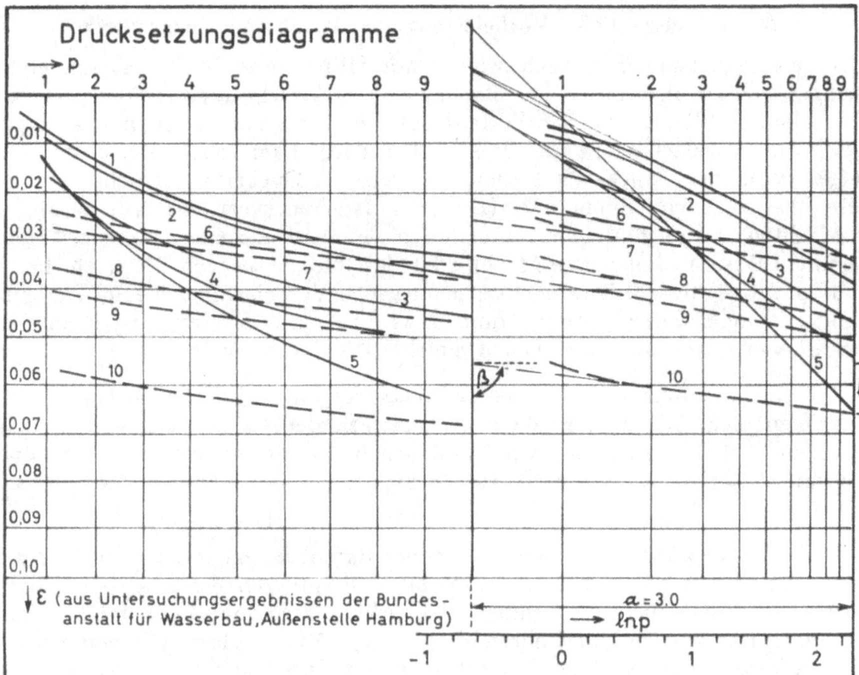

Steifeziffer

	Nr.	$tg\beta = \frac{a}{b}$	$S = p \cdot tg\beta$ p = 3 kg/cm²	p = 10 kg/cm²
Erstbelastung	1	76	228 kg/cm²	760 kg/cm²
	2	69	207 "	690 "
	3	67	201 "	670 "
	4	55	165 "	550 "
	5	38	114 "	380 "
Zweitbelastung	6	260	780 "	2600 "
	7	291	873 "	2910 "
	8	250	750 "	2500 "
	9	214	642 "	2140 "
	10	300	900 "	3000 "

Kornverteilung

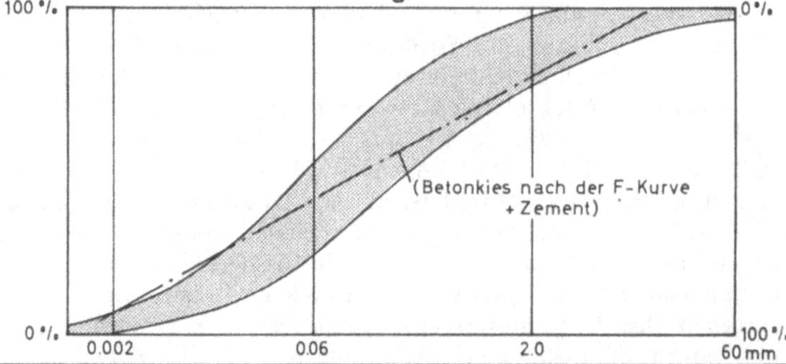

Abb. 73 **Drucksetzungsdiagramme, Steifeziffern und Kornverteilung von Geschiebemergel**

β) Die eiszeitliche Vorbelastung des Hamburger Baugrundes

Andererseits kann man auch wieder mit Hilfe einer Probebelastung einer – allerdings völlig „ungestörten" – Bodenprobe rückwärts auf die Mächtigkeit der Eisbedeckung schließen: flacher Verlauf des Drucksetzungsdiagrammes, solange die eiszeitliche Vorbelastung nicht überschritten wird, dann nach einem mehr oder weniger deutlichen Knick ein steilerer Verlauf. A. Dücker untersuchte auf diese Weise obermiozänen Glimmerton („Ein Untersuchungsverfahren zur Bestimmung der Mächtigkeit des diluvialen Inlandeises" in Mitt. a. d. Geol. Staatsinst. Heft 20, Hamburg 1951) und leitet eine Mächtigkeit des Inlandeises von 350 m ab. Er weist darauf hin, daß die „bislang höchste geologische Vorbelastung, die im Hamburger Raum festgestellt werden konnte, rund 80 kg/cm² betrug; dieser Wert kommt einer Inlandeismächtigkeit von rund 900 m gleich." (Vgl. Abb. 65).

Aber die Kenntnis von den geologischen Vorgängen im Hamburger Raum zusammen mit dem Wissen um die dabei stattgefundenen bodenmechanischen Vorgänge gibt auch Veranlassung, vor Verallgemeinerungen zu warnen: Nicht überall kann mit dieser vollen eiszeitlichen Vorbelastung des Diluvialbodens gerechnet werden:

Eine Grundmoräne ist naturgemäß immer durch das mehr oder weniger mächtige Eis vorbelastet gewesen. Namentlich bei den vorderen Bereichen einer Stauchendmoräne ist das nicht unbedingt erforderlich. Eine Stauchendmoräne braucht überhaupt nicht vom Eis überfahren zu sein (vgl. Abb. 30) bzw. nur von einem geringen späteren oder früheren Vorstoß kleinerer Eismächtigkeit. Selbst wenn eine hohe Vorbelastung vorhanden gewesen ist, so kann deren günstige Wirkung im Bereich von Stauchendmoränen wieder aufgehoben sein, da die aufgepreßten Schollen eine weitgehende Aufarbeitung erfahren haben können (Gefügeveränderungen im Innern, Verschiebungen, nicht nur Pressungen sondern auch Zerrungen) und außerdem die Schichten durch Schrägstellung einen anderen Winkel zur Richtung der Belastung einnehmen.

Um einen solchen Fall einer nicht vollen eiszeitlichen Vorbelastung handelt es sich vermutlich nach einem Baugrundgutachten der Bundesanstalt für Wasserbau, Außenstelle Hamburg, bei dem Neubau der Bavaria-Brauerei an der Bernhard-Nocht-Straße / Davidstraße. Schon der relativ hohe Wassergehalt – beim Geschiebelehm bis 22 %, beim Geschiebemergel bis 17 % – deutete auf eine lockere Lagerung hin. Andererseits war er wieder nicht hoch genug, um eine künstliche Auffüllung vermuten zu lassen, was auch wegen des allgemeinen Befundes wenig wahrscheinlich war (diese Unterscheidung ist oft schwierig zu treffen, denn sowohl petrographisch als auch hinsichtlich der Struktur besteht ja kein Unterschied zwischen primär und sekundär abgelagerten Geschiebeböden. Das gleiche gilt für die im periglazialen Klima der Weichseleiszeit entstandenen Fließerdeböden – vgl. S. 114). Bei der Berechnung der Gründung für das 9-geschossige Bauwerk der Bavaria-Brauerei mußte also vorsichtshalber angenommen werden, daß der Boden durch das Bauwerk zum ersten Male belastet wird. Damit war wegen der dann geringeren Steifeziffer mit relativ großen Setzungen zu rechnen. Selbst wenn man die Fundamente so groß bemaß, daß unter ihnen nur die für den Hamburger Diluvialboden geringe Pressung von 3 kg/cm² auftrat, hätten sich noch Setzungsunterschiede von über 3 cm ergeben. Das hätte unweigerlich zu Großrissen geführt, wenn man das Bauwerk, das wegen dünnwandiger, einbetonierter Metallbehälter und Silozellen unbedingt rissefrei bleiben mußte, nicht ausreichend in Längs- und Querrichtung ausgesteift hätte.

γ) Der Feinstkorngehalt des Geschiebemergels

Der eiszeitlichen ***Vorbelastung*** und der damit verbundenen Konsolidierung verdankt also der Hamburger pleistozäne Boden sein günstiges Setzungsverhalten (hohe Steifeziffer). Seine hohe Standfestigkeit ist außerdem auf seine ***Zusammensetzung*** zurückzuführen: hoher innerer Reibungswinkel infolge des Gehaltes kiesiger Bestandteile, dazu eine z. T. recht bedeutende Kohäsion infolge der bindigen (tonigen) Bestandteile:

Bodenart	Reibungswinkel ϱ	Kohäsion c
„grausandiger Mergel"	38 – 40°	0,10 – 0,65 kg/cm^2
„grauer Geschiebemergel" (U-Bahnbaulos Petrikirche)	25 – 33°	0,60 – 1,06 kg/cm^2 (max. 1,37 kg/cm^2)

(nach W. Schenck / E. Fink, 1958)

Der Gehalt an feinkörnigen Bestandteilen gibt dem Geschiebemergel bzw. -lehm (verwitterter, entkalkter Geschiebemergel) allerdings auch seine Frostgefährlichkeit, so daß er sich als Untergrund für Straßen nicht eignet und ausgekoffert werden muß. Außerdem machen ihn die tonigen Bestandteile zum Wasserstauer (Abb. 46. 58 a). Niederschlagswasser kann nicht versickern, einmal aufgeweichter Boden trocknet nur schwer wieder aus und verliert seine günstigen Tragfähigkeitseigenschaften (Abb. 70 b).

c) Große Geschiebe und Geschiebesand

Rammungen zum Zwecke der Lastübertragung durch Pfähle sind im Geschiebemergel wegen seiner guten Tragfähigkeit nicht erforderlich, wohl aber Rammungen zum Zwecke der Baugrubenaussteifungen (U-Bahnbau!). Hierbei ist es wichtig zu wissen, daß es sich um Boden handelt, den das Eis transportiert hat, daß also auch sehr g r o b e G e s c h i e b e als Rammhindernisse auftreten können.

Ferner enthält der Moränenboden S a n d- und K i e s e i n l a g e r u n g e n. Diese durchlässigen Schichten der Saale-Eiszeit bilden Hamburgs zweites Grundwasserstockwerk (vgl. Abb. 43). Werden solche Schichten beim Aushub von Baugruben angeschnitten, so besteht die Gefahr von Setzungen im benachbarten Gebiet infolge Auslaufens des Grundwassers. Aus diesem Grunde mußten z. B. beim U-Bahnbau auf dem Geestsporn in der Nähe der Petrikirche (vgl. Abb. 75 a) dichte Spundwände als Baugrubenbegrenzung gerammt werden (vgl. S. 69).

Diese wassergefüllten Sand- und Kieslinsen im Hamburger Untergrund werden auch Schwierigkeiten bereiten, wenn man den Bau der nächsten U-Bahnlinie durch die Innenstadt im rein bergmännischen Verfahren (Schildvortrieb) ausführen will, wie z. B. in London. Dort steht jedoch kein Geschiebeboden an! Auch in Moskau werden die U-Bahntunnel in großer Tiefe, aber durch Ton, vorangetrieben.

Abb. 74 a **Deutlich geschichteter, feiner Geschiebesand**
Sandgrube bei Neugraben am Geestrand.

Abb. 74 b **Kiesiger Geschiebesand mit grobem Geröll**
Kiesgrube bei Willinghusen.

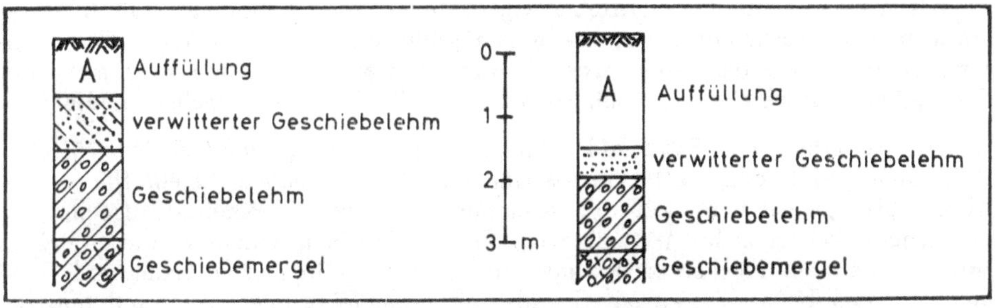

Abb. 74c **Verwitterung des Geschiebelehms zu Sandboden**
(Berliner Tor)

Wo diese durchlässigen Sandschichten an der Erdoberfläche liegen, werden sie als „Geschiebesand" in der Geologischen Baugrundkarte verzeichnet. Entsprechend dem häufigen Wechsel von Lehm (Mergel) und Sand im Geschiebeboden zeigt der Hamburger Moränenboden sowohl im Grundriß als auch im Profil ein sehr buntes Bild (Abb. 75).

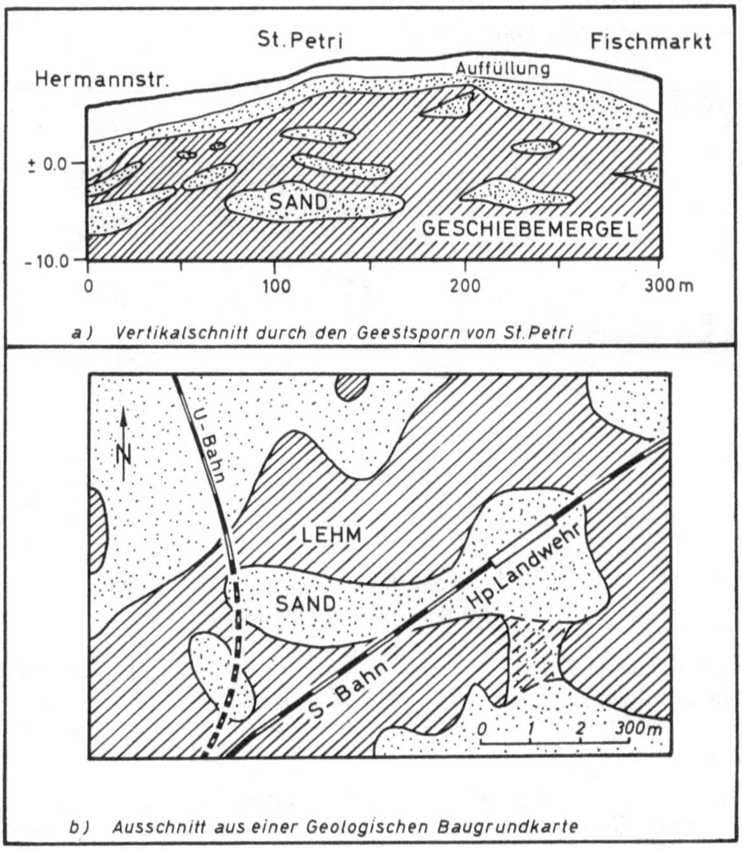

Abb. 75 **Der Wechsel von Sand und Lehm im Hamburger Geschiebeboden**

Als man 1960 in der Nordschleswiger Straße einen Grundwasserabsenkungsbrunnen zum Trockenlegen der U-Bahnbaugrube nur 6 m neben einer Probebohrung, in der Sand festgestellt worden war, niederbringen wollte, traf man hier durchgehend Geschiebemergel an, so daß man die Bohrung aufgeben mußte.

Die Verteilung von Sand und Lehm kann kleinflächig sein (vgl. Abb. 75) oder aber auch großflächig: z. B. die zusammenhängende Geschiebelehmfläche von Altona bis Nienstedten und die zusammenhängende Geschiebesandfläche von Blankenese, Iserbrook bis Wittenbergen, Rissen. Das Nebeneinander dieser beiden zuletzt genannten Flächen zeigt auch, daß die Verteilung von Lehm und Sand nicht mit den Unterscheidungen Grund- und Endmoräne oder Geestrand und dahinterliegende Geestfläche zusammenhängt.

Zusammenhänge zwischen der Morphologie einerseits und dem Vorkommen von Geschiebesand oder Geschiebelehm an der Geländeoberfläche andererseits lassen sich wohl überhaupt kaum finden, abgesehen von dem Verhalten bei Uferabbrüchen (vgl. Abb. 76): das Wittenbergener Steilufer verdankt selbstverständlich dem Geschiebemergel seine Existenz. Im benachbarten Geschiebesand fand das angreifende Wasser nicht diesen Widerstand. Dagegen ist sonst am Relief der pleistozänen Gebiete Hamburgs kein solcher Einfluß festzustellen. So besteht z. B. der „Geestbuckel" von Harvestehude teilweise aus Geschiebelehm und teilweise aus Geschiebesand (vgl. Abb. 77).

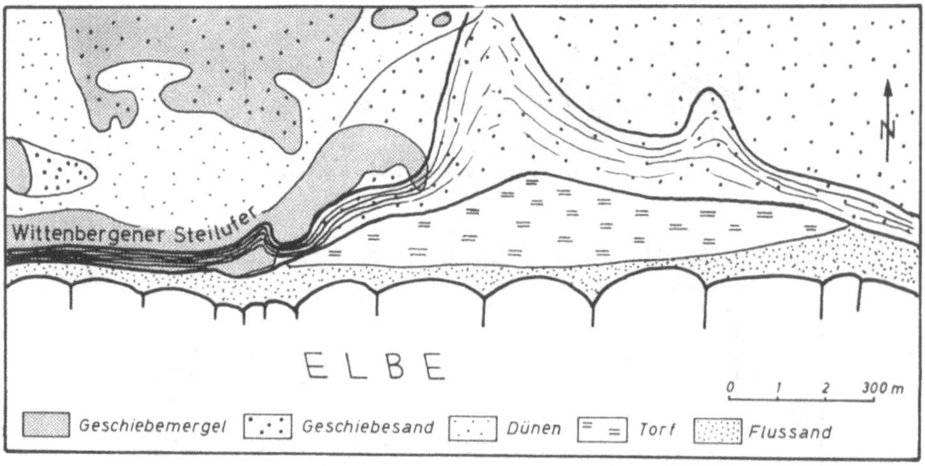

Abb. 76 **Das Wittenbergener Kliff (vgl. Abb. 71) besteht aus dem festen Geschiebemergel**

Dieser Geschiebesand kann in zwei Formen auftreten: als geschichteter, fluvioglazialer Sand (ungestaucht oder gestaucht in situ oder als Scholle) oder ungeschichtet und unsortiert als lehmfreies oder entlehmtes Geschiebe (vgl. Abb. 74 a–c).

W. Wolff schreibt (1915, S. 232) von dem „ziemlich ebenen Sandgebiet", das auf den Blättern Glinde, Wandsbek, Hamburg und Wedel der geologischen Karten eine ausgedehnte Zone bildet, aus welcher dann noch einige Kilometer vor dem Elbtalrande wieder geschlossene Lehmflächen auftauchen:

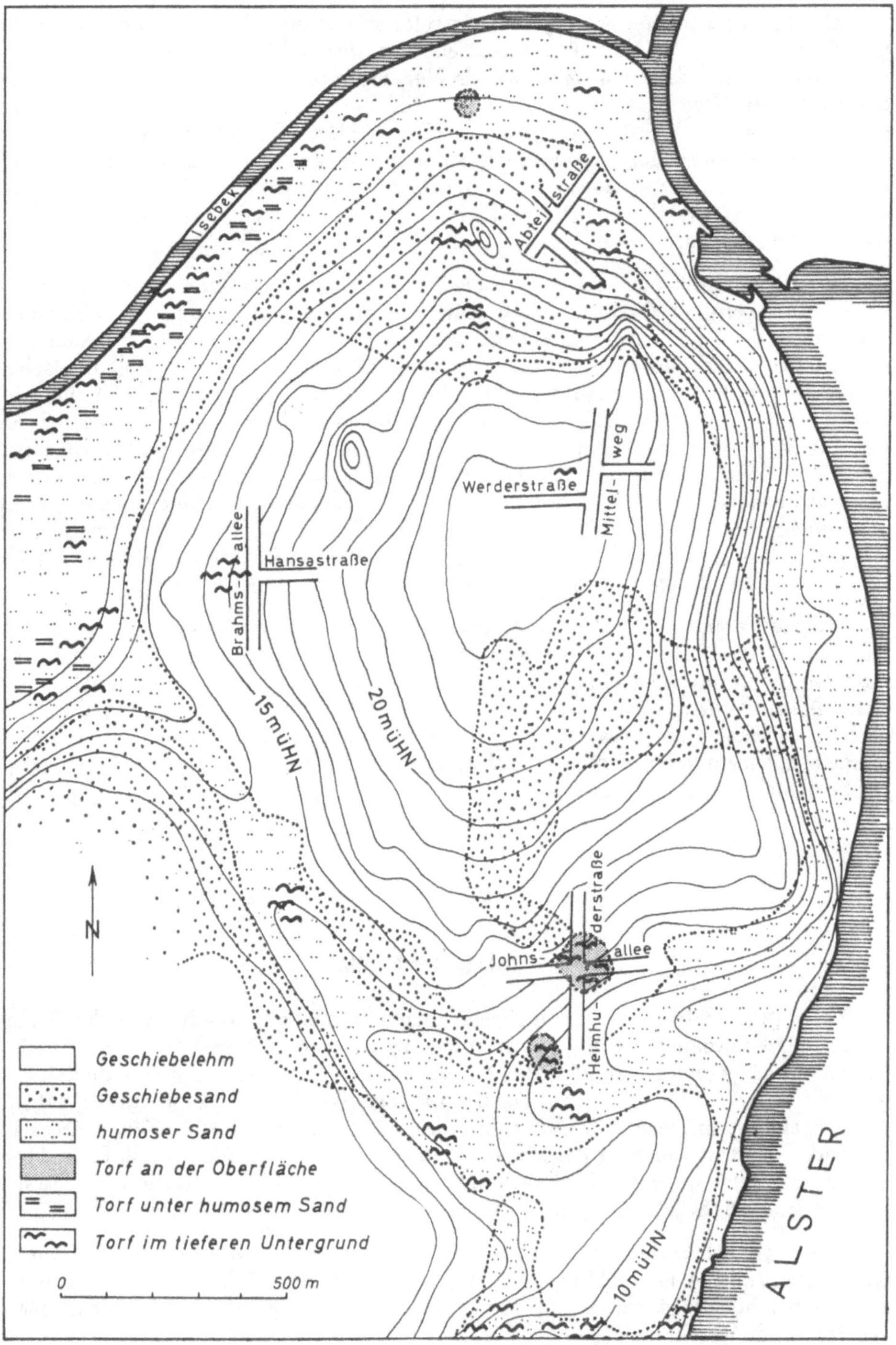

Abb. 77 Die Harvestehuder Geestinsel
Bodenarten nach Baugrundkarte 1952
Höhenlinien nach topographischer Karte 1895

„Der Sand ist ungleichkörnig, tief ausgelaugt und enthält zahlreiche Kies- und Geröllager, auch wohl zerstreute Geschiebe von der Größe eines Kopfes und darüber. Man könnte versucht sein, sie als Versandungsfläche vor der jüngsten Eisgrenze zu erklären. Das mag in der Tat für einen Teil der Fläche gelten. Für die ganze Fläche aber steht mir eine solche Erklärung keineswegs an, umsomehr als das Sandgebiet nach Westen sich vollkommen von der Jungmoräne löst und sich als ein Teil jener älteren Geschiebesand- und Heideflächen zu erkennen gibt, die im südwestlichen Holstein weit verbreitet sind." Vgl. S. 115: Schmelzwasserablagerungen.

Da die nachfolgende, die Weichsel-Eiszeit, Hamburger Gebiet nicht mehr erreicht hat (weitester Vorstoß bis Rahlstedt–Ahrensburg), ist somit das gesamte Hamburger Gebiet saaleeiszeitlichen Ursprungs, besteht also im wesentlichen aus deren Grund- und Endmoränen. Dabei ist aber zu beachten, daß die Saale-Gletscher den Untergrund nicht nur einfach überfahren haben und ihren Schutt auf ihm ablagerten sondern daß sie z. T. auch stark ausräumend wirkten sowie namentlich an den zahlreichen Stauch-Endmoränen Schollen aus dem tiefen Untergrund in die Höhe gefördert haben. Wegen der zahlreichen Vorstöße, die – wie man aus den vielen Endmoränenzügen schließen muß – über das Hamburger Gebiet hinweggingen bzw. gerade hier ihr Ende fanden, läßt sich wohl an kaum einer Stelle mehr eine ungestörte vollständige Ablagerungsfolge der bisher erwähnten Perioden finden und kann der Untergrund auf kurze Entfernungen sehr stark wechseln.

Welche Veränderungen der während der Saale- (Warthe-) Vereisung entstandene Untergrund im Laufe der folgenden Zwischeneiszeit, der Weichselvereisung (Periglazialklima!) und im Holozän erfuhr, wird in den folgenden Kapiteln noch näher beschrieben werden. Wären diese Veränderungen nicht erfolgt, so könnte also festgestellt werden: Hamburgs Untergrund besteht aus saaleeiszeitlichen Geschiebemergeln mit mehr oder weniger aus dem Untergrund emporgepreßten Schollen älterer Schichten (Tone und Sande).

d) Anlage der Urelbe

In dieses hochliegende Moränengebiet beginnt sich nun gegen Ende der Saale-Eiszeit das Urstromtal der Elbe einzutiefen. Es ist hier nicht der Ort, auf die einzelnen Vorgänge bei Entstehung der Urelbe einzugehen, vielmehr soll lediglich die Tatsache interessieren, daß es „gegen Ende der Warthe-Zeit eine im Verhältnis zur Umgebung tiefliegende Urelbe gab", die zu Anfang der Warthe-Zeit noch nicht bestand, „denn wo auch in den Sedimenten der ersten vier Warthe-Staffeln Messungen angesetzt werden, nirgends zeigt sich eine der Elbe zugewandte Richtung" (R. Mende, 1956, S. 270/3).

Damit ist am Ende der vorletzten Eiszeit in den Anlagen bereits vorhanden, was später für die Entwicklung Hamburgs so entscheidend wurde: das Nebeneinander einer hochliegenden Geestfläche und einer tiefliegenden Fläche, dem späteren Elbmündungsschlauch.

3. Bodenbildungen der Eemwarmzeit

a) Entstehung von Faulschlammschichten und Torflagern

Durch das Tieftauen des verschütteten Warthe-Eises wurde die Oberfläche neu belebt, es entstanden Senken, die z. T. vermoorten, Seen, die z. T. verlandeten. Man wird also im Untergrund Hamburgs mit organogenen Böden dieser Zwischeneiszeit rechnen müssen. Das bekannteste Beispiel für solche Böden pflanzlichen Ursprungs ist das Torfvorkommen von Rissen (Abb. 71), für einen Boden tierischen Ursprungs: die limnischen Ablagerungen am Stadtparksee (Abb. 78).

Abb. 78 a Der Stadtparksee heute

(nach E. Horn 1912)

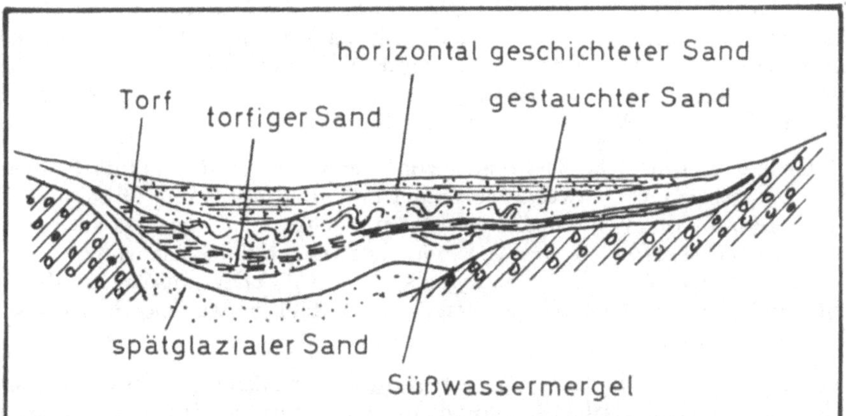

Abb. 78 b Die eemzeitlichen Ablagerungen im Stadtpark

Diese nicht tragfähigen Bodenarten liegen heute meist nicht mehr an der Oberfläche (verschüttet durch Bodenfließen während der Weichseleiszeit vgl. S. 114). Über ihr Vorkommen im Untergrund der Hamburger Geest gibt es keine sicheren Hinweise. Im Falle des Stadtparksees fallen die eemzeitliche, sapropelerfüllte Mulde und die nachweichseleiszeitliche, im Holozän vermoorte Mulde auffallend zusammen (Abb. 78). Im übrigen aber haben die Solifluktionserscheinungen während der Weichselvereisung die zwischeneiszeitlichen Mulden größtenteils ausgeglichen. Die Eemvorkommen sind nicht unbedingt an gegenwärtige Senken gebunden (z. B. Brahmsallee gegenüber Hansastraße, vgl. Abb. 77), und umgekehrt finden sich nicht unter jeder Mulde Eembildungen.

Es sind daher vor der Gründung eines jeden schwereren Bauwerkes (z. B. Hochhaus) Probebohrungen unerläßlich. So forderte z. B. eine interglaziale Moorschicht für die Schiffsbauversuchsanstalt in Barmbek eine Pfahlgründung; Torflöcher in größerer Tiefe unter den Grindelhochhäusern ließen Setzungsunterschiede befürchten, so daß man sich bei der Gründung für eine durchgehende Platte mit festverbundenen Kellerwänden entschloß; die Walddörferbahn führt bei Ahrensburg durch eine sapropelerfüllte Mulde usw.

b) Verwitterung des Geschiebemergels

Am Moränenboden selbst beginnt die Verwitterung: Der Geschiebemergel wird durch das Niederschlagswasser entkalkt zu Geschiebelehm. Auch ein Teil des Tones wird ausgeschwemmt (vgl. Abb. 74 c). Wegen ihrer Wasserdurchlässigkeit schreitet die Entkalkung der Geschiebesande schneller voran als die der bindigen Böden (später Entstehung besonders der Barmbeker „Heide"-böden!).

c) Entwicklung im Urstromtal

Im Elburstromtal tieft sich die Urelbe zu Beginn der Warmzeit weiter ein (durch rückschreitende Erosion Vergrößerung des Einzugsgebietes und der Wassermassen), gegen Ende der Warmzeit erfolgt eine starke Aufschotterung (Binden der Wassermassen im Inlandeis). Diese Vorgänge stehen allerdings mit den Gefällsverhältnissen des Flusses im Widerspruch (vgl. H. Illies, 1952).

Nachdem sich also das Urstromtal zunächst weiter in den Diluvialboden einschnitt und dabei auch teilweise tertiären Untergrund anschnitt, füllte sich dieses Tal gegen Anfang der Weichseleiszeit mit den sogenannten Talsanden an, geschiebefreie, horizontal geschichtete, kiesige Sande ohne organische Beimengungen (Abb. 79). Diese Sande treten oberhalb Hamburgs als „Vorgeest" oder „Inseln" an die Oberfläche, sind aber sonst im allgemeinen von den Flußsanden und dem Marschenschlick bedeckt (Abb. 80).

Nach R. Pfefferle besteht auch die Terrasse der Alster aus diesen Talsanden, die dann in der Geologischen Baugrundkarte von Hamburg gleichzusetzen sind mit dem „Sand mit ebener Oberfläche, in tieferen Lagen grundwassernahe" (Abb. 81).

Abb. 79 **Kiesige Talsande der Elbe durchragen bei Boberg die heutige Marschoberfläche**

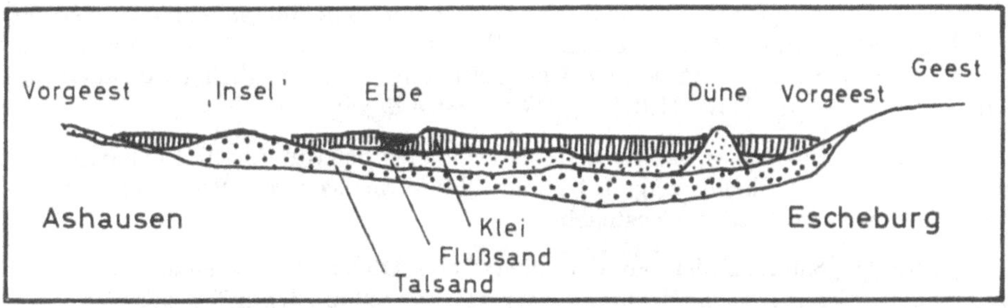

Abb. 80 **Profil durch das Elbtal**
(aus R. Pfefferle, 1935)

4. Bodenveränderungen und Neubildungen während der Weichseleiszeit

a) Die Jungmoränenlandschaft

Der äußerste Rand des Weichseleises blieb kurz vor Hamburg liegen (vgl. Abb. 69), so daß der Hamburger Raum unter den Einfluß eines periglazialen Klimas kam. Wind, Schmelzwasser und Frost waren die Kräfte, die an Hamburgs Untergrund arbeiteten. Das Eis selbst schuf eine Jungmoränenlandschaft mit lebhafterem Relief und unverwittertem Geschiebemergel hinter der Linie Rausdorf–Stellau–Volksdorf–Hoisbüttel, nachdem die saaleeiszeitlichen Moränen des Hamburger Gebietes bereits in eine Altmoränenlandschaft übergegangen waren mit ausgeglichenem Relief und nährstoffarmem Boden.

Eine interessante, während der Weichseleiszeit entstandene Hohlform ist das Ahrensburger Tunneltal, über das man von der Meiendorfer Straße hinwegschaut bis zum Forst Hagen. Schon wegen dieses landschaftlichen Reizes sollte diese morphologische Seltenheit möglichst unbebaut bleiben, abgesehen davon, daß die Sohle dieses Tunneltales vermoort ist (vgl. Abb. 118).

b) Solifluktionserscheinungen in dem Periglazialklima

Das periglaziale Klima, das im Hamburger Raum herrschte, sorgte für eine weitere Einebnung des Altmoränengebietes. Besonders interessant für den Hamburger Baugrund ist die Tatsache, daß die zwischeneiszeitlichen organogenen Böden (Torf, Gyttja) in den Senken durch Erdfließen zugeschüttet wurden. Torfvorkommen dieser Art im tieferen Untergrund unter einer Deckschicht von Geschiebeböden an sekundärer Lagerstätte können theoretisch überall vorkommen. Bekannt sind die großen Lager von Wittenbergen (Abb. 71), vom Stadtpark (Abb. 78) oder von Oejendorf. Grundsätzlich verdächtig sind alle Senken und Rinnen im heutigen Relief der Altmoränenlandschaft (vgl. Abb. 77: Isebek- und ehemalige Hundebekniederung), da anzunehmen ist, daß sie auch zur Eemzeit schon vermoort waren und während der anschließenden Weichseleiszeit von den benachbarten Hängen Fließerde in sie hineinströmte. Meist sind diese Bachtäler auch heute wieder vermoort und mahnen so ohnehin zur Vorsicht, ähnlich wie im Falle der Straßenkreuzung Johnsallee / Heimhuderstraße (vgl. Abb. 77), wo sowohl rezenter Torf an der Oberfläche als auch Eemtorf im Untergrund anzutreffen sind. Auch an den Hängen des heutigen Reliefs müssen durch Hangfließen verschüttete Torflager vermutet werden (z. B. Brahmsallee / Hansastraße in Abb. 77 unter „Geschiebelehm" und Rothenbaumchaussee südlich Klosterstern unter „Geschiebesand"). Wenig wahrscheinlich ist das Vorkommen von verschüttetem Torf auf den Geestbuckeln selbst, aber möglich ist es auch hier, wie z. B. Abb. 77 im Falle Mittelweg / Werderstraße zeigt.

Daß die Erdüberdeckung von Eemtorfen infolge Solifluktion und Dünenbildung recht erheblich sein kann, zeigt folgende Schilderung von den Bodenverhältnissen beim Pumpspeicherbecken Geesthacht:

„Alluviale Sande bilden an der Oberfläche Dünen bis zu einer Mächtigkeit von 3 m. In Geschiebemergelwannen oder zusammen mit Schluffen sind Torf und Faulschlammlinsen angetroffen worden, die in großer Tiefe infolge Eisdruck" (also keine Eembildungen, sondern älter?) „und Erdüberdeckung braunkohlenähnlich zusammengepreßt sind, dagegen in geringer Tiefe einen großen Wassergehalt aufweisen und damit stark setzungsempfindlich sind" (C. Brandenburg, 1958).

c) Die Harburger Trockentäler und der Schleppsandsaum

Ebnete das Periglazialklima also die Altmoränenlandschaft zwischen Eisrand und Elbe ein, so sorgte es im Harburger Gebiet für eine neue Belebung des Reliefs: Trockentäler und Steilhangzertalung geben heute Zeugnis davon (vgl. S. 37). Während der Eemzeit wurde die undurchlässige Geschiebelehmdecke bis zu den liegenden Sanden erodiert, wo das Wasser versickerte, ohne erodieren zu können. Während der Weichselvereisung wurde aber dieser Sandboden durch Bodenfrost auch undurchlässig, so daß in den Sommermonaten, wenn der Boden oberflächlich aufgetaut war, die Erosion fortgesetzt wurde. Am Austritt der Täler in das Elbtal lagert sich das ausgeräumte Material – Sand – deltaförmig ab. Diese Schuttkegel gaben später Anlaß zur Besiedlung. „Hier wurden die trockenen Böden des Hochgebietes gemieden, auf den Kegeln war bei trockener Lage das Grundwasser nicht fern und die unmittelbare Nähe der Marsch von Vorteil" (R. Mende, 1956, S. 239). Vgl. Abb. 5. In den Dörfern des Harburger Trockengebietes sind die Brunnen dagegen 40–50 m tief, in Buchholz reichen sie bis 30 m tief hinab.

Mit dem Schwinden des Dauerfrostes aus dem Untergrund kann das Wasser wieder versickern, die Täler fallen trocken, es sind fossile Täler geworden. Das versickerte Wasser sucht sich unter der Geländeoberfläche weiter seinen Weg zum Elbtal. Dort wird der Durchflußquerschnitt geringer, der vorgeschüttete Sand wird feiner, es kommt zur Randmoorbildung (vgl. Abb. 5). Zahlreiche Wasserwerke werden von dem aus dem Harburger Trockengebiet zuströmenden Grundwasser gespeist.

d) Schmelzwasserablagerungen und Rinnenbildungen

Neben dem Bodenfrost ist es das Schmelzwasser, das während der Weichseleiszeit seinen Einfluß auf den Hamburger Untergrund nimmt.

Als interessante Hohlform ist das Ahrensburger Tunneltal zu nennen, durch das heute die Eisenbahnlinie Hamburg–Lübeck führt.

Die kurze Entfernung zwischen Eisrand und der tiefliegenden Erosionsbasis, dem Elburstromtal, hat im Hamburger Raum keine ausgeprägten Sander entstehen lassen. Das einzige sanderartige Gebilde in unmittelbarer Nähe ist der Sander von Witzhave. Ausgedehnte Sanderflächen finden sich erst in größerer Entfernung von der Elbe, im Raum Neumünster. Auf Hamburger Gebiet dagegen schuf das Schmelzwasser zunächst Rinnen in den zu Beginn der Weichseleiszeit mit Talsanden teilweise angefüllten Tälern – Alster mit Kollau und Wandse, Bille –, in denen sich dann später beim Nachlassen der Schleppkraft des Wassers wieder Sande ablagerten, die im Gegensatz zu den schon vorhandenen Talsanden jetzt Flußsande genannt werden (vgl. Abb. 81). Außer diesen sogenannten „eingesenkten" Sandern und dem kleinen Sander von Witzhave haben sich auf der Hamburger pleistozänen Geestfläche nur noch im Kayhuder Stausee Sande in größerem Umfange während der Weichseleiszeit abgesetzt.

Auch im Elburstromtal fand – wie schon erwähnt – zu Beginn der Weichseleiszeit Aufschotterung mit Talsanden statt. Danach kam es auch hier zur Rinnenbildung, wie die lebhafte Oberfläche der Talsande zeigt (vgl. Abb. 39, 80). Es läßt sich daher nie vorher mit Sicherheit voraussagen, in welcher Tiefe der Talsand angetroffen wird. Da außerdem seine Körnung sehr stark wechselt und örtlich festgelagerte grobe Schuttmassen auftreten, können beim Rammen von Pfählen im Elbtal plötzlich Rammhindernisse auftreten, bzw. wird dann der tragfähige Boden früher erreicht, als erwartet.

Die auf den Talsand folgenden Flußsandschichten enthalten bereits organische Reste, deuten also auf Pflanzenwuchs hin, d. h. daß ihre Entstehung nicht mehr im Pleistozän liegt.

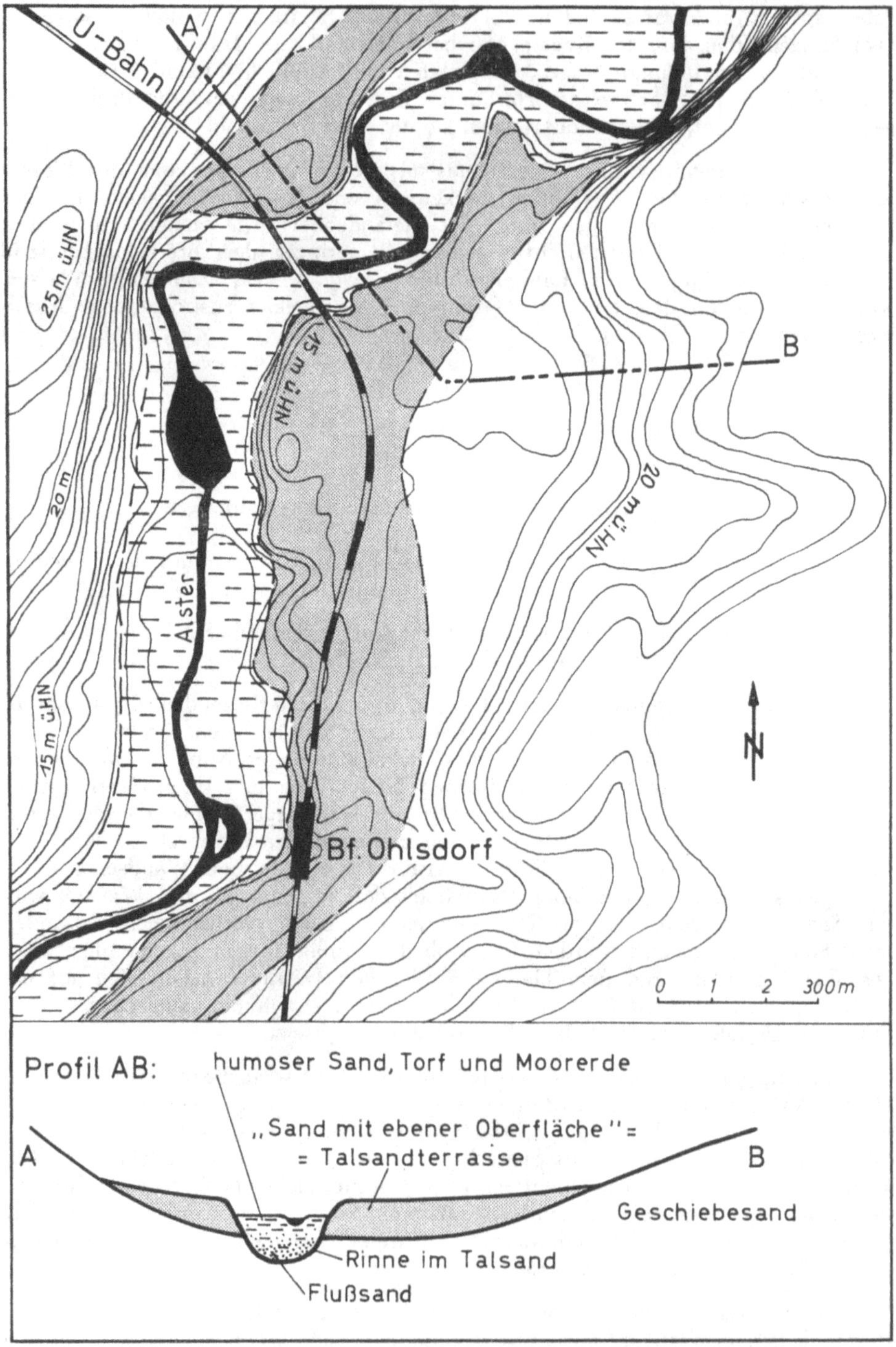

Abb. 81 **Die Alster zwischen Ohlsdorf und Fuhlsbüttel**
Vgl. Geologische Baugrundkarte und R. Pfefferle 1935.
Höhenlinien nach topographischer Karte von 1895.

e) Ablagerungen des Windes

Der Vollständigkeit halber seien hier noch die Wirkungen des Windes im Hamburger Gebiet während der Weichseleiszeit genannt:

Ausblasungsrinnen und Verebnungszonen vor dem Gletscherrand sind stellenweise gut zu erkennen (H. Illies, 1955).

Binnendünen bildeten sich zwischen Boberg und Sande und bei Geesthacht.

Flottsand wird bis auf die andere Seite des Urstromtales transportiert, Löß bis in die Magdeburger Börde.

D. HOLOZÄNE BODENBILDUNGEN INNERHALB DER EISZEITLICH VORGEPRÄGTEN LANDSCHAFTEN HAMBURGS

1. Die Ablagerungen von Sanden im Elburstromtal

a) Die Flußsande des Elburstromtales

Als unterste holozäne Ablagerung im Elburstromtal findet sich der sogenannte Flußsand auf der durch Rinnen zerfurchten Oberfläche der Talsande. Die Unterscheidung von Fluß- und Talsanden ist nicht immer ganz einfach. Die Talsande sind im großen und ganzen grobkörniger als die Flußsande und frei von organischen Einflüssen. Letztere weisen die Flußsande auch einwandfrei als nacheiszeitliche Bildung aus. Die *Feinkörnigkeit* des Flußsandes geht so weit, daß man schon mit Erfolg in ihm Grundwasserhaltungen mit dem Vakuumverfahren erreicht hat (z. B. beim Sielbau am Elbufer unterhalb Baurspark). Die *Mächtigkeit* des Flußsandes schwankt sehr stark entsprechend der unregelmäßigen Auflagerungsfläche (Talsand mit Rinnen). In den Rinnen kann sie bis zu 20 m und mehr betragen.

Die Tal- und Flußsande der Elbe sind das oberste Hamburger Grundwasserstockwerk (z. B. Wasserwerke Curslack, Billbrook, Moorburg, Falkenstein).

Nicht nur der Talsand, u. U. auch schon die Flußsande bilden den tragfähigen Untergrund im Elburstromtal, darüber befindet sich der nicht tragfähige Marschboden (vgl. S. 120). Grundsätzlich werden im Hamburger Hafen alle Pfähle so tief in den Untergrund gerammt, daß sie den tragfähigen Flußsand erreichen. „Schwimmende" Pfahlroste werden also vermieden (Abb. 39). Sie können vermieden werden, weil der Flußsand nicht so tief liegt, daß unwirtschaftlich lange Pfähle erforderlich werden. Im Mittel ist in einer Tiefe von −6,00 m NN mit Sand zu rechnen. Allerdings ist die Flußsandoberfläche nicht tischeben, sondern es können vielmehr örtlich sehr starke Schwankungen auftreten: Sandbänke, Rinnen, Priele, Kolke. Namentlich die Kolke bei alten Deichbrüchen können sehr tief sein, so daß z. B. beim Bau des einen Widerlagers der Klappbrücke über den Reiherstieg plötzlich unerwartet lange Pfähle erforderlich wurden. Das Gleiche war der Fall bei der Schule am Niedergeorgswerderdeich / Rahmwerderstraße, die unmittelbar auf einem verschlickten Kolk errichtet wurde, wobei man über 20 m lange Pfähle benötigte.

Die Talsande sind so fest gelagert, daß sie – besonders in größerer Tiefe, wo auch die Grundbruchgefahr ausgeschaltet ist, – in der Lage sind, große Lasten aufzunehmen. So herrscht z. B. an der Fundamentsohle der Strompfeiler der neuen Norderelbbrücken in −12 m NN Tiefe eine Bodenpressung von 3,7 kg / cm² für ständige Lasten und eine maximale Kantenpressung für den ungünstigsten Lastfall von 7,3 kg / cm², unter den Faultürmen des Großklärwerkes Köhlbrandhöft treten Bodenpressungen von 12–15 kg / cm² auf. Vgl. hierzu die Tabelle Abb. 35.

Über die Erstellung von Kaimauern auf den Elbsanden vergleiche Seite 57 ff.

Der größte Vorteil des Elbsandes für den Hafen liegt aber nicht darin, daß er für die wichtigsten Hafenbauten in durchaus erreichbarer Tiefe liegt, sondern darin, daß er sich – wie auch der darüber lagernde Schlick und Klei – mit Hilfe von Baggern relativ einfach entfernen läßt und somit die jederzeitige Vertiefung des Fahrwassers und überhaupt die Anlage von Hafenbecken ermöglicht. Gleichzeitig ist das sandige Baggergut außerdem ein willkommenes Material für Geländeaufhöhungen (vgl. S. 135). Bestände dagegen das Elbeflußbett aus Fels – wie z. B. das Bett des Avon im Falle des Hafens von Bristol oder wie der Rhein am Binger Loch – so wäre wohl kaum mit wirtschaftlichen Mitteln eine Anpassung an die jeweiligen Erfordernisse der Schiffahrt möglich gewesen.

An der Blankeneser Barre betrug noch Anfang des 19. Jahrhunderts die Wassertiefe bei MTnw nur 1,70–2,00 m, bei MThw 4,00–4,30 m. Erst um 1870 konnten hier bei MThw Schiffe mit 5,00 m Tiefgang passieren. Heute herrscht in einer 200–300 m breiten Fahrrinne überall bei MThw eine Wassertiefe von 12 m. Dagegen fordert natürlich ein sandiges Flußbett laufend Stromregulierungsarbeiten (Nachbaggerungen, Leitwerke, Stacks usw., vgl. Abb. 11).

Felsiger Untergrund und ausreichende natürliche Wassertiefe wiederum förderte z. B. die Entwicklung New Yorks, dessen Hafen aber im Gegensatz zu Hamburg wegen des anderen Baugrundes ein Pierhafen ist.

Die Ausfüllung des Urstromtales mit ca. 5 m Marschenschlick und ca. 10 m Flußsand (vgl. Abb. 80, 82) erschwert die Gewinnung des als Betonkies so begehrten Talsandes außerordentlich. Auch der feinkörnigere Flußsand (Maurersand) wird nicht in großem Maße aus der Elbe gewonnen. So findet man im Elburstromtal bei Hamburg nicht die sonst an den Flüssen übliche Ausbeutung der Kies- und Schottervorkommen der Terrassen. Hauptlieferanten für Kies sind in Hamburg die Moränengebiete, und zwar sowohl die Altmoränen (z. B. Neu-Wulmstorf) als auch die Jungmoränen (z. B. Willinghusen). Wo allerdings die Sande und Kiese im Urstromtal nicht von nennenswerten Schlick- oder Torfschichten überdeckt sind (wie in Harburg-Neuland), scheut man sich dagegen nicht einmal, sogar eingedeichtes Land in eine Wildnis von Wasserlöchern zu verwandeln, um an das begehrte Baumaterial heranzukommen (Abb. 53 b).

Holozäne Sandablagerungen auf der Geest finden sich in den Schmelzwasserrinnen, die dadurch z. T. wieder ausgefüllt wurden (vgl. Abb. 81). Sie sind heute zum größten Teil vermoort und in den Geologischen Baugrundkarten als „humoser Sand bei nahem Grundwasser" bezeichnet.

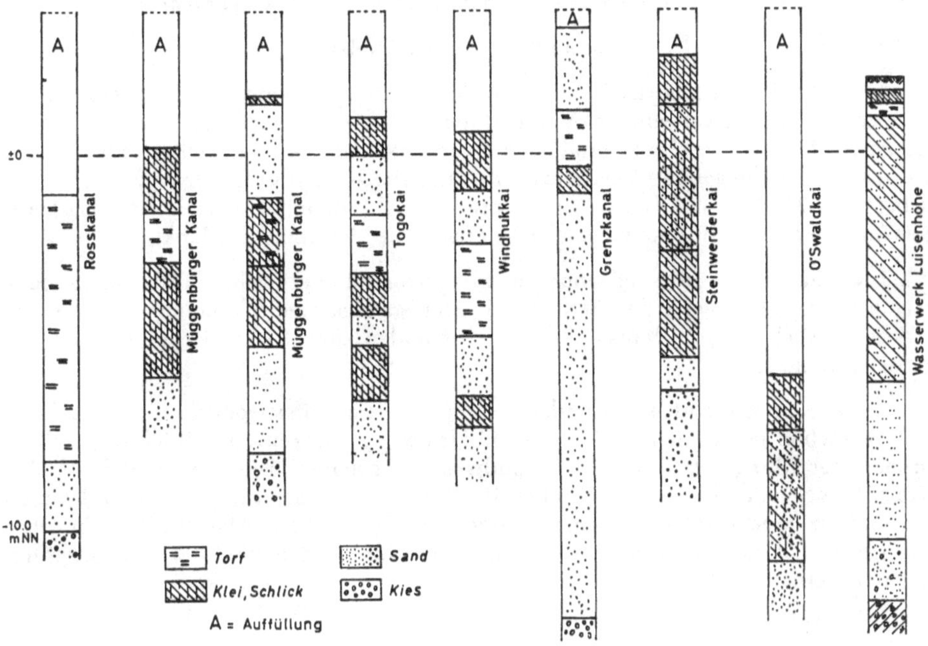

Abb. 82 **Bohrprofile aus der Elbmarsch**

b) Die Stranddünen am Elburstromtal

Als holozäne Sandablagerungen sind auch noch die Stranddünen längs des Elbe-Urstromtales zu nennen.

Das Elbtal lag zur Zeit der Entstehung der Talsande und auch noch zum Teil bei der Ablagerung der Flußsande kahl und war somit den Kräften des Windes ausgesetzt.

Der Wind als Transportmittel von Bodenteilchen ist uns schon bekannt aus der Weichseleiszeit, als die am Eisrand auftretenden kalten Fallwinde das feine Material ausbliesen und sich der „Flottsand" auf den Hängen der Harburger Höhen ablagerte. Er hatte also damals eine im großen und ganzen geschen südwestliche Richtung. Mit der Ablösung des kontinentalen durch das maritime Klima nach der Eiszeit traten jetzt vornehmlich Westwinde auf. Diese transportierten Sand aus dem Urstromtal auf die höher liegenden Randgebiete. Überall in Niedersachsen befinden sich daher die Dünen auf den rechten Flußufern (Ems: bei Meppen; Weser, Aller: Gifhorn bis Bremen; Elbe: Elmshorn, Holm, Rissen, Boberg, Geesthacht).

Wie die Funde von Boberg und Rissen zeigen, müssen die warmen, offenen Dünenböden den vorgeschichtlichen Menschen sehr willkommen gewesen sein. Außerdem läßt sich aus den Geräten, die diese Menschen hinterließen, einiges über das Alter der Dünen sagen: Die Feuersteingeräte von Boberg gehören einer Kulturepoche an, die in die Borealzeit fällt (7000–5000 v. Chr., Mittlere Steinzeit. Vgl. S. 170).

2. Die weichen Marschböden im Elburstromtal

a) Schlick und Kleiböden

Mit der Überflutung der Urelbe von der Nordsee her und der Verringerung der Fließgeschwindigkeit beginnen Vermoorung, Schlickfall, d. h. die Marschbildung. Es entsteht damit im Urstromtal jene Landschaft, die so gänzlich anders geartet ist, als die hochliegende Geestlandschaft, und die – gerade in der engen Nachbarschaft von Marsch und Geest – der Entwicklung Hamburgs so viele Impulse gegeben hat, der die Stadt so viele charakteristische Merkmale verdankt.

Etwa zur Bronzezeit begann im Elburstromtal der Schlickfall. Mehr oder weniger verfestigt wird der Schlick zu dem sogenannten Kleiboden der Marsch, einem schwach tonigen, feinsandigen Schluffboden (Abb. 84), meist mit organischen Bestandteilen.

Macht der Kleiboden, besonders wenn er etwas eingetrocknet ist, oberflächlich betrachtet noch einen recht guten Eindruck, so überzeugt ein Blick in die Baugruben der Marsch auf den im Grundwasser liegenden Klei von der fehlenden Tragfähigkeit dieses Bodens. Solcher Baugrund muß entfernt werden und durch tragfähigen Sand ersetzt werden, besonders im Straßenbau (Abb. 85 a und b), oder die Lasten der Bauwerke müssen durch Pfähle bis in den tragfähigen Untergrund geleitet werden (Abb. 3).

b) Drucksetzungsdiagramme

Die Drucksetzungsdiagramme von Kleiböden haben, verglichen mit allen anderen Bodenarten, den steilsten Verlauf (Abb. 83). Die Steifeziffer läge – hätte es überhaupt noch Sinn, hierbei von ihr zu reden – bei $p = 3\,kg/cm^2$ zwischen $S = 36$ und $75\,kg/cm^2$ (vorbelasteter Geschiebemergel: $S = 900\,kg/cm^2$, vgl. Abb. 73; Glimmerton: $S = 300\,kg/cm^2$, vgl. Abb. 65; Bänderton: $S = 200\,kg/cm^2$, vgl. Abb. 68).

Fester Kleiboden kommt in seinem Verhalten etwa einem jungen Ton gleich, er weist eine gewisse Kohäsion auf ($c = 0{,}2\,kg/cm^2$). Es muß jedoch betont werden, daß der Hamburger Marschklei nur einen sehr geringen Anteil echter Tonbestandteile (kleiner als 0,002 mm Korndurchmesser, vgl. Abb. 84) hat, sein „bindiges" Verhalten ist also im wesentlichen auf den Schluff zurückzuführen.

c) Unterschiedliche Zusammensetzungen und Mächtigkeiten der Kleiböden

Der Schlickfall ist nicht überall gleichmäßig erfolgt. Es finden sich vielfach (fein)sandige Zwischenlagerungen, sandhaltige Kleischichten, die evtl. eine gewisse Tragfähigkeit besitzen, aber auch viele Torflager (vgl. Abb. 84). Besonders am Rande der Marsch, am Fuße des Geesthanges, ziehen sich ausgedehnte Moorgebiete hin:

„Einzelne Stadtteile wie der Hamburger Brook und die Bruchgebiete von Horn–Schiffbek und Steinbek–Ohlenburg liegen auf der hoch angeschütteten Moorzone längs der alten Marsch.

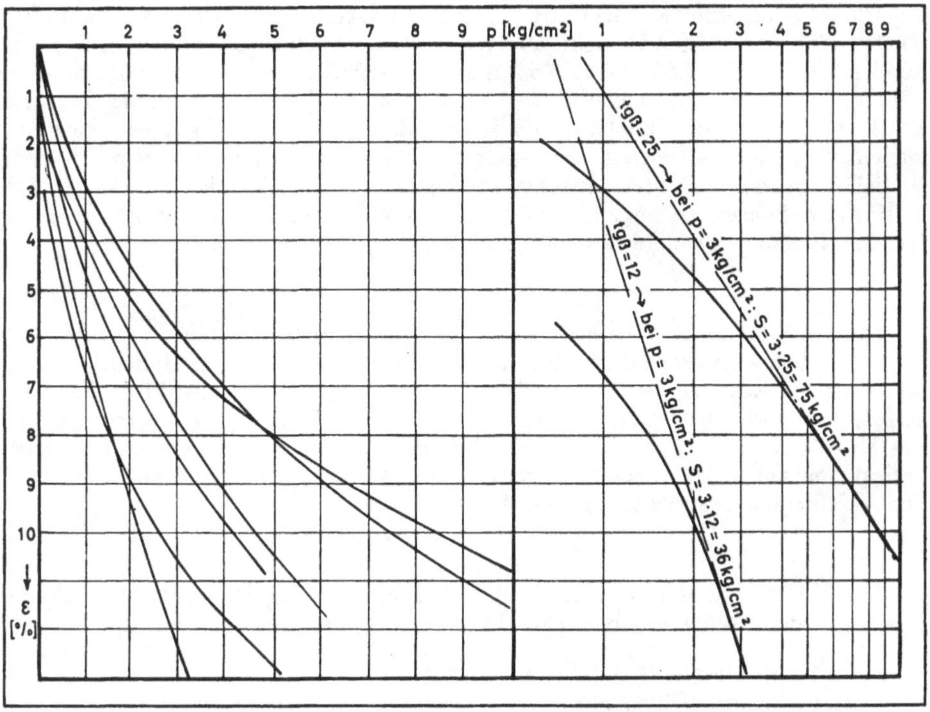

Abb. 83 **Drucksetzungsdiagramme von Kleiböden**

Am Fuß des hohen Elbufers zwischen Schulau und Blankenese liegen vor der Ausmündung der kleinen Schluchten altalluviale Lager von Flachmoortorf" – vgl. Abb. 76 –, „deren Sohle unterhalb Falkenstein bis 7,9 m, bei Blankenese bis 5 m unter NN erbohrt worden ist". (M. Singer, 1932).

Die Unterkante der Kleischichten bzw. Oberkante der Flußsande ist im Mittel bei −6,00 m NN zu finden. Die Sohle der Hafenbecken liegt aber tiefer. Über die daraus resultierenden günstigen Folgerungen für die Kaimauern im Hamburger Hafen vgl. S. 58.

Die absolut obere Grenze der Schlickablagerungen wird durch den höchsten Wasserstand gebildet. Darüber kann sich ja nichts mehr ablagern. Das MThw ist heute bei + 1,60 m NN (das MTnw bei −0,70 m NN), d. h. bis zu dieser Höhe ist normalerweise Aufschlickung möglich, bei Sturmfluten auch darüber. Ufernahe Gebiete unterliegen naturgemäß einer stärkeren Aufschlickung, da die uferfernen nur bei hohen Fluten überspült werden. Parallel dem Flußlauf ist daher das bis zu 2 m höhere „Hochland" vor dem tiefer liegenden „Sietland" zu finden, das auch einen der größeren Entfernung vom Flußlauf entsprechenden, höheren Feinstkornanteil im Boden enthält. Aus diesen Gründen neigt das Sietland zur Vermoorung (oder wenigstens Versäuerung); vgl. Abb. 5 (Neugraben) und auch Abb. 84 (Profil Billhorner Brückenstraße).

Je später die Eindeichung erfolgt, umso höher liegt das Land, umso leichter ist es zu entwässern.

Durchbricht eine Sturmflut den Deich, so lagert sich über dem Marschklei wieder eine dünne Sandschicht ab. Wassergefüllte „Bracks" hinter dem Deich künden noch lange Zeit später von diesem Ereignis. Aber auch schon zu einer Zeit, als es noch keine künstlichen Deiche gab, spielten sich ähnliche Vorgänge ab: Die stärkere Aufschlickung am Rande des Flußlaufes übernahm gewissermaßen die Rolle des Deiches, der regelmäßig von höheren Fluten überspült wurde, so daß sich auch dahinter zunächst wieder Sand und dann Schlick absetzt. Der vielfach in Bohrungen angetroffene „sandstreifige" Schlick ist ein Zeuge davon (vgl. Profil Kaimauer Steinwerderkai Abb. 84).

Die Ablagerung des Schlickes vollzieht sich hauptsächlich in den stillen und während Ebbe trockenfallenden Buchten. In den eigentlichen Flußrinnen, die dauernd von Wasser durchströmt werden, kann sich allenfalls schlickiger Sand absetzen, in ständig bewegtem Wasser nur Sand. Der Sandtransport vom Oberlauf des Flusses hat ja nicht aufgehört. Da der unregulierte Flußlauf sein Bett dauernd verlegt, entstehen die überall angetroffenen Wechsellagerungen von Sand und Schlickschichten ganz verschiedener Mächtigkeiten (vgl. Abb. 84).

Der bei oberflächlicher Betrachtung so einheitlich erscheinende Marschboden weist also doch nicht unerhebliche Unterschiede auf:

Die Zusammensetzung des Kleis schwankt,
es treten Sandschichten auf,
es sind Moore vorhanden,
die Mächtigkeit des Kleis schwankt,
die Tiefenlage des tragfähigen Untergrundes kann örtlich sehr verschieden sein.

Für die Ausführung von Bauten sind daher stets gründliche Voruntersuchungen erforderlich, die über den tragfähigen Untergrund Auskunft geben. Die Kleischichten selbst sind für die Aufnahme der großen Lasten, wie sie bei Hafen- und Industriebauten auftreten, nicht geeignet, so daß deren Gründung stets in dem darunter liegenden Sand erfolgen muß. Bei Straßenbauten muß der Klei durch Sand ersetzt werden (vgl. Abb. 85 a und b).

Auch dieser Sand kann von unterschiedlicher Beschaffenheit sein. Nicht nur bezüglich seiner Tragfähigkeit, sondern auch hinsichtlich der Wasserdurchlässigkeit. So hatte z. B. die ausführende Baufirma beim Bau des Este-Sperrwerkes auf Grund ihrer übrigen Erfahrungen im Elbe-Urstromtal geglaubt, für die beim Bau erforderlich werdende Grundwasserabsenkung mit nur einem Brunnen auszukommen, und danach ihren Preis kalkuliert. Tatsächlich wurden aber vier Brunnen erforderlich, um den Grundwasserspiegel bis unter die Baugrubensohle abzusenken.

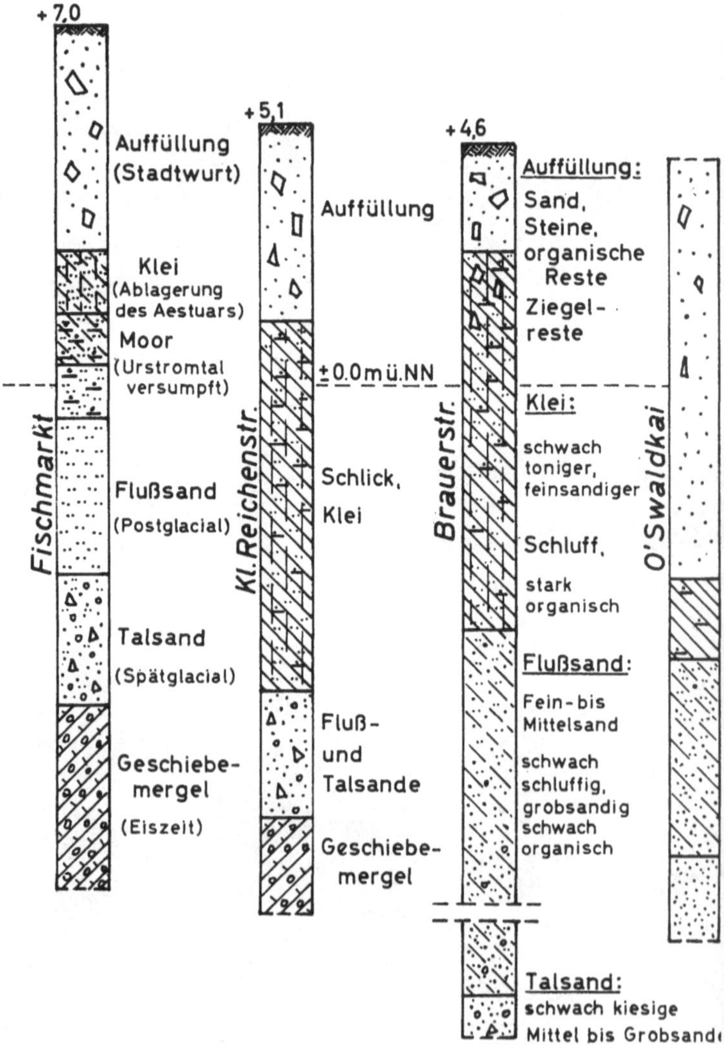

Abb. 84 **Bohrprofile aus der Elbmarsc**

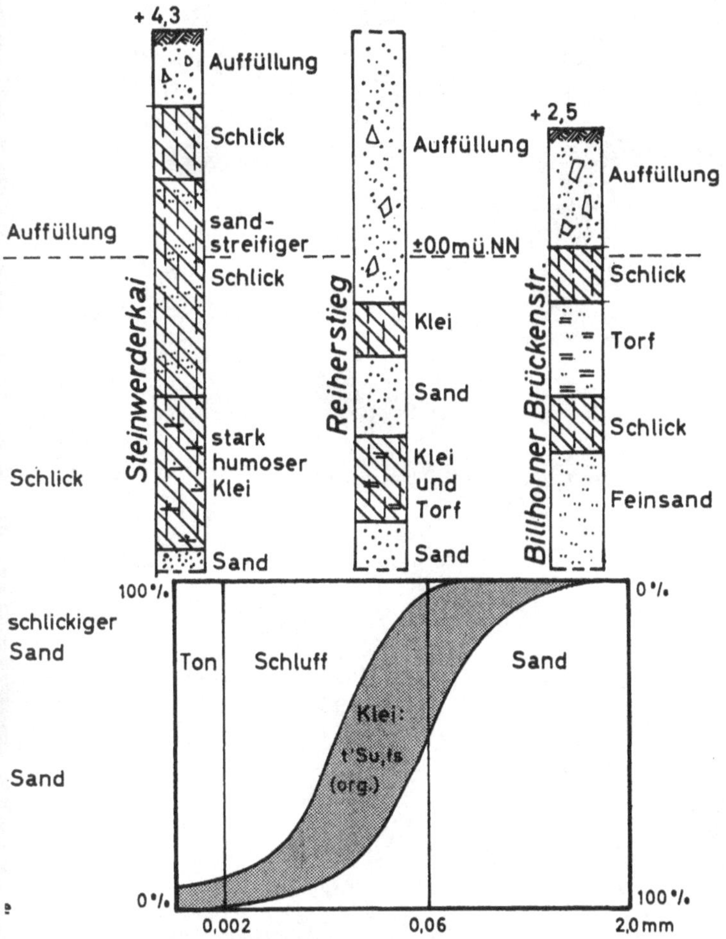

h und Kornverteilung des Kleibodens

a) Ost-West-Straße am Rödingsmarkt

b) Autobahnverbindung Barsbüttel - Georgswerder am Billwerder Billedeich

Abb. 85 Ersetzen des Klei- und Moorbodens durch Sand für den Straßenbau in Alster- und Billemarsch

d) Die Entstehung der Marschlandschaft und ihrer Baugrundarten

Die Entstehung der Marschlandschaft mit ihren unterschiedlichen Baugrundverhältnissen läßt sich aber nicht allein aus dem allgemeinen Meeresspiegelanstieg erklären. Vielmehr war es in großem Maße auch der Mensch, der in seinem Bemühen, den Marschboden und das Wasser für seine Zwecke nutzbar zu machen, Einfluß nahm auf Wasserführung (Durchstiche!), Erosions- oder Akkumulationsbedingungen (Veränderungen der Fließgeschwindigkeit oder des Stromstriches, Abdämmungen, Eindeichungen usw.) und auf die Wasserspiegelschwankungen (Vergrößerung des Tidehubs durch Begradigungen, Verkleinerung desselben durch Schaffung von Poldern, Hafenbecken usw.).

So wird die Vielgestaltigkeit des Baugrundes der oberflächlich so einheitlich erscheinenden Marschlandschaft noch erhöht:

1. In den Hauptarmen des Flußsystems mit der stärkeren Strömung bleibt es bei der Ablagerung des Flußsandes (Prallhang, Gleithang, Sandbänke, mehr oder weniger durch Schlick verunreinigt).

2. In den Nebenarmen, Buchten, Totwassern usw. kommt es infolge der geringen Strömungsgeschwindigkeit zum Schlickfall.

3. Der Anstieg auch des Grundwassers läßt Inseln und Geestränder vermooren.

4. Bei früher Eindeichung entstehen Köge mit niedriger Oberfläche und altem, konsolidiertem, d. h. bedingt tragfähigem Kleiboden, die später umso schwerer zu entwässern sind. Zu den ersten Kögen gehören Altenfelde, Kirchdorf, Moorwerder. Vom Jenerseitedeich in Georgswerder erkennt man im Süden das niedrige alte Kooggelände, im Norden dagegen grenzt an den Deich das höhere Deichvorland der erst spät abgedämmten Dove-Elbe.

5. Der Marschklei stellt auch Rohmaterial für die Ziegeleien dar. So ist die niedrige Lage des Deichvorlandes der Dove-Elbe am Spoerlsdeicherweg (zwischen Obergeorgswerder- und Jenerseitedeich) wahrscheinlich auf ein sehr frühes Abziegeln zurückzuführen. Handelte es sich hierbei damals um Außendeichsland (vor Errichtung des Spoerlsdeiches), so wird heutzutage der von den Vorfahren in mühsamer Arbeit eingedeichte und dem Wasser abgerungene Koog nördlich des Georgswerderdeiches (auf dem Gelände der auch erst nach Eindeichung um 1890 errichteten Ziegeleien Harriefeld) abgeziegelt und künstlich wieder in eine unverwertbare Wildnis verwandelt (Abb. 52 b).

6. Künstliche Durchstiche (z. B. Spadenländer Norderelbe!) und Vertiefungen (z. B. Köhlbrand!) beeinflußten in höchstem Maße die Wasserführung der alten Arme (z. B. Verlandung der alten Süderelbe, Abb. 86).

Auch bei den kleinen Prielen sind natürliche und künstliche Wasserläufe zu unterscheiden, z. B. die morphologisch als natürliche Aue erkennbare Brackwettern (Abb. 87) von der schnurgeraden Hövelwettern.

7. Unterstützt werden die Wirkungen der Durchstiche neuer Arme von Abdämmungen alter Arme (z. B. Stillhorner Elbe und Dove-Elbe). Hier an den toten Armen liegt junger nicht verfestigter Klei über Flußsanden, z. B. an der Bauwiesenwettern, d. h. am Lauf der ehemals schiffbaren Stillhorner Elbe, an deren Ufern

Baumaterialien auf den Wiesen gelagert wurden. Die Sandbänke der alten, stets ausreichend schnell durchflossenen Flußarme sind dagegen zum Teil nur sehr wenig überschlickt, z. B. die restlos mit Einzelhäusern und Behelfsheimen bestandenen Hövel und Rahmwerder an der Dove-Elbe mit einer nur ca. 80 cm mächtigen, verwitterten Kleidecke (Abb. 87).

8. Als rein „anthropogene" Böden müssen noch die ausgedehnten Spülfelder erwähnt werden, die zunächst mehr der Beseitigung des Baggermaterials dienten (z. B. gegenüber Spadenland, inzwischen konsolidierter, aber noch heute unbebauter Boden), die aber heute hauptsächlich der Schaffung von Industriegelände dienen (z. B. Hohe Schaar). Vgl. S. 136 und Abb. 96.

Abb. 86 **Schilfmoor an der Alten Süderelbe**
Im Mittelgrund: neue Spülfelder.
Im Hintergrund: Gaswerk Kattwyk und Elektrizitätswerk Neuhof.

3. Die Entwicklung auf der Geest im Holozän

a) Die lebhafte Jungmoränenlandschaft

Das Gebiet hinter der letzten Vereisungsgrenze, das sog. Jungmoränengebiet, bietet sich uns heute in dem Stadium dar, in dem sich die jetzige Altmoränenlandschaft, die „Geest", während der letzten Zwischeneiszeit befand. Das infolge Toteistauen usw. sehr lebhafte Relief ist noch nicht wieder ausgeglichen, in den abflußlosen Senken befinden sich zahlreiche Seen. Der Untergrund besteht aus oberflächlich entkalktem Geschiebemergel, der noch sehr viel Pflanzennährstoffe enthält.

Abb. 87 **Die Sandbank „Hövel" zwischen dem alten Priel „Brackwettern" und der „Dove-Elbe"**

b) Die Verwitterung des Geschiebemergels der Altmoräne

Im „Altmoränengebiet" vor der Weichseleisgrenze dagegen ist die Verwitterung schon weiter fortgeschritten. Infolge des langsamen Auslaugens der oberen Bodenschichten durch das Niederschlagswasser entstand aus dem Geschiebemergel der Geschiebelehm. Besonders der kohlensaure Kalk wurde aufgelöst, aber auch Tonteilchen wandern langsam mit in die Tiefe, so daß bei einem normalen Profil: „Geschiebelehm über Geschiebemergel" (Abb. 74c) mit zunehmender Tiefe der Kalkgehalt und die Größe des Tonanteils zunimmt. Da aber der Tongehalt im Geschiebemergel selbst auch schwankt, ist allein der Kalkgehalt ein Maß für die Verwitterung und das Fehlen von Kalk ein Kriterium für den Geschiebelehm. Außerdem ist letzterer infolge der Umwandlung der Eisenverbindungen meist braun, unverwitterter Geschiebemergel dagegen grau.

Entsprechend der besseren Wasserdurchlässigkeit ist der Geschiebesand tiefgründiger entkalkt als der wasserstauende Geschiebelehm. Den Unterschied zwischen diesen beiden wichtigsten Baugrundarten der Geest zeigen Abb. 88 a und b: Die Wasserundurchlässigkeit des Geschiebelehms bedeutet für den Bauvorgang oft eine große Erschwerung. Bezüglich der Tragfähigkeit bieten beide Arten von Geschiebeböden jedoch keine Hindernisse. Böden geringerer Tragfähigkeit an der Oberfläche der Geest entstehen erst im Laufe des Holozäns.

Abb. 88 a **Trockene Baugrube im Geschiebesand**
Fuhlsbüttler Straße / Meister - Bertram - Straße

Abb. 88 b **Aufgeweichte Baugrube im Geschiebelehm**
Hohenhorst

c) Die Entstehung von Mooren im tragfähigen Baugrund der Geest

In den natürlichen Entwässerungsrinnen lagern sich zunächst noch Flußsande ab (vgl. S. 118 und Abb. 81), die – z. T. unter dem Einfluß des Wasserspiegelanstiegs von Nordsee und Elbe – mehr oder weniger stark vermooren. Der Wasserrückstau in den Elbe-Nebenflüssen macht sich um 5000 v. Chr. im Hamburger Gebiet bemerkbar (E. Kolumbe), die weitere Folge ist Versumpfung, Entstehung von Erlenbruchwald, dadurch Querschnittsverminderung und weiterer Aufstau, schließlich Bildung von Bruchwaldtorf, Erlen- und Birkenbruchwäldern. Durch den Eingriff des Menschen sind diese Flachmoore heute fast alle in Grünlandmoore (Niederungswiesen) umgewandelt (Abb. 89); Torf und humoser Sand stellen hier einen schlechten Baugrund dar. Desgleichen die „Abschlämmassen", die sich teilweise in den flachen Tälern und Senken angesammelt haben (Abb. 90).

Abb. 89 **Grünlandmoor einer alten Entwässerungsrinne: Das Wandsetal am Pulverhof in Farmsen**

Baugrundkarte: „Torf über Sand" und „humoser Sand bei nahem Grundwasser".

Handelt es sich in den Bachtälern um Versumpfungsmoore, so bilden sich in abflußlosen Senken Verlandungsmoore aus Seen und Teichen (Abb. 91). Schließlich entstehen aus ihnen ausgedehnte Hochmoore (Ohmoor, Glasmoor, Wittmoor, Abb. 92). Neben den Torfen kommt es auch stellenweise zur Bildung von Gyttjen (Stadtgrabenschlick!).

Abb. 90 **Absenken eines Klärbeckens in einem lehmigen Wiesental (Abschlämmassen, Moor)**
Kläranlage Ahrensburg

d) Verbreitung der organogenen Böden des Holozäns

Abgesehen von den Tonböden stehen die verschiedensten Arten des „schlechten" Baugrundes in engem Zusammenhang mit dem Wasser, und zwar mit dem natürlichen Entwässerungssystem, und hier wiederunm meist mit der nicht ausreichenden Vorflut, nämlich:

1. Der Kleiboden des Elbaestuars, des Hamburger Stromspaltungsgebietes, als Folge von Meerestransgression und Gefälleverminderung bzw. -umkehr im Unterlauf des Flusses.
2. Torf und Schlick der nicht ausreichend entwässerten Senken.
3. Der „humose Sand" oder „anmoorige Boden" bei oberflächennahem Grundwasserstand in den natürlichen Entwässerungsrinnen.

Der Kleiboden findet sich naturgemäß nur im Urstromtal, an dessen Rande auch Moore und humose Sande auftreten. Die humosen Sande sind aber besonders charakteristisch für die Entwässerungsrinnen der Geest, und zwar der nördlichen (Alster),nicht der trockenen südlichen Geest (Harburg) mit dem stärkeren Gefälle und dem durchlässigen Sanduntergrund. Wo das Gefälle dieser Rinnen noch geringer ist, finden sich dann außerdem auch die Versumpfungsmoore, Flachmoore, die fast überall die Bachläufe der Geest bis ins Jungmoränengebiet hinein begleiten. Ausgedehnte Hochmoore haben sich auf der Hamburger Geest nur westlich der Alster gebildet (Witt-, Glas-, Oh-, Oster-, Schnelsener Moor u. a.). Denn in dem dortigen

Abb. 91 **Das Grootmoor in Bramfeld**
Ein verlandender See, d. h. ein Flachmoor.

Abb. 92 **Das Wittmoor**
Ein Hochmoor.

flachen, ausgeglichenen Altmoränengebiet – z. T. noch vor der Grenze der Warthe-Vereisung, die im Raum Harksheide / Ulzburg mit der Grenze der weichseleiszeitlichen Vereisung zusammenfällt (vgl. Abb. 69) – sind die Entwässerungsverhältnisse wesentlich schlechter als in dem östlichen Altmoränengebiet. Das Geländegefälle ist geringer, der Abstand des Weichseleisrandes von der Erosionsbasis des Elburstromtales ist größer, in den flachen Senken konnten sich ausgedehnte Hochmoore bilden. Im Osten dagegen durchschneiden die Schmelzwasserrinnen (Alster, Wandse, Bille) der Weichseleiszeit das Altmoränengebiet auf viel kürzerer Strecke und sorgen im allgemeinen für eine ausreichende Entwässerung. Also auf der östlichen Hamburger Geest im allgemeinen nur langgestreckte Flachmoore an den Bachläufen, auf der westlichen Geest auch ausgedehnte Hochmoore (wobei die Alster die „östliche" von der „westlichen" Geest trennt, vgl. Abb. 1 a).

4. Die anthropogenen Böden

a) Aufhöhung der Marsch und Einebnung der Geest

„Städtischer Baugrund im alten Siedlungsland ist meist ein tief und mehrmals veränderter Boden" (M. Singer). Der Mensch verändert den natürlichen Boden nicht nur, er schafft auch völlig neue, künstliche Bodenarten, und zwar einerseits mehr oder weniger ungewollt die langsam gewachsenen Kulturschichten, die ein allmähliches Höherlegen des Terrains zur Folge haben, und andererseits die ausdrücklich zum Zwecke der Geländeaufhöhung bzw. zur Beseitigung von Abraum oder dergl. rasch aufgeschütteten Böden.

Das Nebeneinander von Marsch und Geest läßt hierbei wieder auf Hamburger Gebiet zwei unterschiedliche Entwicklungen eintreten:

In der Marsch liegen bis zu 11 Kulturschichten, die bis ins 7. Jahrhundert zurückreichen, ungestört übereinander, hin und wieder unterbrochen von fundlosen Horizonten, die von schneller Aufhöhug bei plötzlichen Wasserspiegelanstiegen Zeugnis geben. Auf der Geest dagegen folgte immer wieder eine Einebnung, etwaiger Brandschutt wurde für die Marschenaufhöhung abgefahren („Stein"-werder!). Auf diese Art und Weise verwischten sich die ursprünglich viel größeren Niveauunterschiede zwischen Marsch und Geest im Gebiet der Altstadt immer mehr (Abb. 93).

Ein eindrucksvolles Profil vom Holozän im Urstromtal mit der Stadtwurt am Rande des Geesthanges zeigt Abb. 84 (Fischmarkt). Es läßt zunächst den Übergang vom Flußsand zum Marschboden erkennen: das versumpfende Urstromtal. Über dem „Moor" liegt wieder eine lehmige Feinsandschicht, die auf einen beschleunigten Wasserspiegelanstieg hindeutet. Dann folgt über den Ablagerungen und Bildungen des Aestuars – in den fränkischen Reichsannalen des 8. Jahrhunderts „paludes Albiae" genannt – eine bis an die Oberfläche mit „Auffüllung" bezeichnete Schicht. Hierbei handelt es sich um die Stadtwurt, die – veranlaßt durch den allgemeinen Anstieg des Elbwasserstandes – bis zu 5 m mächtig wird. Auch der obere Bereich des in Abb. 84 (Kl. Reichenstr.) wiedergegebenen Bohrprofils besteht aus dieser Stadtwurt: stark wasserhaltiger Schluff, kalkhaltig infolge von Ziegelresten, faulschlammhaltig infolge von Abfällen, Dung usw. (es sind kompakte, bis 1.50 m mächtige Schweinekotschichten gefunden worden!). Die organischen Bestandteile sind meistens Holzreste. In seinem bautechnischen Verhalten ist solcher Boden also nur als sehr schlecht zu beurteilen. Drucksetzungsdiagramme sind in Abb. 83 wiedergegeben.

Abb. 93 a Der Anstieg von der Alstermarsch über die Steinwege auf die westliche Geest (Ellertorbrücke)

Abb. 93 b Der Anstieg von der Elbmarsch auf den östlichen Geestsporn (Alter Fischmarkt)

Auf der Geest sind solche langsam gewachsenen Kulturschichten großer Mächtigkeit unbekannt. Wenn überhaupt vorhanden, sind sie jedenfalls nicht so mächtig. Die Auffüllungen sind örtlich begrenzt: z. B. Stadtgraben, Teiche, Kies- und Tongruben. Trümmer und der städtische Müll sind hier das wichtigste Auffüllmaterial. Dabei ist der langsam verrottende Müll als Baugrund unbrauchbar, aufgeschütteter Trümmerboden nach ausreichender Ablagerung und Verdichtung dagegen bald zumindest bedingt brauchbar (Abb. 95).

b) Die Beseitigung des städtischen Mülls

Beim Müll steht daher die Beseitigung desselben vor der Aufhöhung des angeschütteten Geländes durchaus im Vordergrund, denn dieses muß dann jahrelang unbebaut liegenbleiben. Das Bestreben Hamburgs geht also dahin, möglichst seinen gesamten Müll zu verbrennen. Bei einer Müllkompostierung stünde man vor dem gleichen Absatzproblem wie demnächst mit dem am Großklärwerk Köhlbrandhöft anfallenden Klärschlamm. Die armen Sandböden der Lüneburger Heide und der schleswig-holsteinischen „Niederen" Geest (Sander) sind schon zu weit entfernt, der Transport dorthin verursacht viel zu hohe Kosten. Wegen der ungeheuren Mengen kann man auch nicht den ganzen Müll auf Halde schütten und damit z. B. Rodelbahnen anlegen, wie z. B. am „Aschberg" in der Hammer Marsch (vgl. Abb. 94) oder neuerdings an der Kielkoppel in Rahlstedt.

Nach etwa 6 Jahren ist der Müll vollkommen verrottet, und das Gelände kann wieder verwertet werden. Es lassen sich allerdings nur tiefgegründete Bauwerke auf dem Müllkompost errichten, die Müllschicht muß durchrammt werden. Oft ist aber gar keine zwingende Notwendigkeit vorhanden, die ehemaligen Müllabladeflächen zu bebauen, und sie können als Sportplatz o. ä. genutzt werden.

Mitunter zeigen diese anthropogenen Böden nicht nur ein schlechtes Setzungsverhalten, sondern auch ihre chemische Zusammensetzung steht einer Bebauung im Wege. So stellte man 1960 bei Baubeginn für einen städtischen Bauhof in der Horner Billemarsch (östlich der Horner Brückenstraße, südlich der Steubenstraße) fest, daß der von chemischen Abfällen herrührende Säuregehalt des Aufhöhungsbodens auf den Billewiesen auch eine Pfahlgründung nicht ermöglicht (pH-Wert des Grundwassers = 2,5!). Das überaus betonaggressive Grundwasser verhindert auch eine Besielung des Geländes. Zwar würden ihm glasierte Tonrohre widerstehen, nicht jedoch die gemauerten oder betonierten Sielschächte, das erforderliche Pumpwerk usw., die eine kostspielige Isolierung erhalten müßten.

c) Aufhöhungen mit Trümmerschutt

Bei der erneuten Aufhöhung des Hammerbrook mit dem Trümmerschutt des letzten Krieges um weitere 2–3 m waren Trümmerbeseitigung und Aufhöhung des zu niedrigen Geländes (vgl. S. 219) ungefähr gleichrangig. Auf diesem aufgehöhten, inzwischen ausreichend konsolidierten Baugrund (einschließlich der darunter befindlichen Torf- und Kleischichten) können jetzt normale Bauten mit Flachgründungen errichtet werden, sofern ausreichende Maßnahmen gegen ungleiche Setzungen ergriffen werden. Früher waren in Hammerbrook stets Pfahlgründungen erforderlich. Bei schwereren Bauten ist das auch heute noch der Fall. Nur ist dann darauf zu achten, daß der Trümmerboden nicht mit den billigen Stahlbetonpfählen durchrammt werden kann und also die teureren Stahlpfähle zur Anwendung kommen müssen.

Abb. 94 Der „Aschberg" in der Hammer Marsch besteht aus Müll

Abb. 95 Trümmerschutt im Aufhöhungsgebiet Hammerbrook

d) Aufhöhungen mit Sand: Spülfelder

Bei den großflächigen Aufhöhungen in der Elbmarsch – vornehmlich zur Schaffung von Industriegelände – geht es nun nicht mehr darum, gleichzeitig überflüssigen Boden zu beseitigen, vielmehr ist hier das Problem, überhaupt ausreichenden und geeigneten Füllboden zu erhalten.

Sowohl in der Marsch als auch auf der Geest steht geeigneter Boden für Aufhöhung zur Verfügung (vgl. S. 79). So wurde Sand aus Oejendorf und vom Boberger Geesthang für Aufhöhungen in der Horner und Hammer Marsch herantransportiert. Der Transport großer Bodenmengen auf dem Landwege ist jedoch sehr kostspielig. Beim Transport auf dem Wasserwege ist man aber – um den Umschlag von Land- und Wasserfahrzeugen zu vermeiden – auch auf die Gewinnung des Bodens am oder aus dem Wasser angewiesen.

Abb. 96 **Spülfeld an der Dradenaustraße**

Abb. 97 **Entfernen eines alten Spülfeldes am Köhlfleet**

Das bei der Vertiefung der Elbe und bei der Herstellung der Hafenbecken gewonnene Baggermaterial (Elbsand) ist gleichzeitig ein willkommenes Material für die Aufhöhung des Marschgeländes (Abb. 96).

Die Möglichkeit, Sand mit Hilfe von Wasser durch Rohrleitungen zu spülen, kam dabei dem Wunsche, große Flächen aufzuhöhen, entgegen. Der Boden solcher Spülfelder ist also auch ein Sediment des Wassers und unterscheidet sich von geschüttetem Boden durch seine Schichtung (vgl. Abb. 97). Begrenzt wird ein solcher Boden durch Spüldeiche (vgl. Abb. 13 c).

Heutzutage ist ein Flächenbedarf der Industrie von über 100 ha keine Seltenheit mehr (Abb. 86, 103). Die einzige Lösung, diese Flächen in Hafennähe bereitzustellen, liegt in der Aufspülung von Sand auf die vorher tiefliegende Marsch. Aber das erforderliche Spülmaterial beginnt bei diesem gewaltigen Bedarf bereits knapp zu werden. An der alten Süderelbe (Abb. 86) gibt es zwar heute noch Erweiterungsmöglichkeiten von 1350 ha, zur sogen. „sturmflutfreien" Aufhöhung (5,60 m NN) sind aber 60 Millionen m^3 Sand erforderlich (außer dem bei der Anlage neuer Becken und Kanäle anfallenden Baggergut!), zur Verfügung stehen aber maximal nur ca. 40 Millionen m^3 (H. Laucht, 1956).

e) Beschleunigte Konsolidierung des Marschbodens

Der gespülte Boden ist dank der einschlämmenden Wirkung des Wassers fester gelagert als geschütteter Boden, der durch Rütteln noch besonders verdichtet werden muß. Der Spülsand ist daher zur Aufnahme nicht allzu hoher Lasten gut geeignet, insbesondere wenn sie nicht punktförmig auftreten. Die Absetzbecken des Großklärwerkes Köhlbrandhöft z. B., aber auch die – gefüllt schwereren – Öltanks auf der Hohen Schaar liegen unmittelbar auf dem noch künstlich durch Rüttler verdichteten Spülsand. Da aber unter dem Spülsand der weiche, setzungsempfindliche Marschboden liegt (vgl. Abb. 97), müssen größere und punktförmige Lasten durch ihn hindurch mit Pfählen in den tragfähigen Elbsand übertragen werden.

In welchem Maße der aufgebrachte Boden den Marschuntergrund zur Konsolidation bringt, zeigen die rückwärtig versackten Häuser an den Elbdeichen (Abb. 22):

Der Untergrund (Marschklei) an der dem Deich zugekehrten Seite war infolge der Belastung durch den Deich bereits konsolidiert, als das Haus gebaut wurde. Aus diesem Grunde entstanden an der dem Deich abgekehrten Seite des Hauses größere Setzungen, so daß sich das Haus nach hinten neigte. Dies ist eine an den Deichen weit verbreitete Erscheinung. Soweit die Häuser keine ausreichende Steifigkeit besitzen, entstehen die charakteristischen, schrägen Setzungsrisse.

Daß beim Konsolidieren des Marschbodens die Entwässerung eine große Rolle spielt, zeigte sich beim Bau der Dradenaustraße, wo eine künstliche Entwässerung durch Sandpfähle ein sehr rasches Setzen des Untergrundes unter dem aufgeschütteten Straßendamm verursachte (vgl. S. 67).

Also nicht nur geologische Vorgänge haben den Boden vorbelastet, sondern ebenfalls Maßnahmen des Menschen: Bodenaufschüttungen und örtlich auch alte Bauwerke. Dies ist bei der Wiederbebauung von Trümmergrundstücken zu beachten. Der Boden unter den ehemaligen Fundamenten setzt sich bei Wiederbelastung durch das neue Bauwerk nicht mehr so stark wie der bislang unbelastet gewesene Boden.

f) Moorkultivierungen

Damit gehört zu den anthropogenen Böden nicht nur der durch den Menschen neu aufgeschüttete Boden, sondern auch der ursprünglich vorhandene Untergrund, der durch irgendwelche Maßnahmen verändert wurde. Dazu sind dann auch die kultivierten Moore und letztlich wohl auch die Heideböden (calluna-Heide, Bleichsand, Ortstein) zu rechnen.

Ist der unfruchtbare, mineralarme Sandboden der Heide für eine Bebauung gut geeignet (Barmbek!), so scheidet der Moorboden wegen der fehlenden Tragfähigkeit dafür aus, ist dagegen aber mit mehr Erfolg für die Landwirtschaft geeignet zu machen.

Bieten also die ursprünglich unbesiedelten kargen Sandflächen der Geest ein natürliches Erweiterungsgelände für die städtische Bebauung, so bilden die ursprünglich ebenfalls unbesiedelten Moore und die feuchten Entwässerungsrinnen eine Ausweitungsmöglichkeit bzw. Rückzugsmöglichkeit für die Landwirtschaft (Abb. 144 a). Dazu ist eine Entwässerung der Moore erforderlich. Obgleich dies bei den Hochmooren naturgemäß leichter zu erreichen ist, wurden doch zuerst nur die Flachmoore in die landwirtschaftliche Nutzungsfläche mit einbezogen, da die nährstoffarmen Hochmoore außerdem eine gründliche künstliche Düngung verlangen und diese erst seit jüngerer Zeit bekannt ist.

g) Anthropogene Einschlüsse im Boden

Einflüsse des Menschen auf den Baugrund können sich auch äußern in Einlagerungen innerhalb des natürlichen Bodens. Hierfür zwei Beispiele:

Da der Grundriß des Anbaus des BAT-Hochhauses an der Esplanade z. T. in den alten Stadtgraben hineinreicht, mußte der dort liegende Stadtgrabenschlick vor dem Bau des Gebäudes entfernt und durch Sand ersetzt werden.

Beim Schildvortrieb für den U-Bahnbau unter den Gleisanlagen des Hauptbahnhofes trat dagegen nicht ein weicher, sondern vielmehr ein sehr fester Einschluß als Hindernis auf:

Der Schild ließ sich plötzlich nicht mehr durch die hydraulischen Pressen in den Geschiebemergel vordrücken. Er war mit seinem oberen Teil gegen die Fundamente der alten Bastion „Sebastian" gekommen. Da dieses Befestigungswerk unserer Vorfahren natürlich recht solide ausgeführt war, bedeutete die Beseitigung einen schmerzlichen Zeitverlust im Baufortschritt. Das Vorhandensein der Bastion war zwar bekannt, es existieren sogar recht genaue alte Pläne über ihre Konstruktion, aber selbst wenn man sich diese vor dem Bau angesehen hätte, hätte man über die Lage der Befestigung mit der erforderlichen Genauigkeit nichts aussagen können, da hierzu die Lagepläne der damaligen Zeit nicht ausreichen.

Gliederung und Eignung der Hamburger Baugrundarten

(Der Baugrund - siedlungsgeographisch betrachtet)

A. ZUSAMMENSTELLUNG DER HAMBURGER BAUGRUNDARTEN

1. Zusammenstellung nach dem geologischen Alter

Ein naheliegendes Ordnungsprinzip für Baugrundarten ist das geologische Alter. Es ist für Sedimentböden besonders geeignet, da im allgemeinen mit dem Alter auch die Verfestigung bzw. Konsolidierung des Lockergesteins zunimmt. Da die älteste Formation, die in Hamburg als unmittelbarer Baugrund auftritt, das Tertiär ist, kann allerdings noch nirgends von einer regelrechten *Verfestigung* die Rede sein (der „feste Sockel" Hamburgs ist die Kreide). Somit bleibt nur die *Konsolidierung* in Abhängigkeit vom Alter als ein Anhaltspunkt für die Tragfähigkeit der Sedimente (die mit zunehmendem Alter Wasser abgeben und fester werden, d. h. konsolidieren). Jedoch sind z. B. jüngere Sande (Flußsande) tragfähiger als ältere Tone (Bändertone) und Torfe (Eemtorfe).

Tertiär	Obermiozän	Glimmerton
Quartär	Pleistozän	Geschiebemergel, -lehm, -sand, fluvioglaziale Sande, Talsande, Beckensande, Bänderton, Tonmergel, Torf, Gyttja
	Holozän	Flußsand, Dünensand, Klei, Schlick, Moor

Zusammenstellung der Hamburger Baugrundarten nach dem geologischen Alter
(es sind nur die wichtigsten, baugrundtechnisch interessanten Bodenarten aufgeführt).

Die Tragfähigkeit der *tonigen* Sedimente in dieser Reihe nimmt tatsächlich mit dem Alter zu (Abb. 98):

Holozän	Klei	Steifeziffer S sehr gering, selten über 50 kg/cm² (vgl. Abb. 83)
Pleistozän	Bänderton	S bis 200 kg/cm² oft geringer (vgl. Abb. 68)
Miozän	Glimmerton	S ca. 300 kg/cm² (vgl. Abb. 65)

Zusammenstellung der tonigen Sedimente nach dem geologischen Alter und nach der Tragfähigkeit

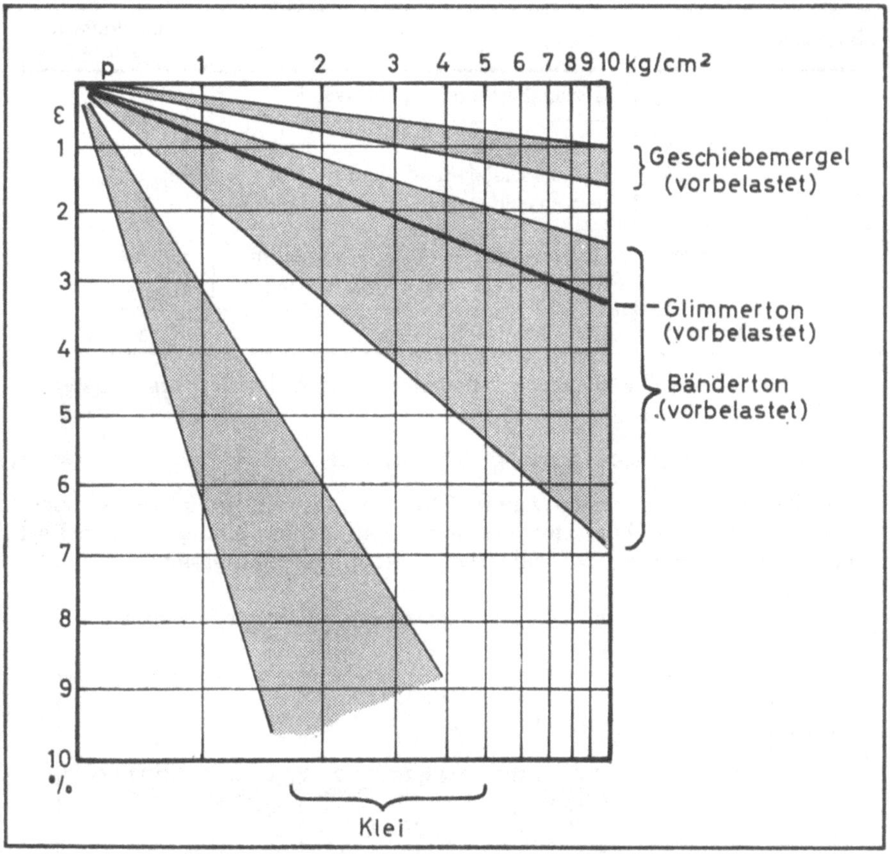

Abb. 98 **Neigung der Drucksetzungskurven Hamburger Bodenarten**
Dargestellt sind die Tangenten an den geradlinigen Teil der Kurven, transponiert in den Punkt (0%; 0,5 kg/cm²).

2. Nach der Art der Entstehung

Die vom Eis transportierten Moränenböden haben infolge der Vorbelastung durch eben dieses Eis eine sehr gute Tragfähigkeit.

Ebenfalls tragfähig sind die im fließenden Wasser abgesetzten Sande und Kiese, die wegen der fehlenden Kohäsion dicht und damit fest abgelagert wurden. Nicht tragfähig dagegen sind die im stehenden Wasser sedimentierten Tone, Schlick und Gyttjen infolge ihrer lockeren Lagerung und ihres mehr oder weniger großen Hohlraum- bzw. Wassergehaltes.

Einen hohen Wassergehalt haben alle organischen Böden, insbesondere der Torf und Moorboden, die daher zu den schlechtesten Baugrundarten gehören.

Die vom Wind abgelagerten Dünensande sind nicht so fest gelagert wie die im Wasser abgesetzten Sande. Ihre Kornverteilungskurve hat einen sehr steilen Verlauf (Einkornstruktur), die Oberfläche der einzelnen Körner ist abgeschliffen, so daß auch die innere Reibung geringer ist. Da ja auch jegliche Kohäsion fehlt, ist die Standfestigkeit der Dünen entsprechend gering.

Ablagerndes Medium	Bodenart	bautechnische Eignung
Eis	Geschiebemergel, -lehm, -sand	sehr gut
± fließendes Wasser	Talsand, Flußsand, fluvioglazialer Sand, Beckensand	sehr gut bis gut
± stehendes Wasser	Glimmerton, Tonmergel, Bänderton, Klei, Schlick, Gyttja (Moor, Torf)	gut bis ungenügend
Wind	Dünensand, „Flottsand"	± geeignet

Zusammenstellung der Hamburger Bodenarten nach der Art ihrer Entstehung

3. Nach Korngröße und Bindigkeit

Eine bautechnisch oft angewandte Gliederung ist die in rollige, bindige und organische Böden. Der Unterschied zwischen rolligen und bindigen Böden liegt dabei im Gehalt an tonigen und schluffigen Bestandteilen (Kohäsion).

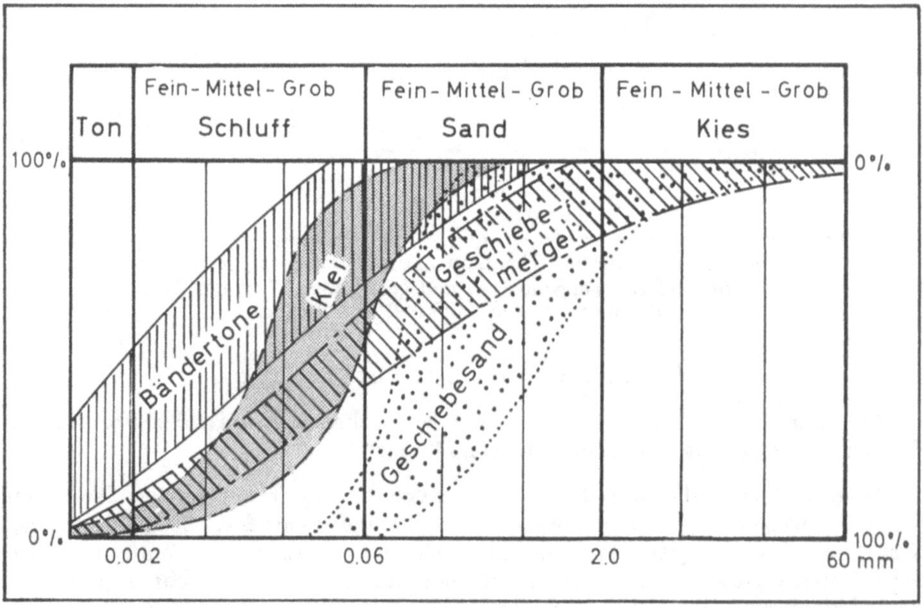

Abb. 99 **Bereiche der Kornverteilungskurven Hamburger Bodenarten**

„Die nichtbindigen Böden unterscheiden sich von den bindigen Böden dadurch, daß zwischen ihren Einzelteilchen keine gegenseitigen Anziehungskräfte herrschen. Die Einzelteilchen der nichtbindigen Böden liegen deshalb im unbelasteten und trockenen Zustand lose aneinander (Einzelkornstruktur) und bilden ein Haufwerk von mehr oder weniger gedrungenen (rolligen) Körnern mit verhältnismäßig großem Korndurchmesser (> 0,06 mm). Es handelt sich um **Sand, Kies, Gerölle.**

Bei den bindigen Böden haften im Gegensatz zu den rolligen Böden die Einzelteilchen aneinander und bilden eine zusammenhängende, formbare Masse. Sie sind außerdem wesentlich kleiner als die Einzelteilchen der nichtbindigen Böden. Sie reichen bis in den Bereich der Kolloide (< 0,0002 mm) hinein" (H. Muhs).

Schon ein geringer Ton- oder Schluffgehalt macht die Böden „bindig". Ton verursacht die „echte" Kohäsion (Oberflächenkräfte zwischen den elektrostatisch gebundenen Wasserhüllen der Tonteilchen und Massenanziehungskräfte der Teilchen selbst), er klebt an den Fingern und wird beim Austrocknen hart. Schluff und Feinsand verursachen die „scheinbare" Kohäsion (Kapillarkräfte des enthaltenen Wassers), sie kleben nicht und zerfallen unter Wasser (Feinschluff erst nach längerem Kneten) und werden beim Austrocknen zu Staub. Unterscheidung von Grobschluff und Feinsand: letzterer knirscht zwischen den Zähnen.

Einteilung	Bodenart	bautechnische Eigenschaften
1. rollige Böden	Talsand, Flußsand, Geschiebesand	gut, da fest gelagert
	Dünensand	weniger gut, da locker gelagert
2. bindige Böden a) stark tonig	Glimmerton, Tonmergel, Bänderton	je nach Alter gut bis schlecht
b) stark schluffig	Klei, Auelehm, Abschlämmassen	schlecht
c) stark sandig	Geschiebemergel, - Lehm	sehr gut
3. organische Böden	Gyttja, Torf, Moor (humoser Sand)	schlecht

Zusammenstellung der Hamburger Baugrundarten nach ihrem Gehalt an tonigen und organischen Bestandteilen

4. Nach der Tragfähigkeit

Keines der bisher erwähnten Ordnungsprinzipien ordnete die Bodenarten nach der Tragfähigkeit (über die Problematik des Begriffes „Tragfähigkeit" siehe S. 38 und S. 53). Eine Aufstellung nach diesem Gesichtspunkt würde etwa folgendermaßen aussehen:

Tragfähigkeit	Baugrund
sehr gut	Geschiebemergel (Talsand im Untergrund) Geschiebelehm Geschiebesand
gut	Flußsand (wenn nicht verschlickt) (Glimmerton im Untergrund)
bedingt	(Bänderton im Untergrund) Dünensand
schlecht	Klei, Auelehm, humoser Sand Torf, Schlick, Gyttja

Zusammenstellung der Hamburger Baugrundarten nach ihrer Tragfähigkeit

Selbstverständlich sind diese Abgrenzungen nicht absolut zu nehmen, die Übergänge sind allmählich, das Verhalten der einzelnen Bodenarten ist oft unterschiedlich. Außerdem ist mit dieser Skala der Tragfähigkeit der Böden keine Bewertungsskala der Eignung für städtische Siedlungen gegeben. Denn bei der Vielzahl der Aufgaben, die ein Stadtorganismus zu erfüllen hat, sind die Anforderungen an den Baugrund auch sehr unterschiedlich. Oft braucht dabei die Tragfähigkeit gar nicht groß zu sein (Einzelhäuser, Erholungsparks usw.), oft sind andere Faktoren von größerem Gewicht (Geländeneigung, Grundwasser, Frostgefährlichkeit usw.). So ist der Geschiebemergel (-lehm) zwar tragfähig, aber feucht, der nährstoffarme Sandboden trocken und warm, der weiche Marschboden fruchtbar, woraus sich die entsprechende Eignung, z. B. für schwere Büro- und Industriebauten, für leichte Wohnbauten oder für die Landwirtschaft ergibt.

B. VERTEILUNG DER HAMBURGER BAUGRUNDARTEN

Die Eismassen des Pleistozäns schufen die hochliegende, mehr oder weniger bewegte Landschaft der Grund- und Endmoränen, in die von den Schmelzwässern dieser Eismassen das Urstromtal der Elbe eingetieft wurde, worin sich später wieder Alluvionen ablagerten.

Daraus ergibt sich die erste große Gliederung in

1. die pleistozänen Gebiete
2. das holozäne Elbtal (vgl. Abb. 1 a).

Da die letzte Vereisung des Pleistozäns, die Weichsel-Eiszeit, nur noch den nordöstlichen Teil des Hamburger Gebietes erfaßte, läßt sich die Pleistozänlandschaft weiter gliedern in

1. Jungmoränenlandschaft
2. Altmoränenlandschaft oder Geest (vgl. Abb. 69),

wobei die Hauptunterschiede in dem bewegteren Relief des Jungmoränengebietes und der weiter fortgeschrittenen Verwitterung des Geschiebemergels im Altmoränengebiet bestehen. Beide sind von *vermoorten Entwässerungsrinnen* durchzogen. Das flachere Altmoränengebiet weist ausgedehnte *Hochmoore* auf, das bewegtere Jungmoränengebiet zahlreiche *Seen* (im Hamburger Raum jedoch nur wenige, meist künstliche Teiche). Die Nähe des Urstromtales hat im Westen Hamburgs ein ausgedehntes Sand- und *Dünengebiet* auf der Geest entstehen lassen, desgl. einige Stranddünen am Rande der Marsch im Osten der Stadt. Am Rande der Marsch finden sich ferner noch die *Randmoorzonen.*

Somit läßt sich das Hamburger Gebiet in folgende Naturlandschaftsräume gliedern:

I. DAS HOLOZÄNE URSTROMTAL

A. Die ebene, wassernahe Marschlandschaft

a) am breiten Elbmündungsschlauch
b) im Stromspaltungsgebiet
c) am Oberlauf der Elbe

B. Randmoorzonen zwischen Marsch und Geest

C. kleine Dünengebiete sowie Talsandzonen am Rande

II. DIE PLEISTOZÄNE LANDSCHAFT

A. die Jungmoränenlandschaft

a) die bewegte Moränenlandschaft
b) die vermoorten Entwässerungsrinnen

B. die Altmoränenlandschaft

a) die ausgeglichenen End- und Grundmoränengebiete
b) der Geestabhang zum Urstromtal
c) vermoorte Entwässerungsrinnen
d) ausgedehnte Hochmoorgebiete
e) Dünen und Sandgebiete

Wegen des nur geringen Anteils der Jungmoräne im Hamburger Gebiet soll im folgenden die pleistozäne Landschaft kurz als „Geest" bezeichnet werden im Gegensatz zur „Marsch" des Elburstromtales.

Die einzelnen Baugrundarten verteilen sich wie folgt auf Marsch und Geest:

Marsch:	Hauptbodenart	:	Klei und Schlick
	ferner	:	Moor (Flachmoor) Dünensand
	im Untergrund	:	Flußsand, Talsand
	stellenweise	:	Geschiebemergel Glimmerton
Geest:	Hauptbodenarten	:	Geschiebelehm (rostfarbene Waldböden, Braunerden in der Jungmoräne) Geschiebesand (Podsolböden)
	ferner	:	humose Sande Abschlämmassen Moor (Flachmoor und Hochmoor) Ton Dünensand
	im Untergrund	:	Geschiebemergel (mit Sand- und Kieslinsen)
	stellenweise	:	Torf, Gyttja Bänderton, Beckensand Tonschollen

Ist also in der Marsch grundsätzlich zunächst nur weicher Marschboden (Klei oder Torf) an der Oberfläche anzutreffen, so steht auf der Geest nur ausnahmsweise schlechter Baugrund an: humoser Sand, Moor, Torf in den Rinnen und Senken, im übrigen jedoch tragfähiger Geschiebelehm oder Geschiebesand (vgl. Abb. 100).

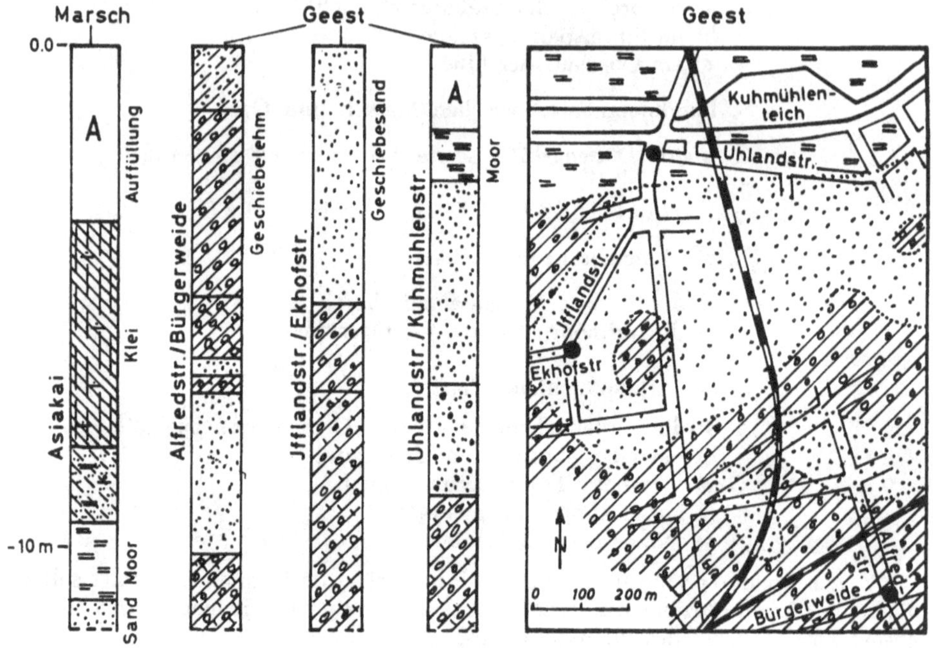

Abb. 100 **Charakteristische Bohrprofile von Marsch und Geest**

Kann in der Marsch aber überall in ca. 6,00 m unter NN mit tragfähigen Sanden gerechnet werden, so müssen auf der Geest in einiger Tiefe immer örtliche Vorkommen von Bänderton, Torf oder Gyttjen vermutet werden, die schweren Bauten gefährlich werden können.

Faßt man nur die wichtigsten Baugrundarten ins Auge und sieht von den Ausnahmeerscheinungen ab, so ergibt sich folgende Dreiteilung:

Landschaftsraum	Baugrund	Wassergehalt	Tragfähigkeit
Elb-, Alster-, Billemarsch	Kleiboden	feuchter Boden	wenig tragfähig
Moränenlandschaft	Sand oder Lehm	Sand: trocken Lehm: Staunässe	gute Tragfähigkeit
Entwässerungsrinnen der Geest	Moor	feuchter Boden	wenig tragfähig

Landschaftsraum und Baugrund

C. DIE EIGNUNG DER EINZELNEN LANDSCHAFTSRÄUME AUF GRUND IHRES BODENS FÜR DIE UNTERSCHIEDLICHEN BESIEDLUNGSZWECKE

1. Die wassernahe Marsch und die hochliegende Geest

Wegen der unmittelbaren Nähe schiffbarer, mit dem Meer und mit dem Binnenland in Verbindung stehender Wasserflächen muß das Stromspaltungsgebiet in der Elbmarsch dem Hafen und der Industrie vorbehalten bleiben. Die erhöhten Aufschließungs- und Gründungskosten (Geländeaufhöhung, Pfahlgründung usw.) müssen – und können – dabei in Kauf genommen werden.

Neben der mangelhaften Tragfähigkeit ist der Kleiboden der Marsch aber durch seine Fruchtbarkeit gekennzeichnet. Die dadurch ermöglichte intensive landwirtschaftliche Nutzung (Gemüse- und Obstanbau) läßt die Elbmarsch daher zum natürlichen Versorgungsgebiet Hamburgs werden.

Damit erfüllt die Marsch zwei wichtige Aufgaben für die Großstadt Hamburg: Industrie und Hafen im wassernahen Stromspaltungsgebiet geben Arbeitsmöglichkeiten, das übrige Gebiet dient der Versorgung mit landwirtschaftlichen Erzeugnissen (Abb. 103).

Für Wohnzwecke dagegen bietet sich die trockene, nebelärmere und nicht sturmflutgefährdete Geest an, auf der wegen des guten Baugrundes ein billigeres Bauen als in der Marsch möglich ist (Abb. 101).

Der schlechte Baugrund der Niederungen innerhalb der Geest wiederum läßt es ratsam erscheinen, diese unbebaut zu lassen (auch aus wasserwirtschaftlichen Gründen, vgl. S. 241) und damit durchgehende Grüngebiete innerhalb der Wohngebiete zu erhalten, denn diese natürlichen Entwässerungsrinnen durchziehen mit einem mehr oder weniger dichten Netz das gesamte Stadtgebiet (Abb. 102).

Somit ergibt sich unter Berücksichtigung des Baugrundes folgende Zuordnung (vgl. Abb. 104):

1. Hafen, Industrie – Marsch des Stromspaltungsgebietes
2. Wohngebiet – Geest
3. Grünflächen – Marsch und die feuchten Bachtäler der Geest

2. Die Verflechtung der einzelnen Landschaftsräume

Eine gute Verflechtung naturgegebener Wohn- und Grüngebiete ist auf Grund des relativ dichten natürlichen Entwässerungsnetzes der Geest gegeben. Eine Verflechtung von natürlichen Arbeits- und Wohngebieten ist dagegen nicht vorhanden.

Bei der Verteilung von Marsch und Geest in Hamburg – nördliche Hamburger und südliche Harburger Geest mit dem dazwischenliegenden 8–9 km breiten Urstromtal – würden sich bei einer solchen Trennung von Wohn- und Arbeitsgebiet aber gar nicht einmal allzu weite Anmarschwege zwischen Wohnung und Arbeitsplatz ergeben, sofern nur eine vernünftige und mit wirtschaftlichen Mitteln ausführbare Linienführung der öffentlichen Nahverkehrsmittel möglich wäre.

Abb. 101 **Wohnhäuser auf der Geest (St. Michaelis)**

Abb. 102 **Die Alster und ihre Zuflüsse durchziehen die Geest als natürliche Grünzüge (Alster bei Ohlsdorf)**

Abb. 103 **Industrie und Landwirtschaft in der Elbmarsch (Moorburg)**

3. Die Verkehrsverbindungen zwischen den naturgegebenen Wohn- und Arbeitsgebieten

a) Hinderliche Staatsgrenzen im natürlichen Wohngebiet der Geest

Leider verhinderten Staatsgrenzen die Entstehung eines zweckmäßigen Verkehrsnetzes und zwangen die Entwicklung der Stadt in zwei aufeinander senkrecht stehende Richtungen (Abb. 104). Die nord-südliche Erstreckung des Hamburger Terrains auf der Geest und die west-östliche Ausdehnung in der Marsch führte notgedrungen zu langen Anmarschwegen. Auf der Hamburger Geest innerhalb der alten Staatsgrenzen wären nur Wohnungen rund um die Binnenalster als „hafennah" zu bezeichnen. Hier aber, in der Alstermarsch und an den Flanken der östlichen und westlichen Geest, befindet sich in „Hafennähe" die City mit ihren Büro- und Geschäftshäusern, die die Wohngebiete noch weiter zurückdrängt. Es gibt auf der Hamburger Geest (in den Grenzen vor 1937) also eigentlich nur „citynahe" Wohngebiete. Der aus den nördlichen Wohngebieten kommende Verkehr (Eimsbüttel, Eppendorf, Barmbek) muß erst die City durchqueren, ehe er die Elbmarsch erreicht, was in der Innenstadt zu ungeheuren Verkehrsballungen führt. Zu der einzigen Möglichkeit, die Elbe zu überqueren, nämlich über die Elbbrücken – abgesehen von Elbtunnel und Hafenfähren – kommt außerdem noch die Tatsache, daß auch hier die einzige Alsterüberquerung liegt: die Lombardsbrücke.

b) Der Höhenunterschied zwischen Marsch und Geest

Aber nicht nur Staatsgrenzen waren einer bedarfsgemäßen Verkehrsverbindung des natürlichen Wohngebietes (Geest) mit dem natürlichen Arbeitsraum (Marsch) im Wege, sondern auch das Bodenrelief.

Die Überquerung der Elbe darf die Seeschiffahrt nicht behindern, d. h. es gibt dafür drei Möglichkeiten:

1. Hochbrücke
2. Tunnel
3. Zurückverlegen der Elbüberquerung bis hinter den Seeschiffsbereich des Hafens.

Da die ersten beiden Möglichkeiten sehr große technische Schwierigkeiten in sich bergen, kam 1872 nur der Bau der Elbbrücke „hinter" dem Hafengebiet in Betracht.

Die Schwierigkeiten bei den anderen beiden Möglichkeiten wurden und werden noch wesentlich verstärkt durch das vorliegende Relief. Ein besonders für den modernen Kraftfahrzeugverkehr und die modernen Massenverkehrsmittel leistungsfähiger Tunnel bedarf unbedingt der beiderseitigen Rampen, um einen flüssigen Verkehr zu gewährleisten. Das führt aber zu sehr langen, teils unterirdischen Rampen auf der Hamburger (Altonaer) Seite infolge des dortigen Geländesprunges der Geestkante. So wird für den geplanten Tunnel vom Baumwall nach Steinwerder eine vollständige Schleife am Schaarmarkt erforderlich, will man mit dem in Hamburg üblichen Höchstmaß der Steigung von 3,5% auskommen. Der 1911 gebaute Elbtunnel vermeidet diese Schwierigkeiten, indem er an beiden Enden Aufzüge aufweist, die aber heutzutage nicht einmal mehr einen flüssigen Fußgängerverkehr gewährleisten können (Einbau von Rolltreppen!). Dem Bau einer Hochbrücke dagegen kommt ein Steilufer sehr entgegen und ist die flache (Finkenwerder) Seite hinderlich, da dort für die Rampe ein langer künstlicher Damm erforderlich werden würde.

c) Vermischung von Wohn- und Arbeitsgebieten als Folge der schlechten Verkehrsverbindungen

Da es in Hamburg nicht möglich war, mit wirtschaftlichen Mitteln eine befriedigende verkehrsmäßige Verbindung zwischen Geest und Elbmarsch herzustellen (s. Abb. 105) – inzwischen werden Erwägungen über den Bau von Tunnels nach Steinwerder und Finkenwerder angestellt –, mußte man wohl oder übel doch zu einer gewissen Vermischung von Wohn- und Arbeitsgebieten kommen. So entstanden „hafennahe" Wohngebiete in der Marsch (Rothenburgsort, Veddel, Wilhelmsburg, Finkenwerder), Industriegebiete auf der Geest (z. B. Langenfelde, Barmbek, Wandsbek, Altona, Lokstedt usw.), wobei sich auch oft unerfreuliche „Mischgebiete" bildeten (z. B. Hammerbrook).

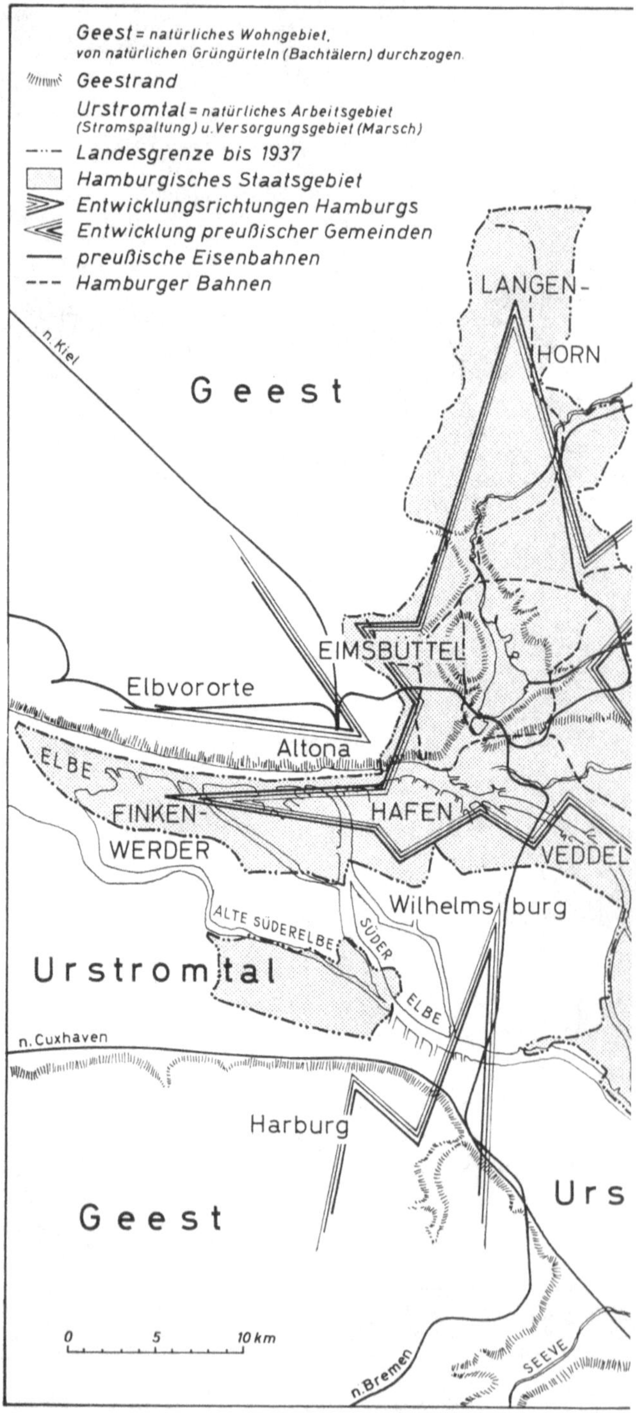

Abb. 104 **Die Hauptentwick**

Die durch die Landesgrenzen erzwungene

Verkehrsverbindungen zwischen Gee

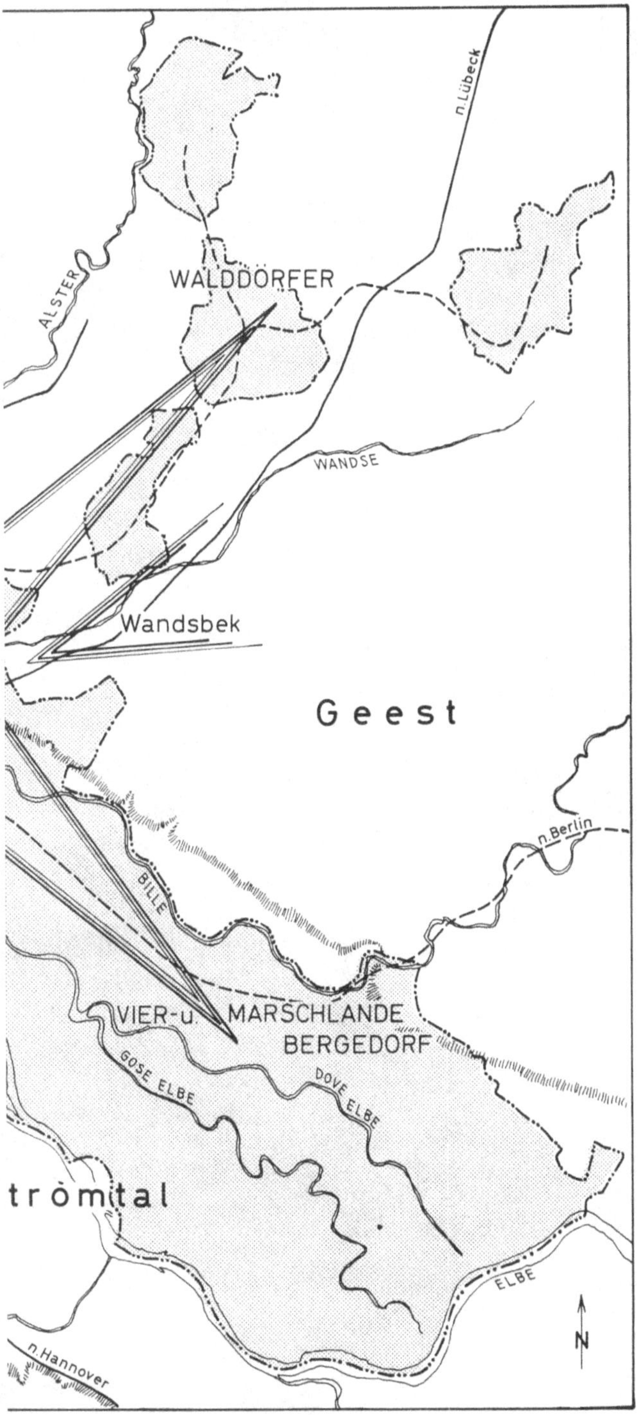

‹lungsrichtungen Hamburgs

ı Entwicklungsrichtungen erschwerten die
·st und Urstromtal noch zusätzlich.

Abb. 105 **Die Finkenwerder Straße**

Die einzige Landverbindung Finkenwerders besteht in der Moorburger Brücke über die Alte Süderelbe. Die anschließende Finkenwerder Straße ist bei Sturmfluten unpassierbar.

Für die Industrie auf der Geest kamen nur solche Gebiete in Frage, die nicht auf einen Wasseranschluß angewiesen waren. Dafür benötigten sie aber meist einen Bahnanschluß, so daß sich besonders in der Nähe von Bahnanlagen Industriegebiete entwickelten, wo ohnehin kein angenehmes Wohnen möglich ist. Wo dagegen auf der Geest infolge Wassernähe eine bevorzugte Wohngegend ist, z. B. an der Alster in Uhlenhorst, ist trotz des vorhandenen Wasseranschlusses die Industrie über Ansätze z. B. am Osterbekkanal nicht hinausgekommen (vgl. S. 231), da man die Alster als ruhiges Erholungsgebiet erhalten wissen wollte.

Nachdem inzwischen die störenden Staatsgrenzen längst beseitigt sind, sollte man nun auch darangehen, die technischen Schwierigkeiten der Elbüberquerung bzw. -untertunnelung zu überwinden, um eine den heutigen Erfordernissen angemessene Verkehrsverbindung zwischen Stromspaltungsgebiet und Geest herzustellen. Es brauchen dann nicht so viele „hafennahe" Wohngebiete in der Marsch selbst erstellt zu werden, wodurch dort nur wieder Industriegelände verloren ginge. Außerdem können von der Industrie die Kosten für die Baureifmachung des Marschgeländes und die dort erforderlichen Pfahlgründungen leichter aufgebracht werden als von den Wohnungsbaugesellschaften oder gar von privaten Aufschließern.

Abb. 106 **Pfahlgründung der Gemüsegroßmarkthalle**

4. Zusätzliche Maßnahmen bei der Besiedlung der Marsch

a) Erhöhte Kosten für die Gründung der Bauwerke

Der Einfluß der erhöhten Kosten für die Aufschließung des Geländes und Gründung der Bauwerke ist bei den einzelnen Gruppen von Bauherrn (Staat, Industrie, Siedler) sehr verschieden.

Bei öffentlichen Bauten, die zum Wohl der Allgemeinheit errichtet werden *müssen*, läßt sich eine teure Gründung oft nicht vermeiden. So kam für den neuen Gemüsegroßmarkt aus verkehrstechnischen Gründen nur ein Gelände in Hammerbrook in Betracht. Der dort anstehende schlechte Baugrund erforderte eine Pfahlgründung für ca. 2 Millionen Mark: 5000 Pfähle, im Mittel 12 m lang, Kosten je m Pfahl 1959: 35 DM, also 5000 · 12 · 35 = 2 100 000 DM. Vgl. Abb. 106.

Solche Summen *müssen* im Interesse der Allgemeinheit aufgebracht werden. Eine kaufmännische Wirtschaftlichkeitsrechnung kann bei solchen Bauten (desgl. insbesondere Verkehrsbauten, Brücken!) nicht aufgemacht werden.

Bei gewerblichen Bauten, Industrieanlagen, Kontor- und Geschäftshäusern, wird eine solche Wirtschaftlichkeitsrechnung sehr oft ergeben, daß die verlorenen Kosten für die Gründung gegenüber den Vorteilen verschwinden, die sich aus der verkehrsgünstigen Lage (Innenstadt, Hafennähe, Wasseranschluß usw.) für das Unternehmen ergeben, namentlich in einer Zeit blühender Konjunktur.

Bei W o h n b a u t e n dagegen können sich erhebliche Schwierigkeiten ergeben, da naturgemäß die erzielbare Rendite kleiner ist, sollen die Mieten nicht eine gewisse Grenze überschreiten.

Das 4-stöckige Wohnhaus stellt kostenmäßig ein Optimum dar: Bei niedrigeren Bauten fällt der Kostenanteil für Dach und Keller zu sehr ins Gewicht, bei höheren Bauten steigen die Kosten für das Gerüst und den vertikalen Materialtransport unverhältnismäßig stark an, außerdem muß ein Fahrstuhl eingebaut werden, der sich wiederum erst bei Hochhäusern lohnt. Im sozialen Wohnungsbau ist daher das viergeschossige Wohnhaus die Norm.

Bei schlechtem Baugrund dagegen, also in der Marsch, verschiebt sich das Optimum zu Gunsten einer höheren Bebauung, da eine Pfahlgründung erforderlich wird. Aus konstruktiven Gründen sind für ein 4-geschossiges Haus oft mehr Pfähle erforderlich, als sich rechnerisch für die Aufnahme der Lasten ergeben. Die Pfähle sind dann also nicht ausgelastet bzw. könnten noch ohne weiteres 1–2 zusätzliche Stockwerke tragen, wodurch sich der Kostenanteil der Pfahlgründung pro Wohnung verringern würde.

Folgendes Zahlenbeispiel möge die Größenordnung der Kosten für eine Pfahlgründung veranschaulichen:

Gewicht eines 4-stöckigen Wohnhauses ca. 0,75 kg/cm² = 7,5 t/m² (vgl. Tabelle Abb. 35)

Grundrißfläche eines Wohnhauses („Zweispänner") ca. 160 m²

Gesamtgewicht dieses Wohnhauses 7,5 · 160 = 1 200 t

Tragfähigkeit eines Betonrammpfahles ca. 45 t

Anzahl der statisch erforderlichen Pfähle 1 200 : 45 = 27 Stück, bzw. aus konstruktiven Gründen oft noch mehr, um den Pfahlabstand und damit die Stärke der Fundamentbalken zu verringern.

Es werden demnach für das 4-geschossige Wohnhaus ca. 30 Pfähle benötigt.

5 m Kleischicht + 5 m Einbindetiefe im Sand ergeben eine Pfahllänge von 10 m, d. h. für ein Haus 30 · 10 = 300 lfdm Pfähle

Kosten für 1 lfd. m gerammten Pfahl: 55 DM (im Jahre 1960)

Pfahlkosten für das ganze Haus: 300 · 55 = 16 500 DM

Kosten für die Fundamentbalken aus Stahlbeton (vgl. Abb. 107) ca. 10 000 DM.

Es ergeben sich also insgesamt 26 500 DM an zusätzlichen Fundamentierungskosten, bzw. bei 8 Wohnungen 26 500 : 8 = 3 300 DM je Wohnung.

Die Rohbaukosten im sozialen Wohnungsbau betragen dagegen bei einem normal gegründeten Haus ca. 30 000 DM je Wohnung (im Jahre 1960).

Es beträgt also der Aufwand für die Pfahlgründung bei schlechtem Baugrund zusätzlich ca. 10 %, bei mehr Stockwerken entsprechend weniger, da 1. die Pfähle dann stets voll ausgelastet sind und 2. die Gewichte pro Stockwerk mit der Höhe des Hauses abnehmen (vgl. Tabelle Abb. 35, S. 55).

Abb. 107 **Pfahlgründung für ein Wohnhaus in der Hammer Marsch**
Im Hintergrund ein altes, 6-stöckiges Wohnhaus und gewerbliche Bauten (Eiffestraße / Hammer Baum)

Es ist also kein Wunder, daß in der Marsch immer wieder versucht wird, die Vorschriften über eine grundsätzlich nur 4-geschossige Bebauung zu durchbrechen. Abb. 108 zeigt zwei solche Versuche neben einem 5-stöckigen Vorkriegsbau. Der 3. Versuch, die Baulücken unmittelbar neben dem hohen Vorkriegsbau zu schließen und sich dabei an dessen Höhe anzugleichen, „um so seine Brandmauer zu verdecken", ist bislang an der nichterteilten Baugenehmigung gescheitert. Ein niedrigerer Bau mit nur 4 Geschossen, wie es dem gesetzlichen Durchführungsplan entsprechen würde, ist dagegen bislang an Finanzierungsschwierigkeiten gescheitert. Denn da es sich hier noch dazu um keine bevorzugte Wohngegend handelt (zwischen Borgfelder Straße und Hammerbrooker Industriegebiet), befindet sich der Bauherr in einer mißlichen Lage: Frei finanzierter Wohnungsbau mit hohen Baukostenzuschüssen und Mieten scheidet aus, da sich die zahlungskräftigen Mieter hier nicht gern niederlassen wollen; bei Inanspruchnahme staatlicher Mittel im Rahmen des sozialen Wohnungsbaues ist der Vermieter an Miethöchstsätze gebunden, die ihm in Anbetracht der infolge Pfahlgründung höheren Baukosten keine Wirtschaftlichkeit versprechen.

Abb. 108 **Dreimal 5-geschossige Bebauung in der Hammer Marsch (Beim Gesundbrunnen):**

1. Vorkriegsbebauung (rechts)
2. zusätzliches Dachgeschoß (links)
3. zusätzliches Kellergeschoß (Mitte hinten)

Zweifellos kann man letzten Endes doch auf dem schlechten Marschgrund (hier Moor) in wenig bevorzugter Lage auch 4-geschossige Bauten im sozialen Wohnungsbau erstellen, wie z. B. Abb. 109 zeigt, aber ebenso zweifellos machen sie einen trostlosen Eindruck, und es lassen sich mit Hilfe höherer Bauten bessere Ergebnisse erzielen (Abb. 110). Dazu sind aber vorher umfangreiche Bodenordnungsmaßnahmen (Umlegung und Zusammenlegung) der vielen kleinen vorhandenen Grundstücke erforderlich, die sich oft nur schwer durchführen lassen (Abb. 111).

Am besten wäre es sicherlich, auf den Wohnungsbau in der Marsch grundsätzlich ganz zu verzichten. Wegen der schlechten Verkehrsverbindungen zwischen dem naturgegebenen Wohngebiet, der Geest, und dem natürlichen Arbeitsraum, dem Urstromtal, läßt sich aber eine Vermischung nicht vermeiden: Auf der Geest müssen Industrie- und Gewerbegebiete ausgewiesen werden, in der Marsch „hafennahe" Wohngebiete. Auf der Geest kann sich nun Industrie in Gebieten niederlassen, in denen ein angenehmes Wohnen auch gar nicht möglich ist, z. B. in der Nähe von Bahnanlagen (die wiederum den für die Industrie so wichtigen Gleisanschluß ermöglichen!). Selbstverständlich sollten sie durch Grünanlagen gegen die Wohngebiete möglichst gut abgeschirmt sein.

Abb. 109 **Eintönige viergeschossige Bebauung in der Hammer Marsch**
Eiffestraße

Abb. 110 **Aufgelockerte Bebauung in Rothenburgsort**
Überall Pfahlgründung (siehe Ramme im Vordergrund)

Abb. 111 **Das einzige Hochhaus an der Hammer Landstraße inmitten viergeschossiger Bebauung**

Lassen sich nun auch entsprechend in der Marsch Gebiete finden, die für Wohnzwecke besonders gut geeignet sind und von denen die Industrie ferngehalten werden sollte, oder ist das Wohnen in der Marsch grundsätzlich abzulehnen?

Zweierlei ist für das Siedeln in der Marsch zweifellos nachteilig:

1. erhöhte Kosten für die Bauwerksgründung. Dies betrifft nur die Bauten selbst.

2. Überschwemmungsgefahr, schwierige Entwässerung, nahes Grundwasser, größere Luftfeuchtigkeit (Nebel). Dies betrifft auch die Bewohner der Häuser unmittelbar.

b) Die siedlungsfeindliche Feuchtigkeit der Marsch

Für Aufhöhungen, Eindeichungen, Schaffen künstlicher Vorflut durch Pumpwerke, Absenkung des Grundwasserspiegels, Bau von Schöpfwerken, Pfahlgründungen usw. sind also nicht unerhebliche Aufwendungen erforderlich, um die Marsch überhaupt bewohnbar zu machen.

Zu berücksichtigen sind nicht nur die Kosten für eine ständige Senkung des Grundwasserspiegels im Siedlungsgelände, sondern auch die Kosten für eine darüber hinausgehende, aber nur kurzfristig während des Baues der Sielleitungen erforderliche Absenkung. So werden sich voraussichtlich z. B. bei der Aufschließung auf der Bojewiese in Bergedorf (in der Billemarsch) die zunächst für den Sielbau (tiefliegendes Schmutzwassersiel) veranschlagten Baukosten infolge einer verstärkten Grundwasserabsenkung von 217 100 DM auf 445 000 DM, also um rund 100 %, erhöhen.

Der Bedarf an hafennahen Wohnungen war und ist aber so groß, daß man notgedrungen diese erforderlichen Kosten aufbringen mußte bzw. versuchte, sie einzusparen, wobei man dann aber z. T. erhebliche Einbußen an der „Bewohnbarkeit" einsteckte, wie z. B. bei dem vor der Sanierung von Hochwassern überschwemmten Gebiet der südlichen Neustadt (vgl. S.   ) oder bei dem wahrscheinlich wegen mangelhafter Entwässerung von der Choleraepidemie besonders heimgesuchten Gebiet am Borstelmannsweg (vgl. S. 223).

Die Siedlungsfeindlichkeit infolge des nahen Grundwasserstandes ist allerdings nicht auf die Marsch beschränkt. Auch auf der Geest gibt es solche Gebiete (Abb. 112, 113). Sie wurden und werden keineswegs von der Bebauung gemieden, meistens durchaus nicht zum Vorteil der betreffenden Siedlung und zum Nutzen der Bewohner (z. B. Osterbekniederung, Luruper Moor u. a., vgl. S. 250), weil man, wenn dort schon gebaut werden mußte, in Verkennung der Nachteile eines grundwassernahen Geländes die tatsächlich erforderlichen Maßnahmen oft einsparen zu können glaubte (z. B. Siedlung Langenhorn-Nord zunächst ohne Kanalisation, vgl. S. 252) und dann später zu noch teureren Maßnahmen gezwungen wurde.

Abb. 112 **Vorflut der Drainage im Luruper Moorgebiet am Böttcherkamp**

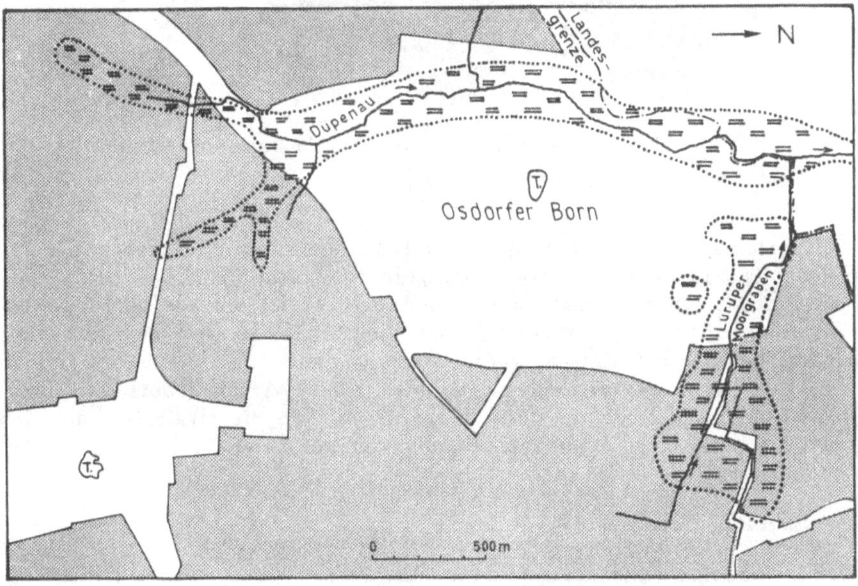

Abb. 112a **Baugrundkarte und Aufbauplan für den Raum Osdorf/Lurup**
Schlechter Baugrund (innerhalb der punktierten Linien): Torf, Moor, humoser Sand. Guter Baugrund (außerhalb der punktierten Linien): Geschiebesand, -lehm. Baugebiet lt. Aufbauplan 1960: die dunklen Flächen. Vgl. Abb. 152!

Abb. 113 **Hoher Grundwasserstand im Luruper Moorgebiet**

Läßt sich aber die aus der niedrigen Lage des Marschgeländes resultierende Bodenfeuchtigkeit und Überschwemmungsgefahr*) grundsätzlich – wenn auch z. T. nur mit erheblichem Kostenaufwand – beheben, so ist die aus der Wassernähe resultierende Luftfeuchtigkeit einfach hinzunehmen. Wie weit sich die größere Nebelhäufigkeit in der Marsch, verbunden mit Rauch und Staub der Industrie, siedlungsfeindlich auswirkt, soll im Rahmen dieser Arbeit jedoch nicht weiter untersucht werden. Es sei nur daraufhingewiesen, daß die Hygieniker aus diesen Gründen z. B. von einer Wohnhausbebauung an der Dove-Elbe in Georgswerder abgeraten haben.

*) Die während der Drucklegung dieses Buches am 16. / 17. Februar 1962 über Hamburg hereingebrochene Sturmflutkatastrophe zeigte in eindringlicher Weise, welche Gefahren den lediglich eingedeichten und nicht aufgehöhten Gebieten drohen. Das Ausmaß dieser Katastrophe war nicht zuletzt dadurch so groß, daß die Bewohner der tiefliegenden Stadtteile, insbesondere Wilhelmsburgs, sich der Tatsache gar nicht bewußt waren, zwar in einer Großstadt, aber hinter einem Deich zu wohnen, nämlich in einem Gelände, das schon bei jedem normalen Hochwasser unter dem Wasserspiegel liegt. – Wäre auch das Wohngelände künstlich bis zur sogenannten „sturmflutfreien" Höhe von + 5,60 m NN aufgehöht gewesen, wie die benachbarten Hafen- und Industriegebiete, dann wäre es in der Nacht vom 16. auf den 17. Februar zwar auch überflutet worden, die Überflutungshöhe hätte sich aber größenordnungsmäßig im Dezimeterbereich bewegt und nicht das Maß von mehreren Metern angenommen.

Interessant ist in diesem Zusammenhang ein Vergleich der Sterblichkeitsziffern in Marsch- und Geestgebieten im Jahre 1892:

Stadtteil	Sterblichkeit Cholera ‰	Sterblichkeit allgemein ‰	Einkommen Mark	Lage
Billwerder Ausschlag	*21,8*	*24,7*	*253*	*Marsch*
Neustadt - Süd	*17,9*	*22,5*	*332*	*Marsch*
Altstadt - Nord	*16,1*	19,8	612	Geest
Hamm	*14,4*	*20,3*	605	Geest / *Marsch*
Barmbek	*14,2*	*22,5*	*308*	Geest
St. Georg Süd (Hammerbrook)	*14,0*	17,6	*416*	*Marsch*
Borgfelde	13,8	*20,2*	541	Geest / *Marsch*
Uhlenhorst	13,2	17,0	884	Geest / Alsterniedg.
Altstadt - Süd	12,7	21,0	682	Geest / *Marsch*
St. Pauli - Süd	12,1	19,9	*380*	Geest
Eilbek	11,8	*21,6*	593	Geest
Neustadt - Nord	11,6	19,9	651	Geest
Winterhude	11,5	18,1	503	Geest
St. Pauli - Nord	10,6	19,9	*446*	Geest
Eppendorf	9,9	*21,4*	*405*	Geest
St. Georg - Nord	9,5	18,9	851	Geest
Eimsbüttel	9,2	19,0	504	Geest
Hohenfelde	7,8	14,9	1205	Geest
Steinwerder	6,9	*26,4* (!)	*440*	*Marsch*
Horn	5,9	*21,8*	*289*	Geest / *Marsch*
Rotherbaum	5,4	12,9	2031	Geest
Harvestehude	4,0	11,7	2746	Geest

Sterblichkeitsziffern in Marsch und Geest

Zahlenangaben nach R. Spörhase, 1940

Es zeigt sich, daß *hohe* Sterblichkeitsziffern in den Stadtteilen der *Marsch* und in den Stadtteilen mit hoher Wohndichte bzw. *geringem* Einkommen der Bewohner auftreten. Da meistens beides zusammenfällt (dichtbebautes Wohngebiet der armen Bevölkerungskreise in der Marsch), läßt sich jedoch nicht ohne weiteres folgern, daß das Wohnen in der Marsch grundsätzlich ungesund sei. Mangelhafte Entwässerung und fehlende baupolizeiliche Vorschriften führten auf der Geest zu ebenso ungesunden Verhältnissen (Steinstraße, Barmbek, Uhlenhorst).

Immerhin hat die Marschlage auch Vorteile, z. B. die des milderen Klimas und des Schutzes vor rauhen Winden. Die Belästigung durch Staub, Ruß und Industrieabgase werden z. B. auch in der Billegartenstadt nicht größer sein als auf der Geest in Neu-Altona, wie es in einem Gutachten des Hygienischen Instituts (O. Hettche) zum Ausdruck kommt. Dagegen ist die in Strahlungsnächten von den Geesthängen ins feuchte Elbtal abfließende Kaltluft wieder ein Nachteil. Diesem Nachteil entgingen in gewissem Maße die ersten Häuser auf den Warften, die aus Kaltluft und Bodennebel oft herausragten (diese Luftschichten liegen oft nur so dicht über dem Boden, daß man z. B. im Straßenbau mit Hilfe von Dammstrecken in feuchten Senken nicht nur Überschwemmungen der Straße, sondern auch eine Gefährdung des Verkehrs durch Bodennebel vermeiden kann). Die großflächigen

künstlichen Aufhöhungen der Marsch vergrößern zwar den Abstand der Bodenoberfläche und der Bebauung vom Grundwasserspiegel, sollten aber durch tiefliegende Rinnen unterbrochen bleiben, um ein weiteres Abfließen der Kaltluft zu ermöglichen. Hier verdient ein Plan des Naturschutzamtes Erwähnung, nach dem die Dove-Elbe in Georgswerder zu einem See erweitert und der dabei gewonnene Sand auf künftiges Bauland am Rande des Sees aufgespült werden soll.
des Sees aufgespült werden soll.

Abschließend zu diesem klimatischen Thema sei hier noch W. Melhop zitiert (1914, S. 38):

„Trotz der Überschwemmungsgefahr haben die Hamburger ehemals vielfach die Marschgegenden bevorzugt, wahrscheinlich, weil sie fruchtbarer sind, einen schöneren Pflanzenwuchs und mehr Windschutz bieten als die mehr kahlen, sandigen, jedem Wind ausgesetzten Geesthöhen. So lagen die schönen Sommerwohnungen zu Anfang des 19. Jahrhunderts in Billwerder, später in der Marsch bei Hamm" (am südlichen Geestrand mit seinem besonderen Kleinklima und auf bereits erhöht liegendem Gelände!), „wogegen die Geesthöhen von Rotherbaum, Barmbek und Winterhude erst in den letzten Jahrzehnten Bewohner in größerer Zahl anlockten." Hierbei muß allerdings bemerkt werden, daß es zu damaliger Zeit auch noch keine qualmende, rußende und oft stinkende Industrie gab!

c) Die Möglichkeit, zusätzliche Gründungsmaßnahmen weitgehend zu vermeiden

Im Interesse der Bewohner lassen sich die Maßnahmen zur Vergrößerung des Abstandes der Bodenoberfläche vom (Grund)wasserspiegel – Aufhöhen des Geländes oder Eindeichen und künstliche Entwässerung, Absenken des Grundwasserspiegels – nicht vermeiden. Lassen sich nun die Maßnahmen zur Sicherung der Standfestigkeit der Gebäude – z. B. Pfahlgründungen – auch nicht umgehen?

Bislang hat man zu diesem Zwecke lediglich nach Bauten gesucht, die vom Kleiboden ohne teure Gründung getragen werden können:

1865 forderte man wieder für Arbeiterwohnungen in der Marsch die Zulassung von Fachwerkbauten, die nach 1842 aus feuerpolizeilichen Gründen verboten wurden, denn in den Marschen bedurften die Massivbauten des Pfahlrostes, das aber „gebe keine Rechnung" (Hamburger Nachrichten vom 18. 8. 1865, vgl. R. Spörhase, S. 49). Aus diesem Umstand sei auch schon die Gemeinnützige Baugesellschaft von 1857 gescheitert, so daß sie sich habe auflösen müssen (auch aus Mangel an Bauplätzen!).

Auch niedrige, d. h. leichte Häuser können ohne kostspielige Gründung auf Marschgrund gesetzt werden. Hierfür ist aber wegen der geringen Flächenausnutzung billiges Terrain erforderlich: Die Gemeinnützige Baugesellschaft von 1878 kaufte auf der Kleinen Veddel 75 000 m² vom Hamburger Staat zum Preise von 50 Pfg je m² für 200 Einfamilienhäuser (Slomansiedlung, 1880–1882 gebaut).

So erstrebenswert Eigenheime mit Garten auch sind, zur Unterbringung großer Arbeitermassen sind mehrstöckige Mietshäuser erforderlich.

Wenn nun ohnehin eine Pfahlgründung durch den Kleiboden bis in den tragfähigen Flußsand erforderlich wird, müßte man, um die Pfähle auch auszunutzen, möglichst hohe Häuser auf ihnen errichten, wenn es geht sogar Hochhäuser, womit man gleichzeitig eine größere Auflockerung bei gleicher Einwohnerzahl erreicht. Es ergibt sich also das Paradoxon: entweder ganz hoch oder ganz niedrig in der Marsch bauen!

Die bisherigen Überlegungen gingen stets nur vom Bauwerk aus. Ist denn der Baugrund in der Marsch so gleichmäßig schlecht, daß man bei höheren Bauten eine teure Pfahlgründung als unabänderliches Schicksal in Kauf nehmen muß?

Aus der Entstehungsgeschichte des Elbmarschbodens ist jedenfalls zu vermuten, daß die Klei- bzw. Moorschichten recht unterschiedliche Mächtigkeiten besitzen, was ja auch durch zahlreiche Bohrergebnisse bestätigt wird (vgl. Abb. 82, 84). Leider bestehen noch keine systematischen Untersuchungen über den Verlauf der Auflagerungsfläche der Schlick-, Klei- und Moorschichten. Die Kenntnis dieser Fläche allein würde aber auch noch keine Rückschlüsse ziehen lassen auf die Tragfähigkeit des Untergrundes, etwaige Länge der Pfähle bzw. zulässige Höhe der Gebäude, oder ob evtl. das Sandersatzverfahren zur Anwendung kommen kann. Denn die liegenden Flußsandschichten sind oft mehr oder weniger stark verschlickt, also dann auch nicht als tragfähig anzusehen, bzw. sie sind noch von dickeren oder dünneren Kleischichten (schwachtonigem Schluff, ± feinsandig, ± organisch) durchsetzt, wodurch die Tragfähigkeit des Untergrundes noch weiter herabgesetzt wird.

Diese Schichten, verschlickter Sand bzw. dazwischen eingelagerte Kleischichten, brauchen nun aber nicht als absolut unbrauchbar, d. h. nicht tragfähig, angesehen zu werden. Eine etwaige Tragfähigkeit hängt ganz von der Lagerungsdichte ab, die je nach geologischem Alter und Ablagerungsbedingungen verschieden sein kann. Unter diesen Umständen braucht der Kleiboden nur teilweise ausgehoben zu werden, nämlich bis in die Tiefe, in der sich die Last des Bauwerkes bereits so weit verteilt hat, daß sie vom anstehenden „festen" Kleiboden aufgenommen werden kann („teilweises Sandersatzverfahren").

Einen Hinweis auf die evtl. Tragfähigkeit dieses Kleibodens gibt der natürliche Wassergehalt. Um diesen zu ermitteln, sind fachgerecht entnommene „ungestörte" Bodenproben erforderlich – die jedoch bei den meisten schon vorhandenen Bohrprofilen fehlen.

Aus diesem Grunde wurde 1960 – zum ersten Male! – bei einer Aufschließung eines Geländes in Wilhelmsburg-Georgswerder vor der Planung der Bebauung ein Netz von Bohrungen über das ganze Gelände gelegt und ein Gutachten über den Baugrund angefertigt, nach welchem nun nicht wie bisher in solchen Fällen für bereits geplante Bauwerke die erforderliche Gründung ermittelt wird, sondern nach dem die Verteilung der einzelnen Bauwerke auf dem Gelände je nach ihrer Höhe (und Gewicht) vorgenommen wird:

Bei geringmächtiger Kleischicht flachgegründete Bauwerke mittlerer Höhe nach dem Sandersatzverfahren, bei „festem" Kleiboden flachgegründete niedrige Bauwerke, bei tiefgründig schlechtem Baugrund Pfahlgründung und zur Ausnutzung der Pfähle möglichst Hochhäuser (vgl. Abb. 114). Wegen geringer innerer Reibung und Kohäsion der Marschböden ist bei flachgegründeten Bauten neben den unvermeidbaren Setzungen aber auch auf eine ausreichende Grundbruchsicherheit zu achten.

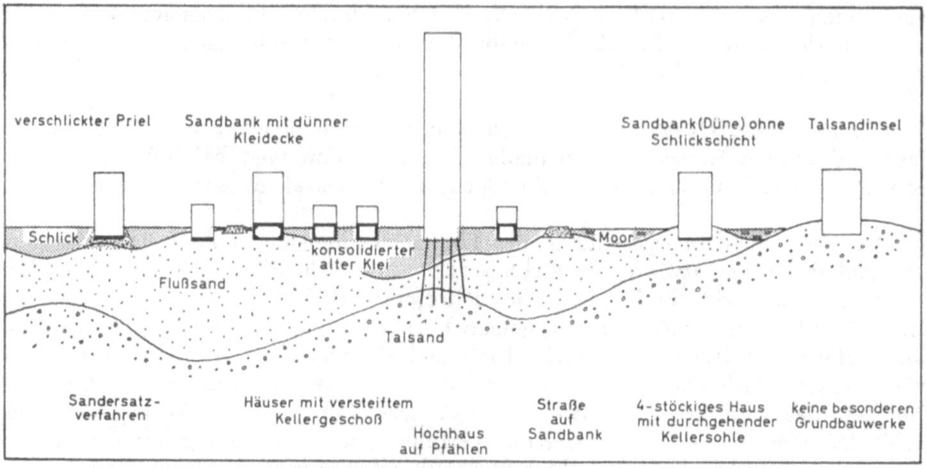

Abb. 114 Ideeller Schnitt durch den Baugrund des Stromspaltungsgebietes mit den verschiedenen Gründungsmöglichkeiten
(Unmaßstäblich)

Auch bei der Linienführung der Straßen wird man sich vielleicht nach den Bohrergebnissen richten können, denn für Wohnstraßen ist eine Auskofferung des Bodens bis in so große Tiefen wie bei der Autobahnverbindung Barsbüttel–Georgswerder (Abb. 85 b), bei der fast keine Freizügigkeit in der Linienführung mehr bestand, zweifellos nicht wirtschaftlich. Es ist auch daran zu denken, daß oft sogar die Sielleitungen auf Pfähle gesetzt werden müssen (Abb. 26). Dabei kann die Wirtschaftlichkeit einer ganzen Aufschließung in Gefahr kommen, wie z. B. bei dem Projekt Finkenwerder (vgl. S. 29), wo Torf und Kleiboden für die Sielleitungen Rammungen erfordern und damit die Aufschließungskosten um ca. 1600 DM je Wohneinheit des 1. Bauabschnittes erhöhen!

Das für diese Wohnungsbauten erforderliche öffentliche Darlehen würde sich infolge der schlechten Untergrundverhältnisse insgesamt um ca. 8000 DM je Wohneinheit erhöhen (wobei die Kosten der „äußeren" Erschließung aber noch unberücksichtigt sind, da diese ja vom Aufschließer nicht getragen werden müssen). Die Klei- und Torfschichten haben nämlich gerade an der Stelle des 1. Bauabschnittes eine Mächtigkeit bis zu 9 m!

Die Kosten für eine solche Untersuchung wie in Georgswerder dürften sich also lohnen. Solche Kosten sollten auch vom Staat vor der Aufstellung von Durchführungsplänen nicht gescheut werden, u. U. auch auf der Geest. Aber insbesondere in der Marsch sind sie wichtig, denn es gilt ja, dort hafennahe Wohnungen zu schaffen und auf diese Weise wieder Kosten für den Ausbau der Nahverkehrsverbindungen zwischen Marsch und Geest zu sparen.

Allerdings müssen die Kosten für solche Untersuchungen auch erträglich bleiben. Darum hat man sich im Falle Wilhelmsburg für einen mittleren Bohrlochabstand von ca. 200 m entschieden und kommt so bei dem 380 ha großen Gelände mit 75 Bohrungen aus.

Die von der Tiefbauabteilung des Bezirksamtes Harburg geschätzten Kosten für diese 75 Bohrungen einschließlich eines geologischen und eines baugrundtechnischen Gutachtens betragen 33000 DM. Bei einer Fläche von 380 ha sind das also noch nicht einmal 0,9 Pf / m²!

Kann man jedoch ein genaues Bild von der Oberfläche des tragfähigen Sandes bei einem so weiten Netz von Bohrungen erhalten?

Nimmt man an, daß im Mittel die Oberfläche des Sandes zwischen 3 und 8 m unter Geländeoberkante schwankt (vgl. Abb. 82) und eine mittlere Neigung von 1 : 20 besitzt (dies ist das Gefälle eines Sandstrandes), so ergibt sich theoretisch eine Entfernung zwischen einem Hochpunkt (3 m u. Gel.) und einem Tiefpunkt (8 m u. Gel.) von $(8-3) \cdot 20 = 100$ m. Der gewählte Bohrlochabstand beträgt aber das Doppelte! Tatsächlich werden außerdem häufig noch stärkere Gefälle als 1 : 20 in der Oberfläche des Sandes auftreten (Kolke, Rinnen usw., vgl. S. 124), so daß man auch bei 100 m, ja 10 m Bohrlochabstand nie vor Überraschungen sicher ist.

Trotzdem wird der relativ weite Bohrlochabstand von 200 m bereits ein sehr gutes Bild von dem Marschenuntergrund liefern, da man mit Hilfe der Kenntnis von der geschichtlichen Entwicklung des Stromspaltungsgebietes (Eindeichungen, Abdämmungen, Durchstiche usw.) und aus einer genauen morphologischen Untersuchung heraus (z. B. die Sandbänke des Rahmwerders oder des Hövels in der Dove-Elbe, Abb. 87) bereits recht genaue Voraussagen treffen kann, die durch die ausgeführten Bohrungen jeweils ihre Bestätigung erfahren. Sollte aber z. B. der genaue Verlauf eines Prieles nicht einwandfrei aus der Morphologie, aus alten Karten und aus den Bohrungen erkennbar sein, so kann in einem solchen Ausnahmefall immer noch eine zusätzliche Bohrung Klarheit schaffen. Die genaue Anzahl der Bohrungen läßt sich also im voraus nicht mit Bestimmtheit angeben. Vielmehr sollte stets – wie es im Falle Georgswerder auch geschehen ist – die Möglichkeit zusätzlicher Bohrungen kostenmäßig berücksichtigt werden. Im Einzelfall werden später für die Gründung mancher Bauwerke ohnehin noch Probebohrungen erforderlich werden.

Abschließend sei hier noch eine „Verwaltungsanordnung über die Förderung des sozialen Wohnungsbaues in der Hansestadt Hamburg" (vom 16. 1. 1951) zitiert. Es heißt dort in Ziffer 27 über Kleinsiedlungen:

„Zur Errichtung von Gruppensiedlungen ist von der Landesplanung im Bebauungsplan Siedlungsgelände auszuweisen, das hinsichtlich der Trinkwasserversorgung, der Höhe des Grundwasserstandes und der Bodenbeschaffenheit keine überdurchschnittlichen Aufschließungsmaßnahmen erfordert."

Demnach kämen für solche Kleinsiedlungen nur die trockenen, hochliegenden Geestflächen in Betracht, denn nur dort sind keine zusätzlichen Gründungs- und Entwässerungsmaßnahmen nötig und wäre eine Verwertung des Abwassers auf dem eigenen Grundstück evtl. möglich.

Dies ist aber nicht der Grund dafür, daß jetzt die *großen* Siedlungen des sozialen Wohnungsbaues in die Gebiete schlechten Baugrundes und hohen Grundwasserstandes vordringen (Finkenwerder, Osterbekniederung, Luruper Moor usw.). Denn insbesondere das Beispiel Finkenwerders zeigt ja, daß auch für Großwohnsiedlungen das gleiche gilt wie für die o. a. Gruppenkleinsiedlungen: Überdurchschnittliche Aufschließungsmaßnahmen sind im sozialen Wohnungsbau nicht tragbar.

D. DAS GÜNSTIGE ZUSAMMENWIRKEN DER LANDSCHAFTSRÄUME BEI DER ENTWICKLUNG HAMBURGS ZU WELTHAFEN UND GROSZSTADT

1. Hamburg als von der Natur ausgezeichneter Ort im Unterelbegebiet

Keine der vielen Geestrandstädte an der Niederelbe (Abb. 115) vereinigt so viele günstige Faktoren in sich wie gerade Hamburg. Viele dieser Städte hatten früher eine wesentlich größere Bedeutung als Hamburg (Lüneburg, Bardowik, Stade), andere wurden gegründet mit dem ausdrücklichen Ziel, Hamburg zu überflügeln (Glückstadt, Altona), doch Hamburg war letzten Endes wegen der Gunst seiner Lage der bevorzugte Ort.

GEESTRAND-STÄDTE	1. auf der Geest	2. in der Marsch	3. ohne Steilufer	4. am Mündungsschlauch der Elbe	5. am Stromspaltungsgebiet	6. am Oberlauf der Elbe	7. an einem Nebenfluß der Elbe
Itzehoe	×	×	×				×
Kellinghusen	×	×	×				×
Bramstedt	×		×				×
Glückstadt		×	×	×			
Elmshorn	×	×	×				×
Ütersen	×	×	×				×
Pinneberg	×		×				×
Wedel	×	×	×	×			×
Altona	×			×	×		
Hamburg	×	×	×	×	×	×	×
Bergedorf	×	×	×		×		×
Geesthacht	×					×	
Lauenburg	×					×	×
Boizenburg	×		×			×	×
Bardowik	×	×	×				×
Winsen	×	×	×				×
Harburg	×	×	×		×		
Buxtehude	×	×	×				×
Horneburg	×	×	×				×
Stade	×	×	×				×

Abb. 115 **Lage der Geestrandstädte**

Hamburg vereinigt sowohl Geest- als auch Marschflächen in sich, es liegt am Stromspaltungsgebiet zwischen Mündungsschlauch und Oberlauf der Elbe, am Austritt eines kleinen Nebenflusses aus der Geest in die Marsch, dessen weite Talung den sonst steilen Abhang zwischen Geest und Marsch durchbricht:

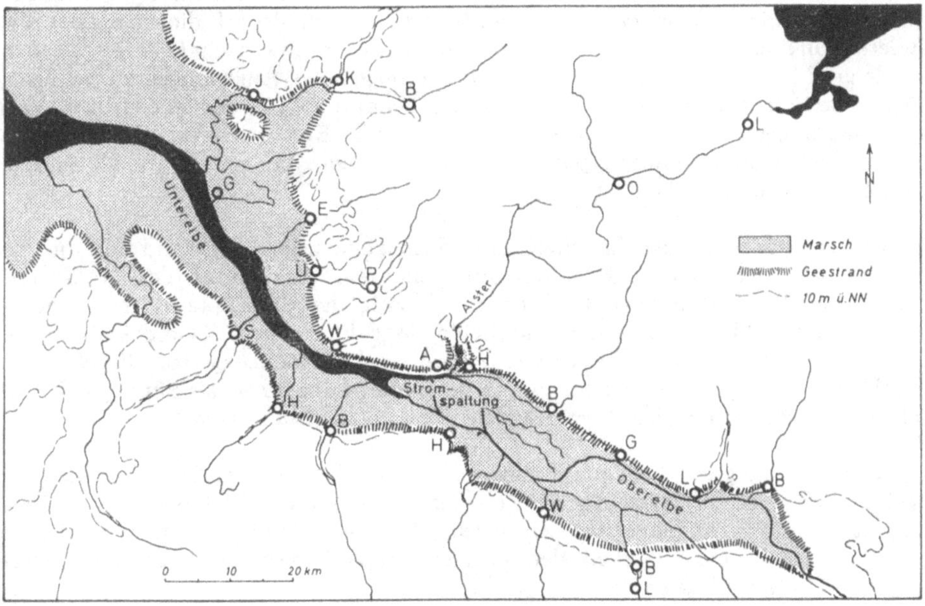

Abb.. 115 a **Geestrandstädte an der Elbe**

2. Hamburg im Schnittpunkt weiträumiger Verkehrsbeziehungen

Der Organismus einer Stadt hat die verschiedenartigsten Funktionen zu erfüllen, die wiederum im Laufe der Zeit einem starken Wandel unterworfen sind. Dementsprechend sind auch die Ansprüche an optimale Standortbedingungen einer Stadt und besonders eines Welthafens sehr vielseitig und wechselhaft. Eine Stadt muß ihren Bewohnern 1. vor Feinden und Naturgewalten geschütztes Wohnen, 2. gute Arbeits- und Verdienstmöglichkeiten und 3. eine ausreichende Versorgung mit lebensnotwendigen Gütern garantieren. Sie muß selbstverständlich erweiterungsfähig sein und soll Möglichkeiten haben, sich den veränderten Lebens- und Umweltbedingungen anzupassen.

Hängt die augenblickliche Größe und Bedeutung einer Stadt ab von den für den Augenblick gerade optimalen Standortbedingungen, so hängt das Alter einer Stadt und ihre im Laufe der Zeit mehr oder weniger groß bleibende Bedeutung ab von der Möglichkeit, sich den veränderten Umweltbedingungen immer wieder anzupassen.

Das Zusammentreffen unterschiedlicher Landschafts- und Bodenverhältnisse kann einer Stadt die Möglichkeit geben, einmal ihre verschiedenartigen Funktionen zweckmäßig aufzuteilen und zum anderen je nach Bedarf die eine oder die andere Funktion (Verteidigung, Handel, Industrie, Landwirtschaft usw.) in den Vordergrund zu stellen, um damit den Forderungen des Augenblicks zu genügen. Liegt eine solche Stadt außerdem noch im Schnittpunkt verschiedenartiger Verkehrsbeziehungen, so wird sie sich auf die Dauer im Konkurrenzkampf auch gegen die zumeist widernatürlichen politischen Maßnahmen, die evtl. gegen sie gerichtet werden, behaupten können.

So eine günstige Lage hat zweifellos auch Hamburg. Maßgebend für die Errichtung der Hammaburg als Missionsstützpunkt war die Lage an der Grenze des fränkischen Reiches jenseits der Elbe. Lange Zeit war diese Grenzlage als nördlichster Ausstrahlungspunkt der entscheidende Faktor für die Geschichte Hamburgs. Nach Verschwinden dieser Grenze war es die Isthmuslage, die Hamburg in der Hansezeit – gewissermaßen als Nordseehafen Lübecks – als Bindeglied zwischen Ostseeraum und den Niederlanden – zu hoher Blüte verhalf.

Während die große Bedeutung Lübecks mit der Hansezeit zu Ende gegangen ist, beginnt sich jetzt für Hamburg zur Zeit der Eroberung der Weltmeere seine Lage weit landeinwärts im äußersten Zipfel der Nordsee günstig auszuwirken. Es ist jetzt zum Bindeglied zwischen den überseeischen Ländern und dem mitteleuropäischen Hinterland geworden.

Durch die politischen Vorgänge der jüngsten Vergangenheit ist Hamburg wieder in eine Grenzlage gedrängt worden; die Verbindung zu den Weltmeeren besteht zwar nach wie vor (und muß laut Staatsvertrag durch Vertiefung des Elbfahrwassers aufrechterhalten werden), aber durch den „Eisernen Vorhang" ist die Verbindung mit Hamburgs natürlichem Hinterland abgeschnitten. Es würde nicht hanseatischem Geist entsprechen, sich mit diesen Gegebenheiten abzufinden im Bewußtsein, Hamburg habe vor Rostock die bessere, weil von Natur aus stärkere Ausgangsposition, sowie in der Hoffnung auf ein Aufheben des Eisernen Vorhangs und auf vielleicht doch noch einen Bau des schon so lange geforderten Nord-Süd-Kanales, um damit wieder gegenüber den westeuropäischen Hafenstädten konkurrenzfähig zu werden. Waren bisher Hafen und Handel das alleinige Rückgrat der Hamburger Wirtschaft, so muß jetzt die Industrie in immer stärkerem Maße mithelfen, Arbeits- und Verdienstmöglichkeiten zu schaffen. Da der Zugang zum Meer nach wie vor besteht, ist es besonders die rohstoffverarbeitende Industrie (Erdölraffinerien), die nach dem Kriege großen Aufschwung genommen hat und im Elburstromtal ihren Standort gefunden hat. Nach dem Jahresbericht 1960 der Handelskammer Hamburg weist aber die Hamburger Industrie auch eine im Bundesgebiet einmalige Fächerung auf, indem sie über 31 Industriegruppen mit durchaus befriedigender Größengliederung verfügt.

3. Hamburg als Berührungspunkt gegensätzlicher Landschaftsräume

Daß Hamburg diesen verschiedenartigen Anforderungen, die an diesen Ort als Brückenkopf, mittelalterlichen Handelsplatz, Welthafen und Industriestadt gestellt wurden und werden, immer wieder genügen konnte und kann, ist nicht zuletzt eine Folge der an dieser Stelle zusammentreffenden günstigen und unterschiedlichen Naturgegebenheiten.

Es treffen in Hamburg zweimal zwei entgegengesetzte Elemente aufeinander:

1. die Polarität des Landes: Geest und Marsch;
2. die Polarität des Wassers: Elbmündungsschlauch unnd Oberlauf der Elbe.

Die hochliegende trockene Geest mit dem durchweg guten Baugrund bietet Schutz vor Sturmfluten, gute Verteidigungsmöglichkeiten gegen angreifende Feinde sowohl hinsichtlich des Wohnens als auch des Verkehrs auf den Landstraßen. Es ist billiges Bauen möglich, da kostspielige Maßnahmen bei der Gründung von Bauwerken oder bei der Anlage von Straßen entfallen; der warme, offene, trockene Boden bietet gesunde Wohnverhältnisse; der leicht bearbeitbare Boden machte dem Vordringen der ersten Siedler keine Schwierigkeiten. Andererseits ist der Boden im allgemeinen bindig genug, um ein sofortiges Versickern des Niederschlagwassers in schwer erreichbare Tiefen zu verhindern (Ausnahme Trockentäler in Harburg!). Tiefere *Grundwasser*stockwerke, die eine ausreichende Versorgung der Großstadt gewährleisten, sind vorhanden, eine Fernwasserleitung, wie z. B. bei Bremen aus dem Harz, ist nicht erforderlich.

Das Urstromtal mit seiner im Urzustand schwer zugänglichen Marschlandschaft bietet der herausragenden Geest Schutz vor Angreifern, es gestattet aber auch intensive Landwirtschaft, wie sie zur Versorgung einer Großstadt erforderlich ist; der überall vorhandene oder leicht zu schaffende Wasseranschluß gibt Hafen und Industrie gute Standortbedingungen, tragfähiger Baugrund ist für Industriegebiete mit durchaus wirtschaftlichen Mitteln erreichbar.

Der Durchbruch der Alster durch die nördliche Geest schafft einen natürlichen Übergang vom Urstromtal zu den Geestflächen.

Der *Mündungstrichter* der Elbe stellt die Verbindung zu den Weltmeeren her, das sandige Bett der Elbe gestattet jederzeit eine Vertiefung des Fahrwassers auf das für Seeschiffe erforderliche Maß.

Der *Oberlauf* der Elbe schafft die Verbindung auf dem Wasserwege mit dem Hinterland und ermöglicht die Binnenschiffahrt bis Hamburg ohne Gefährdung durch starken Wellengang, der kleineren Fahrzeugen auf der Unterelbe schon recht gefährlich werden kann.

Zwischen Oberlauf und Mündungsschlauch liegt bei Hamburg das *Stromspaltungsgebiet*. Es bildet die obere Grenze für die See- und Küstenschiffahrt und die untere Grenze für den Binnenschiffsverkehr. Es verbindet somit Oberlauf und Unterlauf der Elbe und stellt einen natürlichen Brechpunkt des Verkehrs dar. Zum Stromspaltungsgebiet gehören auch die Unterläufe der Alster und Bille, die somit auch die Verbindung des Elbeschiffahrtsweges mit der Geest herstellen.

DIE BEBAUUNG HAMBURGS

Das Entstehen der Hafenstadt am Rande des Urstromtales

(Die Entwicklungsrichtungen des Stadtgrundrisses zwischen Marsch und Geest)

A. DIE VOR- UND FRÜHGESCHICHTLICHE BESIEDLUNG DER GEEST NÖRDLICH DES ELBURSTROMTALES

1. Die vorgeschichtliche Besiedlung

a) Die ersten Siedlungsspuren in sandigen Böden

Aus der Endzeit des letzten Hochglazials (Weichseleiszeit) sind – besonders durch die zahlreichen Funde und Ausgrabungen von A. Rust im Ahrensburger Tunneltal – genauere Einzelheiten über die Menschen bekannt, die sich zunächst nur in den Sommermonaten, später ganz nördlich der Elbe aufhielten.

Das Inlandeis schmolz ab – unterbrochen von einzelnen erneuten Eisvorstößen –, zunächst drang baumlose, dann parkartige Tundra immer weiter nach Norden und Osten vor. Rentiere, Schneehasen, Wildgänse und andere jagdbare Tiere fanden in ihr Nahrung und zogen die ersten Menschen nach sich. Man kann annehmen, daß sich auch schon in früheren Zwischeneiszeiten hier Menschen aufgehalten haben (Vertreter des Heidelberger Typs, vgl. A. Rust, 1955). Genauere Kenntnis besteht aber erst über die Menschen des Spätpaläolithikums.

Die südliche Nordsee war zu jener Zeit (15 000 v. Chr.) noch landfest. Die flandrische Transgression begann erst um 7000 v. Chr. mit der Überflutung der Doggerbank. Aus diesem Gebiet kamen die Rentierjäger entlang des Laufes der Urelbe (Fundplätze Cuxhaven, Stade, Buxtehude, Harburg) und hatten bei Hamburg die erste Gelegenheit, das breite Urstromtal zu überschreiten, um jenseits der Elbe an den Wasserläufen der Alster und Bille ihre Sommerlager aufzuschlagen (Verdichtung von Sommerwohnplätzen im Raum von Hamburg, vgl. A. Rust, 1955).

Neben der Gelegenheit der Elbüberquerung ermöglichten günstige Landschafts- und Bodenverhältnisse jenseits der Elbe die ersten menschlichen Ansiedlungen.

Die Rentiere kreuzten das Elbtal bei Hamburg und hatten von dieser Furt aus nur noch 15 km zu überwinden bis zum Rand der Jungmoränen, die mineralhaltiger als die Altmoränen waren und mehr Nahrung boten. Die Entfernung vom Elbufer bis zu den Jungmoränen etwa bei Neumünster würde sich hingegen auf 60 km belaufen und durch sumpfige, vegetationsarme Sandergebiete geführt haben (A. Rust, 1955).

Die Menschen fanden auf den warmen, offenen Geestböden der Altmoräne vor dem Rand der Jungmoräne günstige Bedingungen vor. „Es ist eine merkwürdige, aber gut belegte Tatsache, daß die Menschen dieser frühen Kulturen (Hamburger Stufe, Ahrensburger Stufe) vorzugsweise die leichten Sandböden aufgesucht haben und sich nur selten den etwas schwereren Moränenböden zuwandten" (Kolumbe, 1950).

Die bekanntesten Beispiele für menschliche Lagerplätze der Steinzeit auf Sandböden in der Nähe von Wasserflächen sind die Rissener Dünen (vgl. Abb. 116), das Ahrensburger Tunneltal (Abb. 118) und die Boberger Dünen (Abb. 117). Auf dem Sandboden fanden jene Menschen warme, trockene *Lager*plätze, die umgebenden Wasserflächen boten ihnen *Schutz* und zugleich auch *Nahrung*.

„Die Lage der jungsteinzeitlichen Siedlungen wurde nicht mehr durch die Nähe offenen Wassers bestimmt, sondern durch die Lage fruchtbaren Bodens, den man bestellte" (A. Rust, 1955). Jetzt war die Zeit der reinen Jäger und Sammler vorbei, das leicht zu jagende Ren verschwunden, die Wälder schwerer zu durchdringen. Die Siedlungsräume drangen von den mittelsteinzeitlichen Plätzen auf den leichten, trockenen Sandböden an den Rändern der Talungen langsam in die Eichenbirken- und Eichenmischwälder der Altmoräne sowie in die Eichenbuchenwälder der Jungmoräne vor.

Die Spuren dieser Besiedlung sind im Stadtkern Hamburgs seit langem zerstört, finden sich aber in den Außenbezirken „im Halbrund von Boberg über Volksdorf nach Schulau sich spannend" (A. Rust). Hierher gehören u. a. die Oberflächen- und Streufunde vom Schierenkamp (Poppenbüttel), Lemsahl / Mellingstedt und vom Schüberg, die Osdorfer Tiefstichkeramik, die Steinkiste von Sülldorf, der Verwahrfund von Tinsdahl (E. Kolumbe, 1951, 1950).

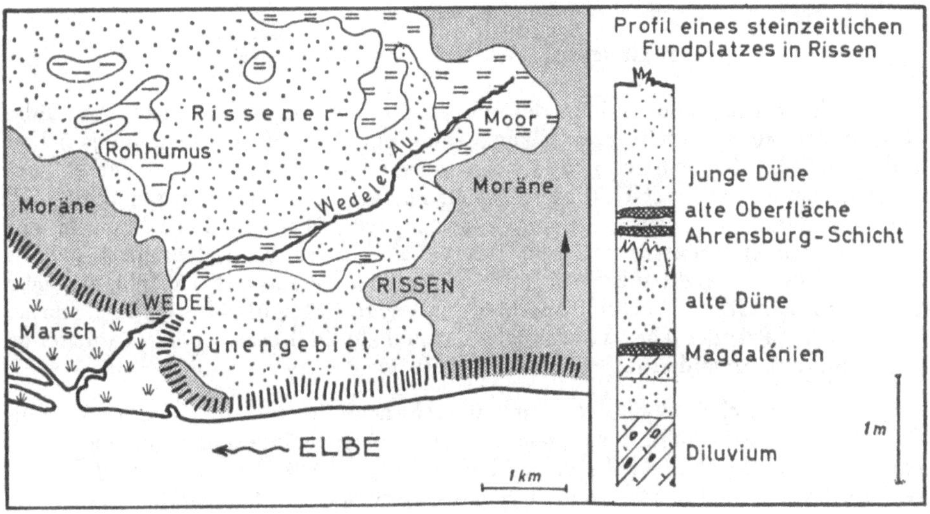

Abb. 116 **Steinzeitliche Fundplätze in den Rissener Dünen**

nach H. Schwabedissen, 1949

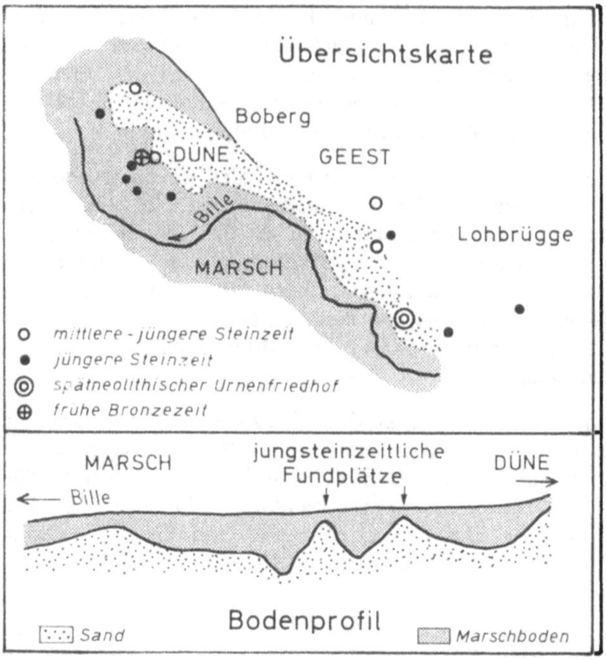

Abb. 117 **Stein- bis bronzezeitliche Fundplätze bei Boberg**
nach R. Schindler, 1953

b) Beginnender Schlickfall im Urstromtal

„An der Brückenkopfstellung des großen Dreiecks zwischen Alster und Elbe während der Stein- und Bronzezeit kann kaum ein Zweifel bestehen. Indes schon in der Zeit des Spätneolithikums mögen sich die günstigen Verkehrsbedingungen zunehmend verschlechtert haben. Es tritt nämlich genau um diese Zeit jene Veränderung ein, die zu einer Anlandung gewaltiger Schlickmassen in der bis dahin lichten, breiten, sandigen, von vielen kleinen Rinnsalen durchzogenen Elbaue führten . . . Bald füllten sich die Senken der Talaue mit der Schlammtrübe auf, die im ständigen Wechsel von Ebbe und Flut stromaufwärts geführt wurde. Die flachen Talränder aber verwandelten sich bald in breite, später vertorfende Bruch- und Sumpfwaldgürtel" (R. Schindler, 1955).

Jungsteinzeitliche Wohnplätze finden sich noch überall im Innern des Elbtales. Die unter dem Schlick vor dem Boberger Dünengelände aufgefundenen, ausgedehnten neolithischen Wohnplätze demonstrieren, daß das gesamte Elbtal bis etwa 1600 v. Chr. schlickfrei und bewohnbar gewesen ist (R. Schindler, 1953). Zu Beginn der Bronzezeit zwang die Vernässung der breiten Talaue infolge der immer weiter fortschreitenden flandrischen Transgression die Bewohner zum Rückzug aus dem Talinnern, z. B. an den Fuß der Boberger Dünen. Auch diese Wohnplätze wurden jedoch bald überschlickt. Es sind keine Bodenfunde aus der Bronzezeit in den Marschlanden nördlich des heutigen Elbufers bekannt (vgl. Abb. 117).

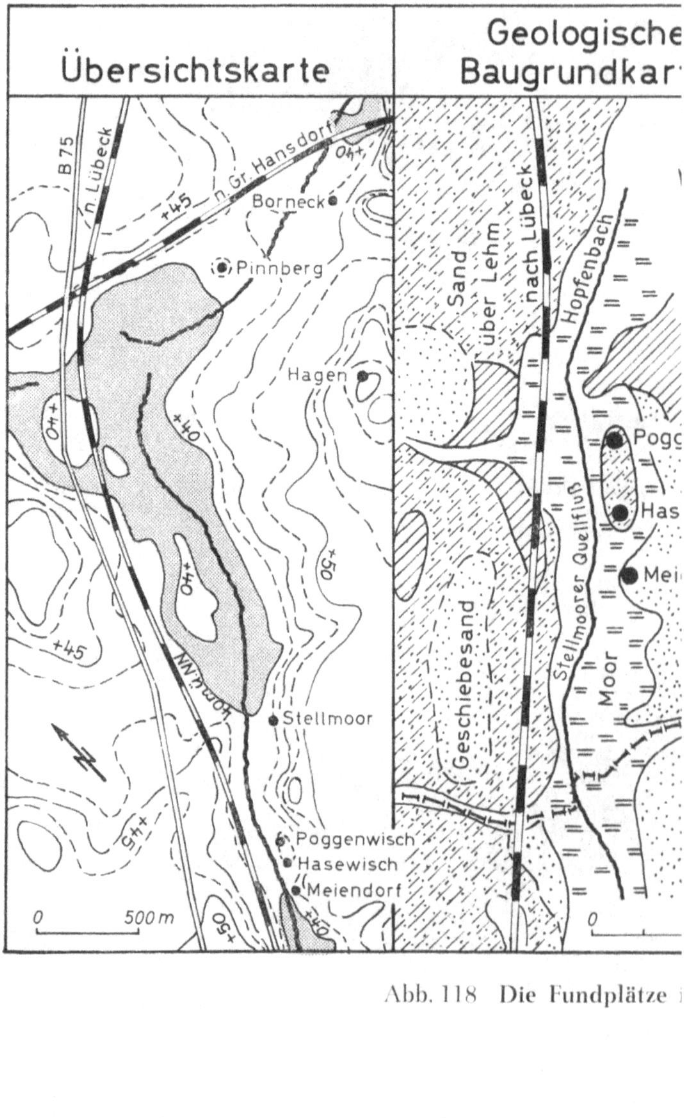

Abb. 118 Die Fundplätze

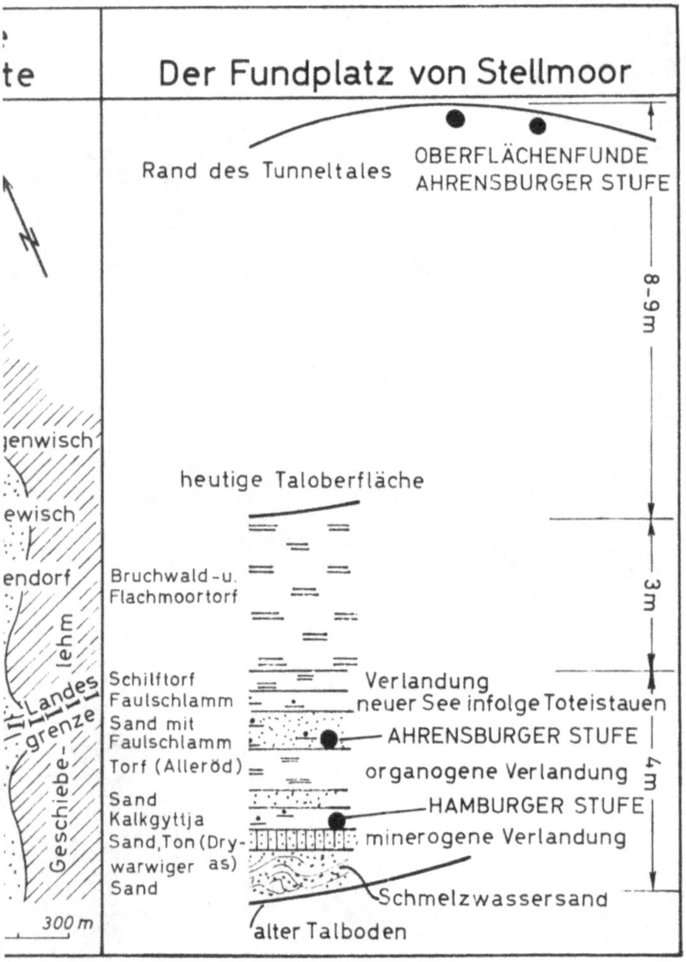

im Ahrensburger Tunneltal

nach A. Rust, 1943

Die Aufschlickung des Elbtales wird erst durch die Eindeichungen, die im Mittelalter beginnen, beendet. Durch diese Eindeichungen wird das Elbtal wieder besiedlungsfähig.

Neben den Siedlungsbedingungen sind auch die Übersetzmöglichkeiten im Raum Hamburg stark beeinträchtigt worden. Sie sind jetzt praktisch auf zwei Fährstellen beschränkt. Die beiden nördlichen Landestellen sind

1. Wittenbergen unterhalb des Stromspaltungsgebietes,
2. Lauenburg oberhalb dieses verkehrsfeindlichen Gebietes.

Dieses Stromspaltungsgebiet ist ein Verkehrshindernis in zweifacher Beziehung: Die z. T. flachen und verlandenden oder die tieferen, sich aber dauernd verändernden Flußarme erschweren den Verkehr zu Wasser; die schlickigen oder vermoorten Inseln und Uferstreifen und ihr undurchdringbarer Bruchwald erschweren den Verkehr zu Lande. Der dauernde Wechsel von Land- und Wasserweg in dieser amphibischen Landschaft erforderte außerdem ein dauerndes „Umsteigen". Für eine Fahrt von Hamburg etwa nach Hannover bedeutete noch im 19. Jahrhundert die kurze Strecke zwischen Hamburg und Harburg den weitaus schwierigsten und gefährlichsten Teil.

Erst 1887 wurde mit der Fertigstellung der ersten Norderelbbrücke eine durchgehende Landverbindung zwischen nördlicher und südlicher Geest geschaffen!

„Es läßt sich nicht verleugnen, daß der Lebensstandard der Küstenbewohner, aber auch der Bevölkerung des damaligen Angeln oder der südlich angrenzenden Elbgermanen dank ihrer ungehinderten Beziehungen, vor allem zum Römischen Reich, ein ungleich höherer gewesen ist als bei uns, wo doch anscheinend die breite, versumpfte, verkehrsfeindliche Elbmarsch ein Rückzugsgebiet geschaffen hat, einen toten Winkel, der die freien Verbindungen vor allem nach dem Westen hin behinderte. Dies ist offenbar auch der Grund dafür, daß unser Gebiet während der Völkerwanderung bis zum Frühmittelalter ziemlich bedeutungslos gewesen ist" (R. Schindler, 1955).

Der Zutritt der von Westen und Süden kommenden Kulturströmungen zum Alstergebiet nördlich der Elbe war nun von der Bronzezeit an beschränkt auf die Fährstelle Wittenbergen und die noch weiter von unserem Gebiet entfernte Station Lauenburg. Boberg z. B. hatte jedenfalls seine Bedeutung verloren. Und so hat sich dann auch der Schwerpunkt – besonders der früheisenzeitlichen – Besiedlung auf das Gebiet westlich der Alster verlagert. Einer der frühesten eisenzeitlichen Funde liegt wieder ganz in der Nähe des frühesten der bronzezeitlichen Funde: am Elbhochufer bei Wittenbergen am Luusberg bei Tinsdahl. Hier liegt auch der wichtige Flachhügelfriedhof von Rissen-Tinsdahl. „Weitere, ebenfalls bedeutsame Urnenfriedhöfe, die teils bis an die Schwelle der Zeitenwende heranreichen, wie Sülldorf, Osdorf, Dockenhuden, Halstenbek und viele andere, führen uns die zunehmende Siedlungsdichte des sich hier kristallisierenden Schwerpunktes vor Augen" (R. Schindler, 1955).

c) Zunehmende Siedlungsdichte auf der Geest

Die zunehmende Siedlungsdichte zwingt den Menschen erstmalig, sich aktiv mit Baugrund auseinanderzusetzen, der nicht von vornherein für seine Zwecke geeignet ist, so daß besondere Maßnahmen ergriffen werden müssen.

Eine solche, durch Funde gesicherte Maßnahme ist die Anlage eines Bohlweges durch das Wittmoor in unmittelbarer Nähe der Grabhügel von Lemsahl und Mellingstedt.

Der in Farmsen aufgefundene, mit Feldsteinen ausgelegte Dorfweg kann ebenfalls als eine frühe Maßnahme des Menschen angesehen werden, den natürlichen Untergrund für seine Zwecke geeigneter zu machen, nämlich den sandigen oder lehmigen, durch den im Dorf verstärkten Verkehr „grundlos" gewordenen Weg zu befestigen, eine Maßnahme, die sich auf der „freien Strecke" dadurch erübrigte, daß man neben der ausgefahrenen Spur eine neue anlegte.

Die Rohstoffe zur Eisenherstellung waren das sich mit der zunehmenden Vernässung am Rande der Moore bildende Sumpferz oder Rasenerz und Holzkohle, also beides bodenständige Rohstoffe.

Der Holzkohlebedarf für die Eisenverhüttung war sehr erheblich, die Rodungen wurden großflächiger und flossen im Altmoränengebiet allmählich zusammen.

„Im Abstand von 1–2 km (von der Farmsener Fundstelle) liegen bereits die nächsten, uns bekannt gewordenen Siedlungsplätze der gleichen Zeit (Bramfeld, Oldenfelde), weitere folgen in ähnlich kurzen Intervallen, wie die Fundplätze von Alt-Rahlstedt, Bramfeld, Kl. See, Bramfeld-Am Stühm, Hinschenfelde und Volksdorf-Meiendorf" (R. Schindler, Hammaburg 10).

Neues Gelände zur Besiedlung fand man in zwei Richtungen:

1. Im ostholsteinischen Jungmoränengebiet mit seinem Holzreichtum. Den dort schwereren Lehmboden konnte man mit den jetzt zur Verfügung stehenden Eisengeräten bearbeiten. Der Eisenschmelzofen von Duvenstedt um Christi Geburt „bestätigt in mancher Hinsicht die Hingst'sche Konzeption von einer Schwerpunktverlagerung der Siedlung vom Altmoränenboden zur Jungmoräne hin als Folge des Waldrückganges in den Altsiedelgebieten" (R. Schindler, Hammaburg 9).

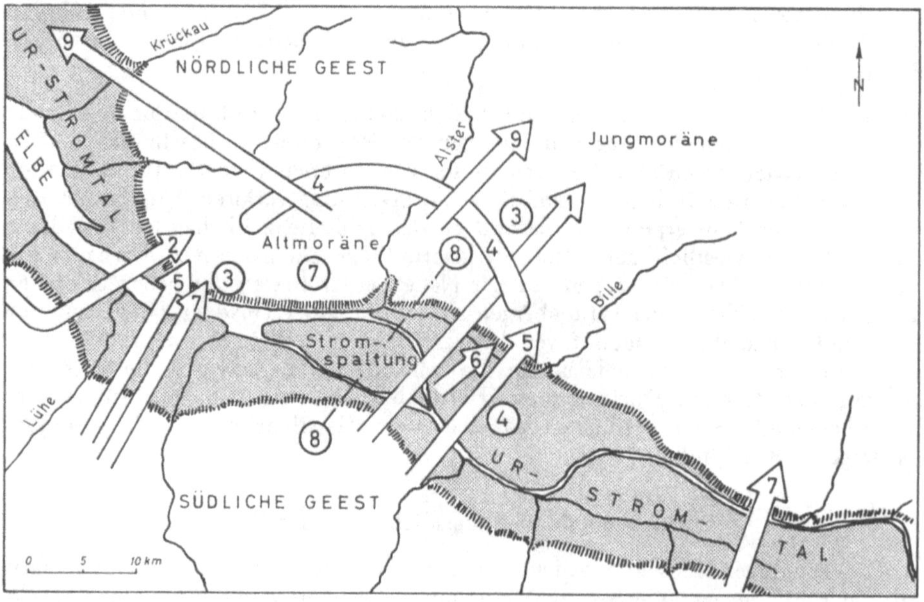

Abb. 119 **Die vorgeschichtliche Besiedlung von Marsch und Geest im Hamburger Raum**

2. Die Störmarsch war jetzt so weit aufgeschlickt, daß sie bei geringer Meeresregression in den ersten vorchristlichen Jahrhunderten für Flachsiedlungen geeignet wurde, aus denen sich später – unter dem Einfluß der Dünkirchentransgression – Wurtensiedlungen entwickelten.

Die fruchtbaren Böden der Elbmarsch zu nutzen, gelang erst im Mittelalter den aus den Niederlanden einwandernden Deichbauern.

d) Zusammenfassung der vorgeschichtlichen Entwicklung

(Vgl. hierzu Abb. 119)

1.	Rentiere überqueren bei Hamburg die Elbe (Nur 15 km bis zur Jungmoräne)	Altsteinzeit
2.	Rentierjäger folgen den Herden im Sommer. Sie kommen elbaufwärts (etwa aus dem Gebiet der Doggerbank) und überqueren das hier schmäler werdende Urstromtal.	Spätpaläolithikum und Mesolithikum
3.	Günstige Bedingungen für Jägerlager: warmer, erhöht liegender, trockener Sandboden umgeben von Wasserflächen (z. B. Rissen, Ahrensburger Tunneltal).	
4.	Verschwinden der Renherden – Seßhaftwerden der Menschen, erstes Bauerntum – leichte, aber lehmige Böden bevorzugt – Besiedlung der Altmoräne. Auch im (noch schlickfreien) Urstromtal zahlreiche Funde.	Neolithikum
5.	Frühbronzezeitliche Depotfunde Wittenbergen und Boberg (Elbübergänge).	Bronzezeit
6.	Beginn des Schlickfalls im Elbtal: Rückzug an den Rand des Urstromtales (Boberg), keine weiteren Funde mehr im Marschenschlick.	
7.	Früheisenzeitlicher Fund nur noch bei Wittenbergen, kein Übergang bei Boberg mehr, sondern nur noch oberhalb und unterhalb des Stromspaltungsgebietes (Lauenburg, Wittenbergen); Siedlungsschwerpunkt westlich der Alster.	Eisenzeit
8.	Verkehrsfeindliche Elbmarsch = Stammesgrenze (Harburg: Langobarden – Farmsen: Sueben).	
9.	Vordringen der Besiedlung aus der abgeholzten (Eisenverhüttung) Altmoräne in fruchtbarere und holzreiche Jungmoräne und in die jetzt genügend aufgeschlickte Störmarsch (zunächst Flachsiedlung während kurzer Regression – später Wurten bei einsetzender Dünkirchentransgression).	

2. Die frühgeschichtliche Besiedlung

a) Der günstig gelegene Geestsporn zwischen Elbe und Alster

Trotz der Trennung des Hamburger Gebietes durch die sumpfige Elbmarsch besonders vom Römischen Reich konnte innerhalb dieses abgeschirmten Gebietes doch ein Punkt zu einer gewissen Bedeutung gelangen: der in den schriftlichen Quellen des 9. Jahrhunderts als sedes Nordalbingorum bezeichnete Ort auf der Geestzunge zwischen Elbe und Alster, der im Stormarngau besonders dank seiner verkehrsgeographisch günstigen Lage an Geestrand und Alsterfurt offenbar eine wichtige Rolle gespielt hat. Auf drei Seiten eingeschlossen von sumpfigen Marschniederungen befand er sich außerdem in einer natürlichen Schutzlage. Hier auf den sandigen Höhen lag der Schwerpunkt der Siedlungen; die sumpfige, hochwassergefährdete Marsch dagegen wurde wohl während der trockenen Jahreszeit wirtschaftlich genutzt (Weide, Schilf- und Buschholzgewinnung, Fischfang), aber nicht fest besiedelt.

Scherbenfunde aus verschiedenen Zeiträumen erwiesen, daß dieser hochgelegene Platz der Geest schon seit der mittleren Steinzeit von Menschen besiedelt war. Er blieb es ohne Unterbrechung bis in die Zeit der Karolinger, also bis ins frühe Mittelalter. Die Annahme einer sächsischen Fluchtburg mit Tingstätte müsse allerdings wohl wegen Mangels an Spuren aufgegeben werden (E. v. Lehe, 1959).

Die militärisch günstige Lage war es auch, die den Befehlshaber des fränkischen Heeres Karls des Großen möglicherweise veranlaßte, diese Stelle für eine Befestigungsanlage zu wählen, als Stützpunkt im Gebiet jenseits der Elbmarsch, nicht als Brückenkopf zur Sicherung eines Elbüberganges. Durch Funde belegt ist ein Kastell jedoch auch nicht, es wird sich zunächst wohl lediglich um die Gründung eines Missionsstützpunktes durch den Mönch Heridag (811) gehandelt haben.

b) Der Elbübergang

Wo die Franken die Elbe überschritten, ist nicht bekannt. Bezeichnend ist, daß sich Karl der Große nach Unterwerfung der südelbischen Sachsen zunächst mit den in Mecklenburg ansässigen Obotriten verbündete (Elbübergang oberhalb der Stromspaltung, von Lüne, Bardowik aus), mit deren Hilfe er 804 die ebenfalls heidnischen Sachsen bezwang, und denen er dann das nordelbische Gebiet überließ.

Als dann die Dänen von der Eider her die Sachsengaue bedrohten, überschritt er wieder die Elbe und errichtete ein Kastell bei Itzehoe an der Stör (Elbübergang unterhalb der Stromspaltung, von Hollenstedt aus!). Der „Limes Saxoniae" wurde von Ludwig dem Frommen, dem Sohn Karls des Großen, von dem schon die Planung stammte, zur Sicherung der Ostflanke des nordelbischen Gebietes gebaut. Er endet im Süden wiederum bei Lauenburg (Elbübergang!).

Im Zentrum dieses Gebietes lag nun die geschützte Geestzunge an der Alster, die – ebenfalls von Karl dem Großen geplant, von Ludwig dem Frommen ausgeführt – für den Bau einer Missionskirche und eines schützenden Kastells ausersehen wurde.

„Während die küstennahen Elbmarschen beiderseits des Stromes bis in die Stader Gegend schon im 1. und 2. Jahrhundert n. Chr. von Menschen bewohnt wurden, bleiben die Marschlande um Hamburg bis ins frühe und hohe Mittelalter hinein ungenutzt . . . Während in der Störmarsch beispielsweise bereits im 3./4. Jahrhundert Wurtenhöhen bis zu 1,3 m und normales Marschenniveau bei ± NN gemessen werden, liegt die alte Marschenoberfläche bei Hamburg noch im 9. Jahrhundert durchgehend bei ± NN und tiefer. Die Elbmarsch zwischen Hamburg und Harburg muß also im Frühmittelalter besonders sumpfig, verkehrs- und siedlungsfeindlich gewesen sein" (R. Schindler, 1957, S. 105).

c) Die Elbwasserstraße

Entscheidend für diesen geschützt liegenden Ort an der Alsterfurt wird jetzt die Lage in Nähe der Elbwasserstraße, die eine bessere Verbindung mit dem fränkischen Mutterland – neben der Verbindung mit der übrigen Welt – herstellt, als der unmittelbare Übergang über das sumpfige Elbtal bei Hamburg. Der Bischof Ansgar selbst kam per Schiff, wie er überhaupt seine wichtigsten Missionsreisen nach Dänemark und Schweden zu Schiff unternahm. Da er es bevorzugte, im Gefolge von Kaufleuten zu reisen, die die Gefahren des Meeres und des Landes kannten, kann man mit Schindler zu der Ansicht kommen, daß in Hamburg bereits ein Handelsplatz vorhanden war, ehe die Hammaburg als christlicher Missionsstützpunkt erbaut wurde. Wesentlich ist jedenfalls, daß nahe der Elbwasserstraße hier an den kleinen Armen der Alster und Bille am Fuße der Geest die Möglichkeit gegeben war, für die damalige Schiffahrt einen Schutzhafen zu errichten.

Aber vorläufig stellt die Elbe auch noch eine Bedrohung dar für den Bestand eines friedlichen Handels- und Missionsstützpunktes. Im Jahre 845 kommen dänische Wikinger elbaufwärts und zerstören den Ort restlos.

Ansgar, der erste und einzige Erzbischof Hamburgs zieht sich in das sichere Bremen zurück.

Dagegen ist für die Kaufleute dieser Ort zwischen Alster und Elbe so günstig, daß sie solche Gefahren in Kauf nehmen und immer wieder an den so vorteilhaft gelegenen Geestrand zurückkehren.

„Kaufleute, Fernfahrten auf erprobten Seewegen, Warenumschlagplätze, Häfen und stadtähnliche Ansiedlungen hatten im Gefüge der nordwesteuropäischen Zivilisation des 9. Jahrhunderts Bedeutung. Jeder Ort, der Anspruch auf gewisse Geltung erhob, mußte sich in den vorhandenen Rahmen einfügen. Dies traf für die neugegründete nordische Missionsmetropole Hamburgs in ganz besonderem Maße zu.

Es ist nicht ausgeschlossen, daß Ansätze für einen Handelsplatz Hamburg schon geraume Zeit vor der Burgengründung vorhanden waren. Denn Ansgar liebte es, seine Schritte dorthin zu lenken, wo die Wege durch die Pionierarbeit der Kaufleute bereits geebnet waren. Seine volle Bedeutung erlangte der Ort zweifellos durch die Gründung des Erzbistums. Im Schutze der Burg konnte die Wiksiedlung gedeihen. Durch die Verleihung der kaiserlichen Markt-, Zoll- und Münzrechte steigerte sich ihre Bedeutung. Ansgar selbst wird dafür gesorgt haben, daß durch Heranziehung westlicher Kaufleute das wirtschaftliche Leben gefördert wurde" (R. Schindler, 1957, S. 134).

d) Zusammenfassung der frühgeschichtlichen Vorgänge

(Vgl. hierzu Abb. 120)

1.	Abschirmung des nordelbischen Gebietes durch das verkehrsfeindliche Elbtal: Bedeutungslosigkeit dieses Gebietes während der Völkerwanderung bis ins Frühmittelalter.	4.–8. Jahrhundert
2.	Sedes Nordalbingorum auf dem Geestsporn als Hauptort des Stormarngaues?	
3.	Ausdehnung des fränkischen Reiches nach Norden. Von Bardowik, Lüne erster Kontakt mit den Obotriten, d. h. Elbübergang oberhalb der Stromspaltung!	Ende des 8. Jahrhunderts
4.	Endgültige Unterwerfung der nordelbischen Sachsen von Hollenstedt aus, d. h. Elbübergang unterhalb der Stromspaltung!	Anfang des 9. Jahrhunderts
5.	Obotriten auf dem Geestsporn. Allenfalls Missionsstützpunkt Bischof Heridags, aber kein fränkisches Kastell (noch zu unsichere Lage). Siedlung am südlichen Abhang der nördlichen Geest. Scherbenfunde (friesische Gefäße) zeigen die Bedeutung der Elbwasserstraße (Hafen!).	
6.	Eine Folge der Bedrohung von Norden durch die Dänen sind das fränkische Kastell Esesfeld (Itzehoe, Elbübergang unterhalb der Stromspaltung) und die Verschiebung der Nordgrenze an die Eider-Trave-Linie. Die Ostgrenze bildet der Limes Saxoniae von Kiel bis Lauenburg (Elbübergang oberhalb der Stromspaltung!).	809
7.	Die Hammaburg im Zentrum des gesicherten Nordelbischen Gebietes: Missionskirche und Kastell, am Südhang der Geest, zwischen der alten Landstraße im Norden und den Wasserarmen der Elbe im Süden.	810–830
8.	Trotz Gefährdung von Westen (845 Wikinger) und Osten (10. u. 11. Jh., Obotriten und Wenden) immer wieder Aufbau des Wikortes wegen seiner günstigen Lage.	9.–11. Jahrhundert
9.	Im 12. Jh. gewinnt Hamburg gegenüber Bardowik und Stade (sichere Lage dieser Orte südlich der Elbe und an Elbübergängen außerhalb der Stromspaltung) an Bedeutung, es rückt aus der Grenzlage heraus (Bistumsgründungen Lübeck, Ratzeburg, Oldenburg).	12. Jahrhundert

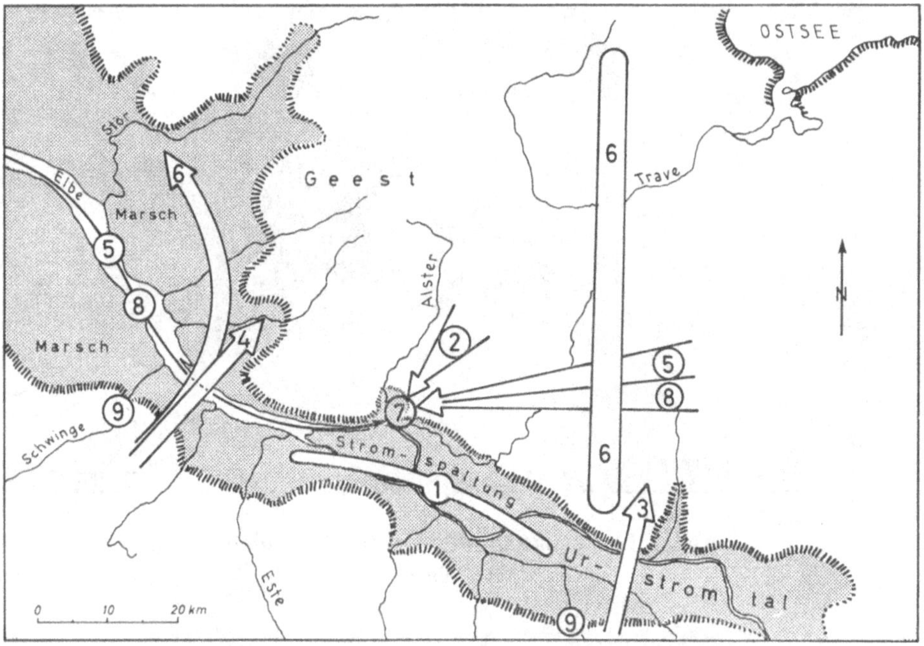

Abb. 120 **Frühgeschichtliche Vorgänge in der Umgebung des Stromspaltungsgebietes der Elbe**

B. HAMBURG IM 9.-11. JAHRHUNDERT ALS WIKORT AM GEESTRAND

Die Elemente dieses auf der von Marsch- und Wasserflächen umgebenen Geestzunge liegenden Wikortes sind Landstraße und Hafen, die Hammaburg mit der ecclesia und der bischöflichen civitas und das suburbium.

1. Die Landstraße am Geestrand

Der Verlauf der alten Landstraße ist noch heute erkennbar in dem Straßenzug Steinstraße – Speersort – Rathausstraße – Große Johannisstraße – Großer Burstah – Graskeller – Alter und Neuer Steinweg. Er ist leicht zu erklären: Die Straße verläuft am Geestrand und benutzt solange wie möglich den trockenen, festen, erhöht liegenden Diluvialboden. Sie überquert die Alsterniederung mit ihren weichen Alluvionen an deren engster Stelle (vgl. Abb. 121).

Der mäandrierende Alsterlauf selbst wird in dem Wendepunkt zwischen zwei Schleifen überschritten, denn an solchen Punkten befinden sich ja bekanntlich die seichten Furtstellen. Auf der rechten Alsterseite verläuft die Straße dann auf dem – im Verhältnis zum Gleithangufer höher liegenden, geologisch älteren und daher festeren – Prallhangufer und führt dann auf dem kürzesten Wege auf den westlichen Geestrücken zu, der zwar zur Elbe einen Steilhang besitzt, zum Alsterdurchbruch dagegen sanfter geneigt ist (vgl. Abb. 16b und 93a).

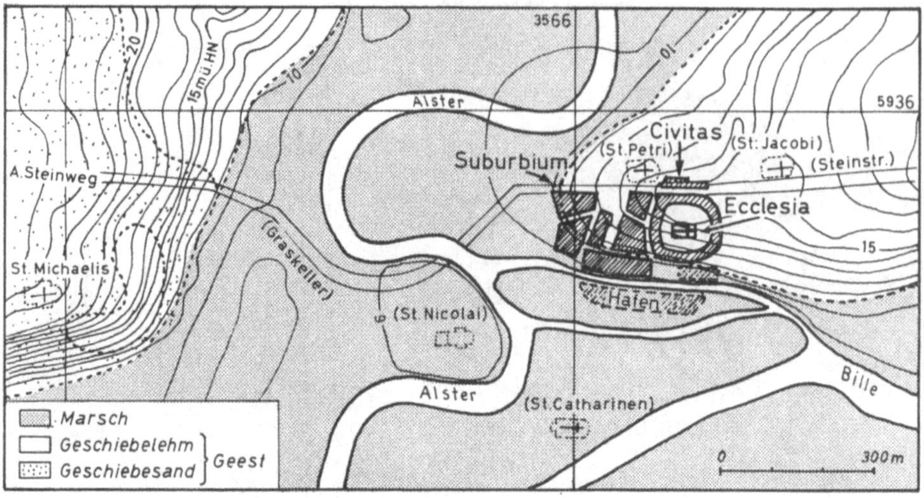

Abb. 121 **Hamburg, Mitte des 9. Jahrhunderts**
nach R. Schindler, 1956

Der ursprünglich S-förmige Verlauf der Alster zwischen den beiden Geestrücken ist in seinem unteren Teil noch heute erhalten (Nicolaifleet). Die obere S-Schleife wurde sehr bald verdeckt durch wasserbauliche Maßnahmen, deren wichtigste der erste Mühlenstau (1195) war. Ihr Vorhandensein und ihre Form wird aber gerade durch die Lage der Alsterfurt (in einem Wendepunkt nämlich!) bestätigt.

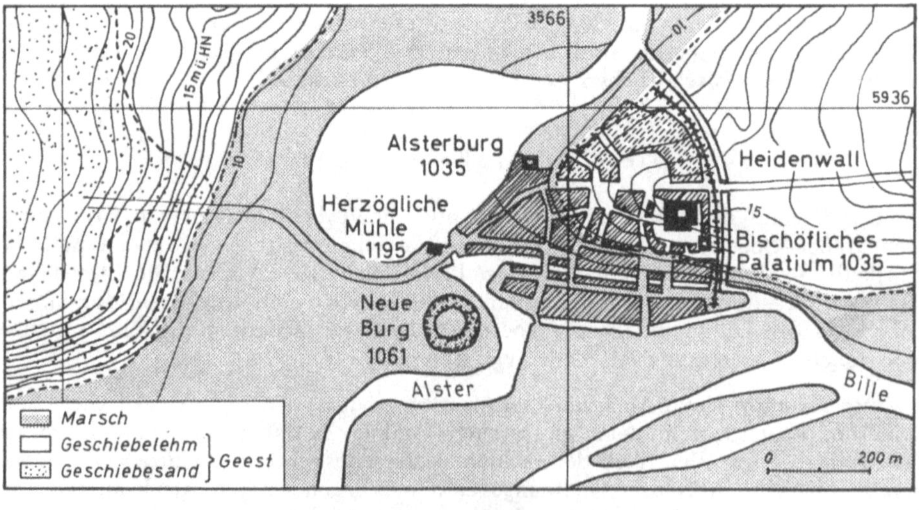

Abb. 122 **Hamburg, 11. bis 12. Jahrhundert**
nach R. Schindler, 1956

2. Der Hafen in der Alstermarsch

Kommt im Verlaufe eines Landweges schon einer Furtstelle allein solche Bedeutung zu, die oft eine Stadtgründung zur Folge hat (Rastplatz, Umschlag der Waren, Handel), so kommt im Falle Hamburg noch die Tatsache der nahen Elbe hinzu, die eine Verbindung zu Schiff mit der Nordseeküste, mit dem Rheinland und mit Skandinavien herstellt.

Auf der östlichen Geestzunge nähert sich dieser Wasserstraße die alte Landstraße sehr stark, und zwar nicht nur abstandsmäßig, sondern auch höhenmäßig, denn dieser Geestsporn ist relativ niedrig und auch flach. Allerdings waren die Höhenunterschiede und das Gefälle früher größer als heute (vgl. Abb. 93 b), weil mit der Zeit durch Abtragung und Aufschüttung eine gewisse Nivellierung eingetreten ist. Aber jedenfalls waren hier die Verhältnisse wesentlich günstiger als an der westlichen Geest (St. Michaelis, Hamburger Berg; vgl. Abb. 16 b), die rund 10 m höher und auch wesentlich steiler ist. Außerdem befanden sich vor der östlichen Geestzunge kleine Nebenarme der Bille und Alster, die den kleinen Schiffen Schutz vor Wind und Wellen gaben.

So entstand der erste „Hafen" Hamburgs unmittelbar am Rand des östlichen Geestspornes in einem kleinen Nebenarm der Alster-Bille-Mündung, der in etwa 150–200 m Entfernung von der Landstraße, ungefähr parallel zu dieser, verlief. Es ist das spätere Reichenstraßenfleet, das erst in den siebziger Jahren des vorigen Jahrhunderts zugeschüttet wurde, damit Gr. und Kl. Reichenstraße verbreitert werden konnten. „Reihen von Klobenhölzern bildeten eine Art Landebrücke oder Anlegesteg am nördlichen Fleetufer, und in unmittelbarer Burgnähe konnten die gut erhaltenen Hölzer einer Hafentreppe freigelegt werden. Diese ziemlich aufwendige Anlage, die den geistlichen und vermutlich auch den politischen Würdenträgern ein bequemes Anlandgehen ermöglichen sollte, wenn sie Hamburg zu Schiff anliefen, ist nach Ausweis der Funde vor der Mitte des 9. Jahrhunderts, also sicher zu Ansgars Zeiten, errichtet worden" (R. Schindler, 1956).

Der Schiffsverkehr zwischen Alster und Nordsee über die Elbe wurde jetzt wesentlich verstärkt. War die Elbe bislang ein vielleicht nur wenig bekannter Handelsweg, so erlangte sie jetzt auch Bedeutung als Nachschubweg für Burg und bischöfliche Residenz. „Aufs ganze gesehen, bedeuten diese durch Spatenforschung gewonnenen Feststellungen, daß in der ersten Hälfte des 9. Jh. durch den Akt einer planmäßigen politisch-kirchlichen Gründung das infolge der Aufschlickung vom Verkehr ziemlich abgeschnittene Alstergebiet von neuem aufgeschlossen wurde, und zwar diesmal auf dem Schiffs- und Wasserwege mit Verbindung nach den politischen und wirtschaftlichen Zentren des damaligen fränkischen Reiches einerseits und nach den nordischen Zielländern der christlichen Mission und deren bedeutenden Handelsplätzen Haithabu und Birka andererseits" (R. Schindler, 1955).

Es war hier an der Alster von der Natur ein Ort geschaffen, der einem Handelsplatz ungeheuren Aufschwung versprach – sofern nur das östliche und nördliche Hinterland erst befriedet und die Grenzen gesichert waren, was erst im 12. Jh. geschah. Trotzdem war aber die Lage so günstig, daß auch schon vorher der Ort nach jeder der zahlreichen Zerstörungen sofort wieder besiedelt wurde.

Diese günstigen Bedingungen sollen noch einmal kurz zusammengefaßt werden:

Der Geestrand zieht den Verkehr an, es entsteht die *Landstraße.*

Die Alsterniederung schneidet weit in die Geest ein, aber am Rand ist eine nur enge Durchbruchstelle und damit der naturgegebene Ort für die *Alsterüberquerung* an einer Furt.

Die Elbe ist zwar bis oberhalb Hamburgs nur schwer zu überschreiten, jedoch stellt sie auf dem *Wasserweg* zur Nordsee die Verbindung mit Flandern und Skandinavien her.

Wo Landstraße und Wasserweg einander berühren, entsteht der *Hafen* und zwar dort, wo ein geschützter, kleiner Nebenarm dicht an die Geest mit der Landstraße herankommt, der Geestrand aber weder zu hoch noch zu steil ist.

3. Hammaburg und Heidenwall auf dem Geestsporn

Man mag zunächst die Frage stellen: Warum wurde die Hammaburg auf der flacheren östlichen Geestzunge, und nicht auf dem höheren und steileren Hamburger Berg (St. Michaelis) errichtet? Zwar ist die Burg an der gewählten Stelle an drei Seiten von den Sumpf- und Wasserflächen der Alster- und Elbmarsch umgeben, aber gerade die gefährdete vierte Seite, die Ostflanke, ist offen, und von hier erfolgten ja die zahlreichen Angriffe der Slaven, die eine mehrfache, völlige Zerstörung des Wikortes zur Folge hatten (983, 1066, 1072). Desgleichen hätte vielleicht im Jahre 845 eine Burg auf dem steilen westlichen Geestrand dem Angriff der dänischen Wikinger leichter standgehalten.

Außerdem ist es „auffällig, daß sich die Hammaburg in ihrer Form in keiner Weise an das vorhandene Bodenrelief anpaßt", denn sie liegt z. B. keineswegs an der höchsten Stelle des Geestspornes, sondern an dessen Südabhang (Abb. 121), was zur Folge hat, daß sie „befestigungstechnisch kein einheitliches Gebilde darstellt. Jede der vier Wallflanken zeigt eine besondere, dem Bodenrelief angepaßte Bauart" (Näheres hierüber bei R. Schindler, 1957, S. 120 ff.).

Die Beantwortung dieser Fragen ergibt sich, wenn man berücksichtigt, daß die Erbauer der Hammaburg bei der Wahl des Standortes ihrer Befestigungsanlage nicht nur nach rein fortifikatorischen Gesichtspunkten vorgehen konnten, und daß sie sich außer nach den natürlichen Verhältnissen des Untergrundes und des Bodenreliefs auch noch nach anderen Faktoren richten mußten. Z. B. war für die Erbauer der Burg die Tatsache der obotritischen Vorbesiedlung nicht zu übersehen. „Von hier aus hatten die Obotriten Nordalbingien zu beherrschen versucht, von hier sollten sie nach der neuen politischen Konzeption in Schach gehalten werden" (R. Schindler, 1957). Außerdem deutet die Vorbesiedlung gerade an dieser Stelle auf die besonderen Vorzüge des Platzes hin.

Sicher war für die Burgbauer das Vorhandensein der Landstraße eine Tatsache, wahrscheinlich auch das des Hafens sowie eines gewissen Umschlag- oder Handelsplatzes. Auf jeden Fall bekam aber der Hafen für die Burg selbst eine Bedeutung, da die Verbindung mit dem fränkischen Mutterlande nur auf dem Wasserwege bestand. Es ist daher verständlich, wenn die Burg zwischen Landstraße und Hafen gelegt wurde. Damit lag sie dann auch an der wärmeren, vor allen Dingen aber steileren und daher leichter zu befestigenden Südflanke des Geestsporns, im Gegensatz zu der flacheren Nordflanke.

Wie bereits erwähnt, war der Geestsporn an drei Seiten von sumpfigem Gelände und Wasserflächen umgeben und nur nach der Seite offen, von der gerade die Gefahr drohte. Hier, an der Ostflanke der Burg, soll der Geestrücken ursprünglich etwas eingesattelt gewesen sein. „Diese Senke, die später die Grundlinie für die Befestigung des Heidenwalls abgab, scheint an der Südseite besonders tief in den Untergrund eingeschnitten gewesen zu sein. So bot sich an dieser Stelle schon eine von Natur vorgezeichnete Befestigungslinie an" (Schindler, 1957).

Der „Heidenwall" (vgl. Abb. 122) riegelte den ganzen Geestsporn nach Osten ab, von der Alster- bis zur Elbniederung. Bei der Fundamentierung des Pressehauses wurde der südliche Abschnitt freigelegt, und man konnte eine viermalige Erhöhung und Verbreiterung dieser Anlage erkennen. „Ebensooft hat der Wikort nach chronikalischen Nachrichten in den folgenden Jahrhunderten zusammen mit der Domsiedlung kriegerische Verheerung und Brand durch die angreifenden Slaven erlitten" (E. v. Lehe, 1959, S. 34).

Mit der Errichtung des Heidenwalles wurde dann der Wall der Hammaburg sehr bald wieder überflüssig. Aber „obwohl nur von kurzer Lebensdauer, hat sich diese Befestigung in ihren topographischen Umrissen fast bis auf den heutigen Tag im Kartenbild der Stadt erhalten und ist auf diesem Wege 1949/50 archäologisch entdeckt worden" (R. Schindler, 1955, S. 127). Erst die moderne Verkehrsentwicklung nach dem 2. Weltkrieg läßt ihre Spuren restlos verwischen.

4. Die Neue Burg in der Alstermarsch

Die *Hammaburg* wurde auf dem warmen, trockenen Boden der Geest errichtet, der – von Natur erhöht liegend – nicht nur Schutz vor Feinden, sondern auch vor Hochwasser gewährte.

Dagegen wurde um 1061 die *Neue Burg* von dem Billunger Ordulf in der letzten großen Alsterschleife auf Marschgrund erbaut, der erst durch künstliche Aufschüttung hochwasserfrei gemacht werden mußte. Diese war nun auf allen Seiten von Wasser und Marschflächen umgeben und war „ohne allen Zweifel als Stützpunkt und Operationsbasis für die ihrem Höhepunkt zustrebenden kriegerischen Auseinandersetzungen mit den Obotriten gedacht" (R. Schindler, 1955, S. 129). Dieser Bau hatte eine wesentlich größere Bedeutung als die aus „eifersüchtigen Motiven und Machtgelüsten entsprungenen Turmburgen" des Bremer Erzbischofs (Palatium) und der Billunger Herzöge (Alsterburg).

War schon der Bau der Hammaburg, bei dem 6–8000 Bäume verarbeitet und 15–20000 m³ Erde bewegt werden mußten (R. Schindler, 1957, S. 125) eine gewaltige technische Leistung, so befand man sich doch dabei immer noch auf dem festen Boden der Geest.

Nach groben Schätzungen rechnet man für den Bau des Ringwalles in der Hamburger Alsterschleife mit einem Bedarf von ca. 300000 Heideplaggen (aus der nahen Geest), ca. 1 Million Marschsoden und mindestens 50000 Holzstämmen (R. Schindler, 1957, S. 98). Hier mußte man auch nicht nur auf die innere Stabilität des Walles selbst (besonders der steilen Außenseite) achten wie bei der Hammaburg, hier mußte zusätzlich der weiche, nachgiebige Untergrund zur Aufnahme des Druckes eines 5 m hohen Walles geeignet gemacht werden. Dies geschah dadurch, daß man als Unterlage für den Erdwall einen Faschinenbelag von abgeschlagenen Zweigen auf den nackten Marschboden legte (über den weiteren Aufbau des Walles vgl. Schindler, 1957, S. 96 ff., insbes. Abb. 32).

Das Marschgelände, das zu jener Zeit nach Schindler an der Alsterschleife eine absolute Höhe von + 0,80 m ü. NN aufwies, war natürlich außerdem nicht hochwasserfrei. Wenn auch das Burginnere durch den Ringwall vom äußeren, freien Wasserspiegel abgeschirmt wurde, so ist im Burginnern doch auch das Grundwasser bei hohen Außenwasserständen angestiegen, so daß dort eine Aufhöhung erforderlich wurde. Daher ist es nicht verwunderlich, daß das Wallinnere bei + 1,50 m ü. NN liegt. Dies muß also eine zu jener Zeit hochwasserfreie Höhe gewesen sein.

5. Das suburbium zwischen Hafen (Marsch) und Burg (Geest)

Nach dem Bericht Rimberts (Vita Anskarii) über die Zerstörung der Hammaburg durch die Wikinger nahm man zunächst an, daß das suburbium östlich der civitas lag, die Ausgrabungen nach dem 2. Weltkrieg verweisen die Vorstadt jedoch auf die andere Seite der Burg, nämlich an den Südwesthang des Geestsporns, zwischen Landstraße im Norden, Hafen (Reichenstraßenfleet) im Süden und Hammaburg im Osten. Die südlichsten Häuser (in der Kl. Bäckerstraße) lagen nicht mehr auf Geestboden, sondern bereits in der Marsch. Wenn auch dieser schmale Niederungsstreifen anfangs nur locker mit leichten Hütten und Schuppen zur Aufstallung von Vieh und zur Lagerung von Waren und Vorräten bebaut war, die freien Flächen dazwischen zum Stapeln von Bauholz, zum Reparieren und Bauen von Schiffen genutzt worden sein mögen und man für die festen Wohn-, Wirtschafts- und Werkhäuser den sicheren Baugrund der Geest bevorzugte (R. Schindler, 1957), so wurde doch schon in der 2. Hälfte des 9. Jh. das Reichenstraßenfleet zu beiden Seiten mit Holzhäusern in Flechtwandtechnik bebaut, nachdem hier vorher der Erlenbruchwald gerodet worden war.

Hier erforderte freilich der Baugrund zahlreiche Maßnahmen, die auf dem trockenen und festen Geestboden nicht nötig waren.

Starke Faschinen sicherten das sumpfige Erdreich in der Uferzone des Hafenfleetes. Die Stufen der Treppe, die von dem zum Burgtor führenden Hohlweg im Geestabhang zu der feuchten, hochwassergefährdeten Landebrücke führte, und der zum Fleetufer führende Weg waren mit Grand und Holzkohlen ausgeschüttet, um den feuchten Untergrund begehbar zu machen. Die Landbrücke bestand aus reihenweise und parallel zum Ufer geschichteten, unbehauenen Baumstämmen, die zum Wasser hin gegen Abrutschgefahr verpflockt waren (R. Schindler, 1957, S. 128).

Seit der 1. Hälfte des 9. Jh. wurde dieser 20–30 m breite sumpfige, hochwassergefährdete Niederungsstreifen künstlich aufgehöht und damit trockengelegt. Die dafür erforderlichen großen Mengen des Auffüllungsmaterials (meist Holzreste, Geäst usw.) lassen erkennen, welche Bedeutung man dieser Maßnahme und damit dem Hafen zumaß. Stellenweise wurden diese Holzabfälle usw. bis zu 1–2 m hoch aufgeschichtet. Sie erstreckten sich dabei über eine Länge von über 100 m. Ein 1,5 m in den Schlickboden eingetiefter Holzbrunnen dürfte nur morastiges Wasser für das Vieh geliefert haben, Wasser für den menschlichen Bedarf stand dagegen in der Geest in Form von klarem Quell- und Brunnenwasser in wesentlich besserer Qualität zur Verfügung.

So ist es nicht verwunderlich, daß Handwerker und solche Händler, die nicht an den Wasserweg gebunden waren, in den kurzen, radspeichenförmigen Straßen der Geest rund um den „Berg" wohnten (Straßennamen!) und in der Marsch überwiegend Kaufleute und Bauern und Fischer, wie durch mehrere Funde deutlich gemacht wird:

Friesische Kugeltöpfe zeugen von Kaufleuten aus den Seemarschen, die außerdem die Fähigkeiten, die feuchte Marsch zu besiedeln, aus ihrer Heimat mitgebracht hatten. Fränkische Tonwaren deuten auf den Handel mit dem Rheinland, Tonkannen aus Schweden auf den Handel mit Skandinavien hin. Silberne Sporen, die in der Reichenstraße gefunden wurden, zeigen, daß die Händler für den Transport ihrer Waren auf dem Landwege Pferde benutzten, die ihre Weide auf den Marschwiesen fanden.

Seit dem 12. Jh. gibt es auf der Reichenstraßeninsel 3-schiffige Bauernhäuser, in denen viehhaltende Ackerbürger wohnten, die ihre Weiden auf den Marschinseln Grimm, Cremon hatten (vgl. E. v. Lehe, 1958, S. 33). Fischer boten ihre reichen Fänge aus den Wasserläufen der Marsch auf dem Fischmarkt feil. Deutet verbranntes Getreide auf der hölzenen Hafenwand vielleicht auf Getreideexport? Über den Handel mit friesischen Tuchen, Kultgegenständen und Sklaven berichten zeitgenössische Schriftquellen (R. Schindler, 1955).

Um 900 herum ist eine Neubauphase auf dem vorher mit Erlenbruchwald bedeckten Gelände zwischen Dornbusch und Alster zu verzeichnen. „Auch hier deuten das unveränderte Streben zum schiffbaren Gewässer und ein Teil der Bodenfunde (rheinischer und nordischer Import) daraufhin, daß der Handel zur See die Triebfeder zu dieser neuen Etappe der Stadtentwicklung gewesen ist" (R. Schindler, 1955).

Im großen und ganzen ist jedenfalls festzustellen, daß die Marsch in Anlehnung an den Geestsporn trotz aller Hindernisse das bevorzugte Siedlungsgelände war. Auf der Geest war es auch nach Osten hin durch den Heidenwall begrenzt; der Nordabhang des Geestrückens jenseits der Landstraße jedoch wurde erst im 12. Jh. sporadisch bebaut und eine etwas regere Bautätigkeit setzte erst in den folgenden Jahrhunderten ein. Hierfür gibt Schindler zwei Gründe an:

1. Das Gebiet ist vom Hafenviertel abgewendet.

2. Hier lagen die Grundstücke und Kurien der verschiedenen Domherren, die eifrig über ihre Rechte wachten, so daß es erst sehr spät zu einer dichteren Bebauung kam.

Die Siedlungsbedingungen des Wikortes waren so günstig, daß die Bewohner nicht nur die Schwierigkeiten der Marschsiedlung in Kauf nahmen, sondern daß sie auch nach Verwüstungen ihrer Behausungen durch die Dänen und Slaven immer wieder sehr schnell an den einmal gewählten Wohnplatz zurückkehrten. „Es war ja nicht allzu schwierig, die aus leichtem Holzmaterial, Lehm und Reet gefertigten Wohn- und Stallgebäude wieder zu errichten . . . Fischer brachten aus den Wasserläufen reiche Fänge ein . . . Die Marschweiden gaben Pferden, Rindern und Schafen der Wikbewohner gute Nahrung. Vom Fleet aus konnten die Händler ihre Ware verschiffen und sie von weither heranführen" (E. v. Lehe, 1958, S. 34).

C. DIE GRÜNDUNG DER NEUSTADT IM 12. JAHRHUNDERT

1. Die Neustadt in der Alstermarsch

Im 12. Jh. waren die Bedingungen für einen gewaltigen Aufschwung und eine sichere Entwicklung des Handelsplatzes Hamburg gegeben. Das Gebiet um Hamburg herum war endlich befriedet, die Reichsgrenzen im Norden und Osten gesichert; der Freibrief Barbarossas schwächte Stade; Bardowik wurde durch Heinrich den Löwen zerstört; die Dänen wurden bei Bornhöved geschlagen.

Nicht nur die Geest wird stärker besiedelt (-büttel und Rodedörfer), im 12. Jh. scheinen auch die ersten Besiedlungsversuche der Marsch eingeleitet worden zu sein, z. B. im späteren Ochsenwerder:

„Nach der Mitte des 12. Jh. erscheinen im Kirchspiel Bergedorf neun namentlich aufgeführte Ortschaften, die jedoch in der damals noch uneingedeichten Marschniederung anscheinend wieder aufgegeben werden mußten.

All diese Neugründungen, die zu einer Vermehrung der ländlichen Bevölkerung und Belebung der wirtschaftlichen Verhältnisse führten, konnten auf das zentral gelegene Hamburg nicht ohne Rückwirkung bleiben . . ." (R. Schindler, 1957, S. 166).

Der im 12. Jh. einsetzende Deichbau wird aber nicht nur als Eroberung, sondern auch als Verteidigung des Landes zu deuten sein (H. Reincke). R. Schindler vermutet für das 11.–13. Jahrhundert einen Anstieg des stadtnahen Wasserspiegels um mindestens 2,60 m. „Wir beobachten daher im angegebenen Zeitraum eine verstärkte künstliche Aufhöhung des Siedlungsniveaus, ... lehmige, sandige Aufhöhungsschichten, die sich als hellgefärbte, fundlose Schichtbänder zwischen die dunklen, holz-, dung- und fundreichen Siedlungshorizonte schieben" (R. Schindler, 1956, S. 53).

Noch 1061 genügte für das Burginnere eine Höhe von + 1,50 m ü. NN, um vor dem bei hohen Wasserständen aufsteigendem Grundwasser sicher zu sein, und das auf + 0,80 m ü. NN liegende Vorland wird von einer normalen Flut gar nicht erreicht worden sein, so daß man die Burg ohne weiteres auf der natürlichen Marschoberfläche errichten konnte. Auch die ältesten Siedlungsspuren aus dem 9. Jahrhundert finden sich bekanntlich in einer Höhe von ungefähr ± 0,00 m NN. Aber bereits 1188 legte man dies Straßenniveau auf Burgwallhöhe + 4,80 m ü. NN. (Die Straße verlief nicht, wie Reincke annahm, auf dem erniedrigten Burgwall!).

Die hölzernen Uferbefestigungen aus dem 12. und 13. Jh. wurden auf einer Höhe von + 1,70 bis +2,20 m ü. NN angetroffen (vgl. R. Schindler, 1957). Diese werden bei normalem Hochwasser trocken geblieben und allenfalls bei höherem Hochwasser des öfteren überschwemmt worden sein. Zahl und Höhe dieser „außergewöhnlichen" Hochwasserstände müssen aber doch nicht unerheblich gewesen sein, denn sonst hätte man – wie Reincke es annahm – den Burgwall erniedrigen und sehr viel Erdarbeiten zur Aufhöhung des Geländes sparen können. Damit liegt bereits das damalige Straßenniveau von + 4,80 m ü. NN nur wenig unter dem Niveau, das heute im Hafen als „hochwasserfrei" bezeichnet wird. (Das MThw liegt z. Zt. bei + 1,60 m ü. NN, das HHW am 4. 2. 1825 bei + 5,12 m ü. NN). Die Straßenhöhe bei der Sanierung der Neustadt - Süd 1897 wurde mit + 9,20 m ü. HN, d. h. + 5,65 m ü. NN festgelegt.

Abgesehen von der großen technischen Leistung der gewaltigen Erdbewegungen – allein für die vor den Häusern verlaufende Straße 30–50 000 m^3 (R. Schindler, 1957, S. 171) – steckt in der Tatsache, nicht den Burgwall zu erniedrigen, sondern auch die Straße davor auf sein Niveau zu bringen, das zur damaligen Zeit absolut hochwasserfrei erscheinen mußte – und es wohl auch war – eine unerhörte Ingenieurleistung und planerische Absicht: Man wollte jegliche Überschwemmungsgefahr vermeiden. Vielleicht stand man auch unter dem Eindruck kurz vorhergegangener starker Sturmfluten sowie eines plötzlich verstärkten allgemeinen Wasserspiegelanstiegs. Dann wiederum wäre es sehr hoch zu bewerten, in einer solchen Zeit überhaupt eine planmäßige Neusiedlung mitten in der Marsch zu gründen.

Der Ringwall der Neuen Burg wurde also zum Ausgangspunkt einer weiteren Besiedlung der Alstermarsch: Neben der erzbischöflichen Altstadt kam es zur Gründung der herzoglichen bzw. bürgerlichen Neustadt. 1188 erhielt eine Gruppe von Neusiedlern unter der Führung von Wirad von Boizenburg das Trümmer(?)gelände der Neuen Burg für eine Kaufmannssiedlung von dem Grafen Adolf III. von Holstein. Den geeigneten Baugrund für die Häuser hier inmitten der Marsch fand man in dem Alten Burgwall, indem man die Häuser unmittelbar auf ihm errichtete. Die Giebelfronten schlossen ungefähr mit der Wallaußenseite ab, die davor verlaufende Straße mußte also künstlich aufgeschüttet werden. Ebenso wurde mit der Zeit auch das Vorgelände zur Alster und das Burginnere aufgehöht.

Ein natürlicher Brechpunkt des Verkehrs war bei Hamburg vorhanden: die Elbwasserstraße zur Nordsee einerseits, die alte Landstraße in das jetzt ruhigere Hinterland andererseits. Ein natürlicher, geschützter Hafen war ebenfalls vorhanden: die Alster. An einem von der Natur so ausgezeichneten Ort war dann der an und für sich schlechte Baugrund kein Hindernis mehr für eine Besiedlung. Die kostspieligen Maßnahmen zu seiner Verbesserung (hier Aufhöhung, später Pfahlgründungen usw.) „lohnten" sich (vgl. S. 14). Und eine besonders günstige Gelegenheit bot sich hier an der „Neuen Burg", wo ein aufgehöhtes Terrain bereits vorhanden war. Diese Chance erkannt und genutzt zu haben, ist das Verdienst Wirads v. Boizenburg und des Grafen Adolf III.

Die Besiedlung der Marsch hatte eine ganz andere Straßenform und einen anderen Grundstücksschnitt zur Folge als in der Geest. Dort kurze Straßen, mehr gedrungene Grundstücksformen, oft recht unregelmäßig gestaltet – hier lange gestreckte Straßenzüge (entsprechend den dazu parallelen Wasserläufen) und lange schmale Grundstücke, damit jeder Wasseranschluß hatte (vgl. Abb. 124).

Der geschwungene Straßenzug Bohnenstraße–Neue Burg–Hopfenmarkt–Deichstraße (Abb. 123) hat sich bis in die Jetztzeit erhalten – nur teilweise überdeckt von der neuen Ost-West-Straße. Er resultiert aus dem Verlauf der Alster und der ringförmigen Burg. Die Straßen an den (künstlichen) Fleeten (Deichstraßenfleet, Rödingsmarktfleet) wurden entsprechend geradlinig. Desgleichen die Reichenstraße, jedoch handelt es sich ja wohl hierbei, bei dem ältesten Hamburger Hafen, um einen natürlichen Wasserlauf.

Der Grundstückszuschnitt war besonders charakteristisch am Kern der Neusiedlung, an der Neuen Burg. An der Deichstraße sind noch heute die schmalen Grundstücke gut zu erkennen. Der Wasseranschluß eines jeden Grundstücks war nicht nur für die Kaufleute und Schiffer notwendig, er erwies sich auch später im 14. und 15. Jh. für die zahlreichen Brauereien von großem Nutzen (1369: 170000 Tonnen Bier erzeugt, 1376: über 450 Brauereien, siehe v. Lehe, 1958, S. 70), soll doch das Fleetwasser dem Hamburger Bier seinen guten Geschmack verliehen haben (!), so daß es zum derzeit größten Exportartikel Hamburgs wurde. (Übrigens ließen sich die Kaufmannshäuser auch recht gut zu Brauhäusern umbauen, indem die große Diele die Braupfanne aufnahm und Lagerraum für Gerste usw. ja vorhanden war.

Spielte auf der Reichenstraßeninsel die Landwirtschaft noch eine wesentliche Rolle, so wird dies auf der Deichstraßeninsel wohl nicht mehr der Fall gewesen sein, wie sich z. B. auch aus der Wahl des Schutzheiligen der Seefahrer und Kaufleute, St. Nikolaus, für die 1195 erbaute Kirche auf dem Gelände der Neuen Burg schließen läßt.

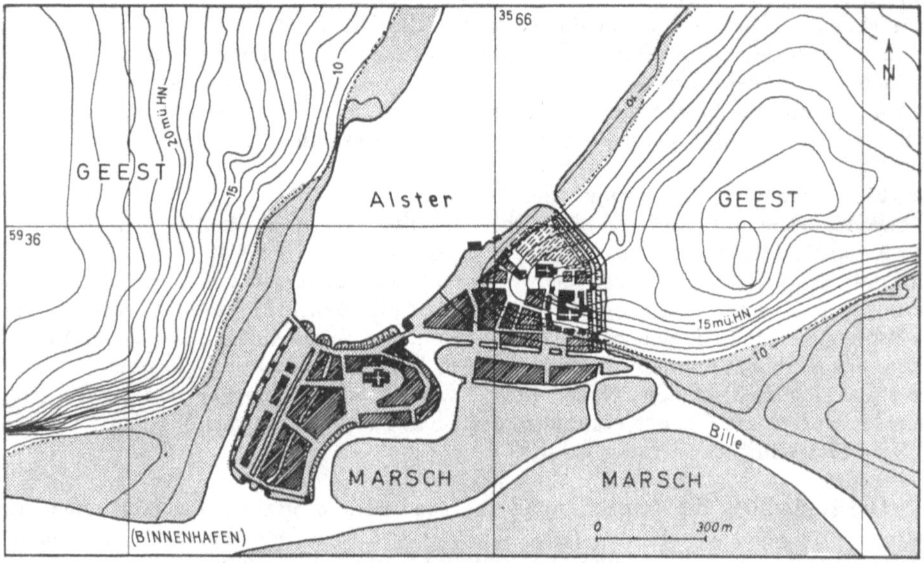

Abb. 123 **Hamburg um 1200**
nach E. H. Wichmann, 1914

2. Der erste Stau der Alster an ihrem Durchbruch durch die Geestkante

In das Ende des 12. Jh. fällt noch eine weitere technische Maßnahme, die einerseits den günstigen Naturgegebenheiten zu verdanken ist und die andererseits der Stadt Hamburg ein für alle Male ihr Gepräge gegeben hat: der erste Alsterstau für die herzogliche Mühle um 1189. Die Begrenzung der heutigen Alsterbecken wurde allerdings annähernd erst im 13. Jh. beim zweiten Anstau am Reesendamm festgelegt.

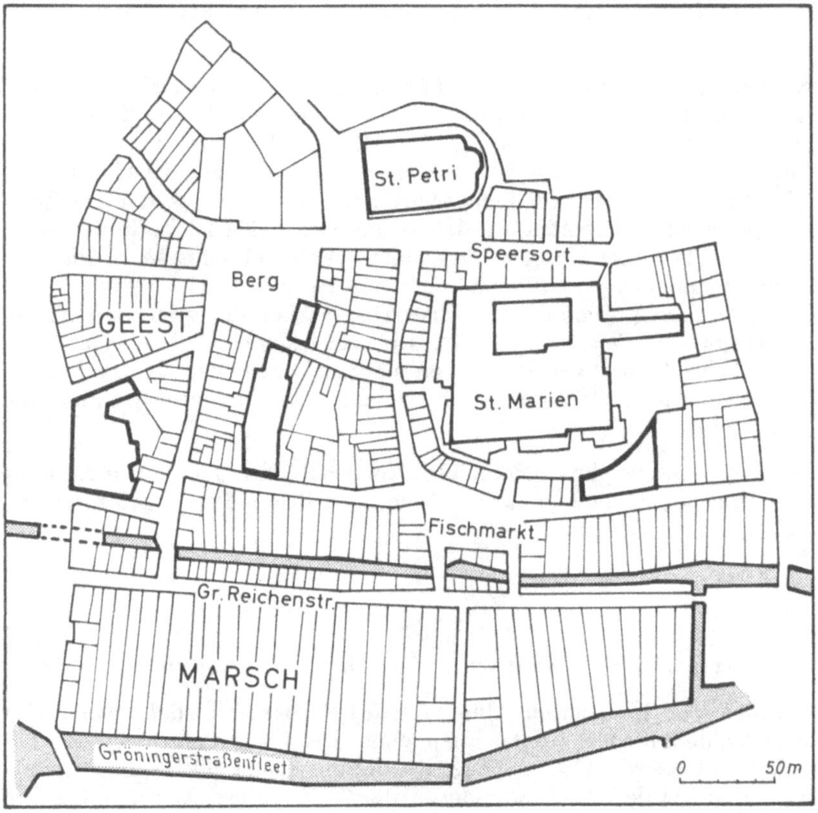

Abb. 124 **Straßenführung und Grundstückszuschnitt in Marsch und Geest**
nach W. Unbehauen

Der Staudamm folgte in seinem Verlauf der alten Landstraße: Gr. Burstah – Graskeller, denn selbstverständlich galt es hier in noch stärkerem Maße, die Alsterniederung in ihrer engsten Stelle zu überqueren. Sicher wirkte sich auch hierbei wieder die Tatsache günstig aus, daß man auf eine lange Strecke das Prallhangufer der oberen Alsterschleife benutzen konnte (vgl. Abb. 122).

Für die Lage des Dammes an dieser Stelle sprechen folgende Umstände: 1. Mühle in Hafennähe, 2. Stausee oberhalb der Stadt (keine bebauten Flächen eingestaut), 3. die alte Straße bleibt und ist jetzt zugleich erhöht und trocken (auf dem Damm), 4. kürzeste Verbindung der Talflanken, 5. Hafenspülung möglich.

Zu 2. ist noch folgendes zu bemerken: Zwar wurden keine mit Häusern bebauten Flächen überstaut, aber es war offenbar schon damals nicht möglich, einen Stau zu errichten, ohne mit Schadensersatzforderungen der Landwirtschaft rechnen zu müssen, denn 1195 „verlieh Graf Adolf III. dem Hamburger Domkapitel Kornrenten aus der Mühle als Entschädigung für alle Nachteile, die dem Kapitel erwachsen waren" (Schindler, 1957, S. 100). Wahrscheinlich wird es sich um überstaute Wiesen gehandelt haben, vielleicht hat man auch schon damals den Schaden erkannt, der durch den Grundwasseranstieg in dem angrenzenden Gelände infolge des Anstaues entstand.

D. DIE GROSSE AUSDEHNUNG IM 13. JAHRHUNDERT

Von Anfang bis Ende des 13. Jahrhunderts vervierfachte sich die Bevölkerung Hamburgs, eine Folge der günstigen, natürlichen Gegebenheiten dieses Ortes, die erst jetzt – nachdem die politischen Verhältnisse Hamburg aus der gefährdeten Grenzlage befreit hatten – zur vollen Geltung kamen. Hatte die Gunst der natürlichen Verhältnisse bisher lediglich bewirkt, daß Hamburg nach jeder Zerstörung immer sofort wieder aufgebaut wurde, so daß sich keine Lücke in der Besiedlung finden läßt, so bewirkte sie jetzt diese ungeheure und schnelle Ausdehnung der Stadt: Die Bevölkerung vervierfachte sich, die bebaute Fläche verfünffachte sich. Erst im 16. Jahrhundert mußte der Mauerring wieder erweitert werden. Zu dem einen Kirchspiel, St. Petri, waren drei weitere gekommen: St. Nicolai, St. Catharinen, St. Jakobi. Ferner wurden in dieser Zeit gegründet: Maria-Magdalenenkloster, Johanniskloster, Kloster Harvestehude, das Heiliggeisthospital und das Georgshospital.

Schon 1235 konnte die Alstermühle den Bedarf der Stadt nicht mehr decken, so daß ein zweiter, höherer Stau der Alster (am Reesendamm) erforderlich wurde (Abb. 125 und 126).

1. Der zweite Staudamm durch die Alsterniederung

Beim Bau der U-Bahnlinie Jungfernstieg–Ochsenzoll stieß man auf diesen z. T. noch wohlerhaltenen zweiten Staudamm, der – ungefähr im Zuge des heutigen Jungfernstieges – 1235 angelegt wurde und später noch einige Male erhöht und verbreitert wurde. Damit war der Alster – in groben Zügen – die Form gegeben, die sie auch heute noch hat, sowohl oberhalb als auch unterhalb des Staudammes (Jungfernstieges):

Unterhalb entstand als Kolk der neuen Mühle die „Kleine Alster", das übrige Gelände zwischen altem und neuem Damm wurde trockengelegt und z. T. bebaut (östlich Reesendamm–Alter Wall und Mönkedamm) oder als Gärten, Weiden und Wäschebleichen (Große, Hohe Bleichen!) genutzt, die dann später auch bebaut wurden, als dies Gelände ebenfalls von den Befestigungsanlagen mit umfaßt wurde.

Die alte Landstraße hielt sich in ihrem Lauf an den Bogen der Alsterschleife (vgl. Abb. 121), der erste Staudamm wiederum an die Straße, deren geschwungener Verlauf heute noch erkennbar ist (Gr. Burstah–Graskeller). Der Damm für den zweiten Alsterstau, der Reesendamm, dagegen verlief geradlinig und ist als südwestliche Begrenzung des (Binnen)alsterbeckens bis heute im Jungfernstieg erhalten geblieben. Man konnte hier für den Damm zwischen dem östlichen Geestsporn und dem Abhang der westlichen Geest die Gerade als kürzeste aller Verbindungslinien wählen, da man auf eine vorhandene Straße, die an die Furt in einem Wendepunkt der Alsterschleifen gebunden war, keine Rücksicht zu nehmen brauchte. Vgl. Abb. 125.

Die alte Landstraße (Gr. Burstah–Graskeller) überquert die Alster an der Furtstelle im Wendepunkt zwischen zwei Schleifen. Diese Trasse wurde sekundär für den ersten Staudamm übernommen.

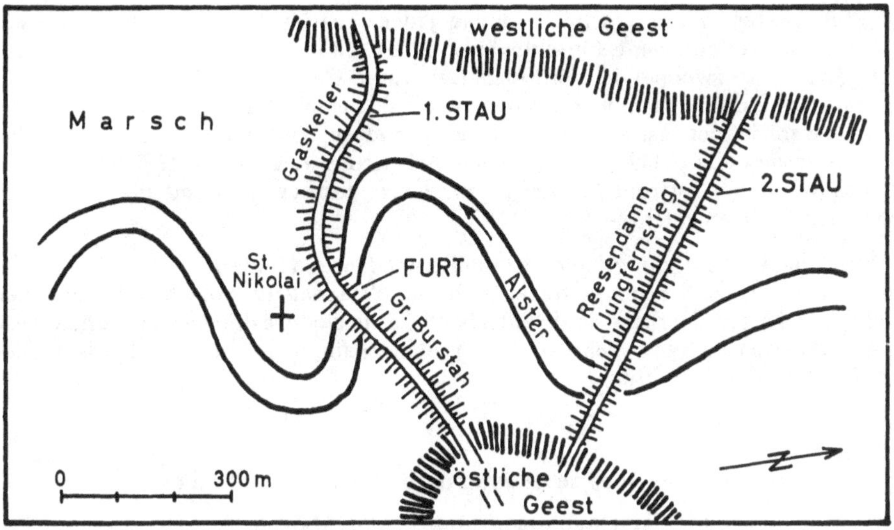

Abb. 125 **Erster und zweiter Alsterstaudamm**

Der Verlauf des Reesendammes dagegen ist primär die Trasse eines Staudammes, über den erst später eine Straße geführt wurde. Die Mühle befand sich dabei im Scheitelpunkt einer Schleife am Rande des östlichen Geestspornes. Der Reesendamm konnte von hier aus – gewissermaßen als Lot auf den beiden nahezu parallelen Geesträndern errichtet – in kürzester Entfernung das Alstertal überqueren, ohne dabei auch nur in die Nähe einer der Alsterschlingen zu kommen, was sich natürlich für die Standsicherheit des Dammes nur günstig auswirken konnte.

Oberhalb des Dammes nahm nun durch die Erhöhung des Wasserspiegels die Alster allmählich ungefähr die heutige Form an, d. h. der Stau reichte bis Winterhude und Eppendorf. Hierdurch mag wieder „das Eigentum des Domkapitels gelitten haben, denn es erhielt 1245 Renten aus der neuen Mühle als Schadensersatz für die Anlage derselben. Zugleich erhielt dasselbe auch Ersatz für die Zerstörung der Mühle an der Tarveke, Tarpe, der Eppendorfer Mühle und für den erlittenen Schaden an dem zum Hofe in Eppendorf gehörenden Gütern" (C. F. Gaedechens, 1880, S. 21).

Noch fehlt die Trennung in Binnen- und Außenalster, noch spricht man nicht vom „angenehmen Alsterfluß, dem Beförderer vieler Lustbarkeiten" (F. v. Hagedorn), sondern von einem „nutzbaren Mühlenfluß" (G. Greflinger, 1674), der „willig Mühlen treibt und aus dem man ein köstlich Bierlein bereitet, das in alle Welt verschifft wird" (H. Conradinus, 16. Jh.), es ist aber von jetzt ab durch den Reesendamm ein Faktor entstanden, der für die Entwicklung bis in die heutige Zeit in ganz starkem Maße mitbestimmend war und der sich aus dem heutigen Stadtbild überhaupt nicht wegdenken läßt.

Über die „überragende Bedeutung der Alster auch im Verteidigungssystem der Stadt" schreibt H. Reincke (1958, S. 18): „Ihr Wasser speiste weithin die Stadtgräben, und die breite Wasserfläche der Alsterbecken, durch mehrere Planken und Pfahlsperren weiter geschützt, mußte jeden Angriff auf die Festung zersplittern und eine vollkommene Einschließung durch etwaige Belagerer außerordentlich erschweren. Nur zweimal in den Anfängen ihrer Geschichte, 1201 und 1215, ist die Stadt im Sturm genommen worden, beide Male im Winter, als die Alster zugefroren war. Seitdem ist sie unbezwungen geblieben dank vornehmlich der Alster, wie sich insbesondere bei der dänischen Belagerung des Jahres 1686 gezeigt hat, die sich vor der Westfront bei der Sternschanze festlief, während die ganze Ostfront unangegriffen blieb! –"

Noch heute stellt die Alster ein unüberwindbares Hindernis dar, nämlich für den Verkehr. Über 2,5 km erstreckt sich die Außenalster zwischen Krugkoppelbrücke und Lombardsbrücke und teilt Hamburg in einen östlichen und einen westlichen Teil, was zu einer sehr starken Verkehrsballung an den Lombardsbrücken und damit in der City führt.

2. Die weitere Ausdehnung der Stadt

a) Die Entwicklung in der Marsch

Durch die Verlegung des Alsterstaues ca. 600 m flußaufwärts vom Graskeller zum Reesendamm hatte man zusätzlich Baugelände erhalten, wenn auch nur in der sumpfigen Alstermarsch im unteren Teil des ehemaligen Stausees. Aber gerade die Alstermarsch schien ja das bevorzugte Baugebiet zu sein, nicht die trokkene, wasserferne Geest, wie ein Blick auf die Karten der damaligen Zeit zeigt: Nur zögernd dehnt sich die Stadt aus oben auf dem Geestboden (St. Jakobi), rasch jedoch in der tiefgelegenen Marsch (Grimm, Cremon, Rödingsmarkt, vgl. Abb. 123).

Hier zeigt es sich nun ganz deutlich, was die damaligen Menschen bewog, in der Marsch auf ungünstigem Baugrund ihre Häuser zu bauen: der Warenumschlag zwischen (See)schiff und Land, also der Hafen. Und dieser erste Hafen, der Alsterhafen war nach oben durch die erste (untere) Mühle (Burstah) begrenzt. Auch Deichstraßenfleet und Rödingsmarktfleet fanden eine obere Grenze an diesem ersten Mühlenstaudamm (Graskeller), so daß auch über sie das Gebiet zwischen 1. und 2. Staudamm (also zwischen Graskeller und Jungfernstieg bzw. Reesendamm) auf dem Wasserwege von der Elbe her nicht erschlossen werden konnte (vgl. Abb. 126). Ebenfalls Admiralitätsstraßenfleet und Herrengrabenfleet, ursprünglich Stadtgräben, vermochten hieran nichts zu ändern. Jetzt kam nämlich noch hinzu, daß zwischen den einzelnen Stadtteilen über die Alsterarme und Fleete hinweg zahlreiche Brücken erforderlich wurden und außerdem die Schiffe größer wurden, so daß der eigentliche (Seeschiff)hafen jetzt alsterabwärts wanderte und sich zwischen dem Grasbrook und der Stadtmauer (Kajen, Bei den Mühren) befand (später der sog. Binnenhafen). Damit wurde bald eine Einbeziehung des Kl. Grasbrooks in die befestigte Stadt erforderlich, während das Gebiet zwischen Hohen Bleichen und Neuer Wall im 17. Jahrhundert noch weitgehend unbebaut war. Die Stadt mit ihren Kaufmannshäusern wuchs also nicht in dieses Gebiet hinein, sondern drängte immer weiter zur Elbe (Grimm, Cremon, Kl. Grasbrook). Die Fläche zwischen den beiden Mühlenstaus wurde dagegen im wesentlichen von zwei Klöstern eingenommen: Johanniskloster und Maria-Magdalenen-Kloster sowie von Gerbereien (C. F. Gaedechens, 1880, S. 19). Noch Karten aus dem 16. Jahrhundert (Braun-Hogenberg) und 17. Jahrhundert (Meyer) zeigen hier unbebaute, landwirtschaftlich oder zum Bleichen genutzte Flächen. Erst 1767 wurde der Voglerswall abgetragen und die 10,5 m breite Straße „Neuer Wall" angelegt, 1716 wurden die Bleichen aufgehöht und für die Bebauung erschlossen und die 15 m breite Straße „Große Bleichen" angelegt (C. F. Gaedechens, 1880, S. 158/9).

b) Die Entwicklung auf der Geest

Der im 12. Jahrhundert entstandene Mauerring (vgl. Abb. 126) umfaßte aber außer den neu besiedelten Marschinseln auch eine nicht unerhebliche neue Fläche der Geest im Osten (St. Jakobi). Jedoch lag der Schwerpunkt der Besiedlung zweifellos in der Marsch. St. Nicolai wurde zuerst 1195 erwähnt und bereits um 1200 zur zweiten Pfarrkirche (neben St. Petri) geweiht. Um 1240 entstand um St. Katharinen auf den Marschinseln Grimm und Cremon eine neue kirchliche Gemeinde. „Zu eben dieser Zeit siedelten sich aber auch auf dem Geestgelände beiderseits der Steinstraße vor dem alten Heidenwall viele Familien an . . . die kurz vor 1254 mit der Jakobikirche ein erstes kleines Gotteshaus . . . erhielten. Sie lag mitten zwischen Gärten, Stadtfluren und größeren Höfen . . . Außerdem siedelten in der noch ländlichen Gegend Grünhöker, Töpfer, Fuhrleute, Fischer und Gärtner. Das zuletzt gegründete Jakobikirchspiel hob sich in seiner vorstädtischen, lockeren Bauweise noch Jahrhunderte von der angrenzenden dichtbebauten Altstadt ab . . ." (E. v. Lehe, 1958, S. 44).

Das gleiche ist von dem Gebiet nördlich der Petrikirche innerhalb des Heidenwalls zu sagen.

Es waren also innerhalb der Stadtmauern sowohl in der Marsch als auch auf der Geest jeweils eine städtisch bebaute Zone und eine Zone mehr ländlichen Charakters zu unterscheiden:

Auf der Geest zum ersten die dichtbebaute Gemeinde St. Petri um den Dom und den „Berg" herum (Altstadt) und zum zweiten die Gärten und Ländereien der Gemeinde St. Jakobi mit einer weitläufigen Bebauung;

in der Marsch einmal die dichtbebauten Gemeinden St. Nikolai und St. Katharinen mit ihren Kaufmannshäusern und Speichern an den Wasserläufen und zum anderen die Gegend zwischen altem und neuem Mühlenstau mit Klöstern, Gerbereien, Bleichen, Weiden (Abb. 126).

c) Die Entwicklung außerhalb der Stadtmauern

Außerhalb der Stadtmauern erstreckte sich die Besiedlung ebenfalls sowohl auf die Geest als auch auf die Marsch. „Es unterliegt keinem Zweifel, daß der Hammerbrook schon früh von Hamm und Horn aus (am Geestrand) eingedeicht ist, aber die Eindeichung erstreckte sich nur auf den östlichen Teil bis nahe Grevenweg . . . der westliche niedrige Teil, dessen Oberfläche nur 3,5 Fuß über Null der Elbe (= MThw?) lag und mit dem Grasbrook in Verbindung stand, ist vermutlich im Anfang des 13. Jahrhunderts mit einem niedrigen Deich umschlossen . . . (der Buller-, Grüne- und Stadtdeich)" (C. F. Gaedechens, 1880, S. 21). Zahlreiche Bracks entlang des Hammer-, Buller- und Grünendeiches deuten auf häufige Deichbrüche und damit verbundene Überschwemmungen des Hammerbrooks hin, so daß dieses für Gehöfte ein sehr ungünstiges Gelände war und wohl nur als Weiden- und Wiesengelände zu nutzen war, wie auch die Karte von Lawrence (1791) vermuten läßt, auf der Gebäude nur am nördlichen Geestrand und auf dem Deich selbst zu finden sind. Kleine Felder oder gärtnerisch genutzte Flächen scheinen ebenfalls nur am nördlichen Rand gelegen zu haben. An der Südseite des Borgesch, am Abhange gegen den Hammerbrook, lagen im 13. Jahrhundert die Höfe und Gärten der Besitzer der tiefliegenden Ländereien" (C. F. Gaedechens, 1880, S. 69). So waren Bahnkörper und Güterbahnhof der Bergedorfer Eisenbahn (Beginn der Arbeiten 1839) die ersten baulichen Anlagen im Hammerbrook, denen bald – nach dem Brand – die Hammerbrooker Kanäle und damit Bauwerke von Industrie- und Gewerbebetrieben folgten.

d) Die Ursachen für die unterschiedliche Entwicklung

„Wenig geeigneter Boden der Marsch", das heißt einmal, daß das Gelände hochwassergefährdet ist, also künstlich aufgehöht werden muß – lediglich Eindeichung ist wegen des Grundwasseranstiegs bei hohen Außenwasserständen und vor allem wegen der Gefahr drohender Deichbrüche nicht ausreichend! –, zum anderen bedeutet es aber auch bei dem Größerwerden der Gebäude immer umfangreichere Maßnahmen bei der Gründung der Bauten. Beides ist mit erheblichen Kosten verbunden.

Diese Kosten müssen – und können – aufgebracht werden von allen denjenigen, deren Gewerbe eng mit dem Wasser verbunden ist, die auf der hohen, trockenen Geest keine Existenzgrundlage finden: Die Kaufleute mit den Speichern für ihre Waren benötigten das Wasser als Verkehrsweg, die Brauereien (im 15. Jh. gab es deren über 500 in Hamburg) brauchten das Wasser außerdem als Rohstoff.

Auch für die Gerbereien war das Wasser als Rohstoff wichtig. Den Wäschebleichen kam es auf Spülwasser und auf große, windgeschützte Flächen an, beides fanden sie in der Marsch, vom Baugrund waren sie weitgehend unabhängig, da sie keine schweren Bauwerke benötigten. An schiffbare Wasserwege waren sie auch nicht gebunden.

Die Klöster benötigten und fanden in der Marsch landwirtschaftlich guten Boden und hatten im allgemeinen die nötigen Mittel, um auch dort ihre recht umfangreichen und schweren Bauten zu errichten. Des Wasseranschlusses bedurften sie ebenfalls nicht. Daher ihre „rückwärtige" Lage hinter dem ersten Alsterstau.

Der Schwerpunkt der Bebauung lag vor dem ersten Alsterstau: Die Kaufmannshäuser drängten immer weiter zur Elbe (Grimm, Cremon, Kl. Grasbrook). D. h. der unmittelbare Wasseranschluß, die Verbindung mit fernen Ländern auf dem Seewege, war so wichtig, daß man sich über die Schwierigkeiten der Bebauung des Marschbodens (Aufhöhungen, Pfahlgründungen) hinwegsetzte und sich auch darüber hinwegsetzen konnte, da der Handel soviel Geld einbrachte, daß die zusätzlichen Kosten, die der schlechte Baugrund erforderte, ohne weiteres getragen werden konnten.

Noch sind Arbeitsstätte und Wohnung nicht voneinander getrennt, es gibt noch keine ausgesprochenen Wohngebiete. Beim Kaufmann sind Speicher, Kontor und Wohnung in einem Gebäude untergebracht, der Handwerker und seine Gesellen wohnen bei der Werkstatt. Wenn es heißt, die bevorzugte Wohngegend der Kaufleute sei die Reichenstraße gewesen, so ist zu bedenken, daß es auch gleichzeitig die Geschäfts- und Speichergegend war, die notgedrungen an die Wasserläufe und damit an die Marsch gebunden war. Dagegen liegt beim Bauern von Anfang an gewissermaßen eine Trennung von Wohnung und Arbeitsplatz – seinen

Ländereien nämlich – vor. Der Bauer bevorzugt auch die Marsch, insbesondere für die Viehzucht die „fetten Marschweiden". Er hat aber im allgemeinen nicht die Mittel, um auch dort sein Gehöft zu errichten. Er braucht es auch vor den Mauern Hamburgs gar nicht, denn er kann mit seinen Gebäuden am Rande der Geest bleiben. Er muß aber seine Ländereien in der Marsch gegen Überflutung bei Hochwasser schützen und sie künstlich entwässern, d. h. er muß sein Land eindeichen und Gräben ziehen. (Eine künstliche Aufhöhung – wie in der Stadt erforderlich – kommt selbstverständlich hier nicht in Betracht!). Jetzt wiederum ist auf und an den Deichen selbst Möglichkeit für hochwasserfrei gelegene Gehöfte gegeben.

Die Trennung von Gehöft und Ländereien ermöglicht es sogar, das Gehöft nach innerhalb der Stadtmauern zu verlegen, um es auch vor angreifenden Feinden zu schützen. Selbstverständlich werden diese Gehöfte dann auf der Geest – nämlich im Kirchspiel St. Jakobi – zu finden sein, auf trockenem und tragfähigem Boden, genauso wie sich die Handwerker auf dem Geestsporn des Kirchspiels St. Petri rund um den Dombezirk finden, da auch sie nicht auf Wasseranschluß angewiesen waren.

Die Abgrenzung dieses engbebauten Bezirks der Handwerker und Gewerbetreibenden im Kirchspiel St. Petri von dem weitläufig bebauten, ländlichen Kirchspiel St. Jakobi auf der Geest hat aber mehr traditionsmäßige Gründe, im Gegensatz zu der vom Wasseranschluß abhängigen Abgrenzung des engbebauten Kaufmannsviertels von dem offeneren Stadtteil der Klöster, Gärten, Bleichen und Gerbereien in der Alstermarsch (Abb. 126).

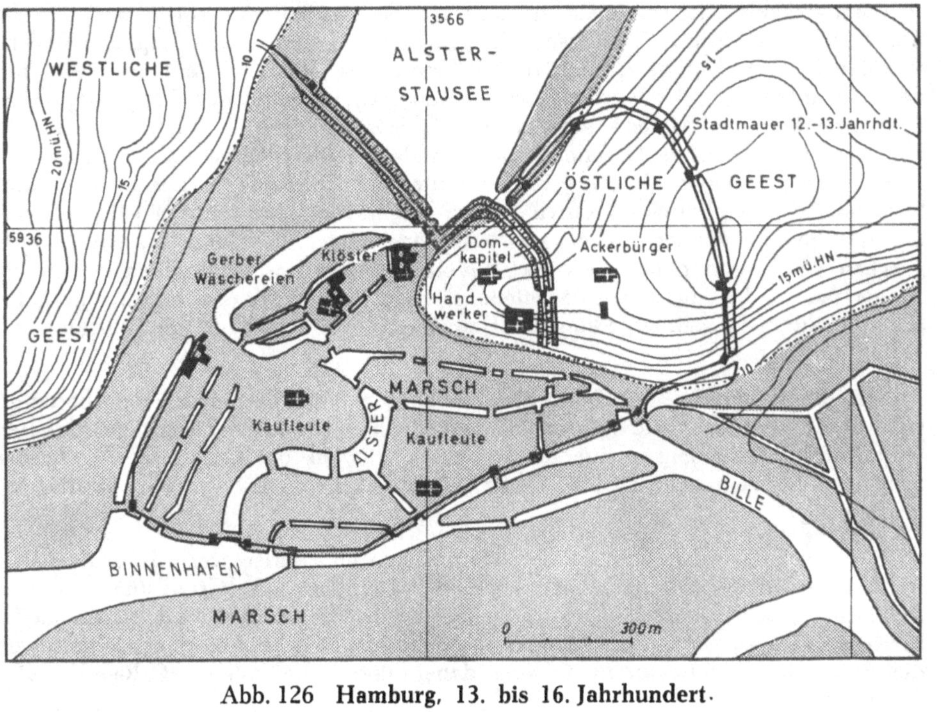

Abb. 126 **Hamburg, 13. bis 16. Jahrhundert**

Da der tragfähige, gute Baugrund der Geest innerhalb der Stadtmauern (St. Jakobi) noch so lange eine nur verhältnismäßig dünne Bebauung aufwies, war also der Bedarf an wassernahen Grundstücken wesentlich größer gewesen. War in der Frühzeit Hamburgs der Geestsporn das Element gewesen, das den Ort vor anderen in der Umgegend auszeichnete (Verteidigung, Landstraße, Alsterfurt), so war es also jetzt das wassernahe Gelände der Alster- und Elbmarsch.

Trotzdem hatte der Geestsporn auch für das hansische Hamburg, das ja nun ganz auf den Handel und damit auf den Hafen, d. h. auf die Marsch, ausgerichtet war, seine große Bedeutung behalten. Auf ihm wurde 1329 nach 80-jähriger Bauzeit die Domkirche St. Marien geweiht, die 1434 durch einen spitzen Turmhelm vollendet wurde. Dank ihrer hohen Lage und des schon daher alles überragenden Kirchenschiffes und ihres Turmes (vgl. die vielen zeitgenössischen Stiche und Zeichnungen) bildete sie zusammen mit St. Petri am Berge zweifellos den städtebaulichen und dank der vom hl. Ansgar herrührenden Tradition auch den geistlichen Mittelpunkt Hamburgs.

3. Die mittelalterliche Bauweise

a) Der Grundstückszuschnitt

Die beengten Platzverhältnisse auf dem künstlich aufgehöhten Baugelände in der Marsch ließen das Hamburger Bürgerhaus nicht als freistehendes Gebäude sich entwickeln. Die maximale Ausnutzung des Baugrundes sowie der für die Kaufleute erforderliche Wasseranschluß führten zu einer Aufteilung des Bodens in schmale Grundstücke (Abb. 124), auf denen die Häuser Wand an Wand mit dem Nachbarn errichtet wurden, die schmalen Giebelseiten der Straße bzw. dem Fleet zugekehrt. W. Melhop schreibt (1925, S. 229): „Von ländlichen Fachwerkhäusern der sächsischen Gegend ist das mittelalterliche Stadthaus in Norddeutschland und also auch in Hamburg eine unmittelbare Ableitung. Nur steht das Stadthaus nicht mehr allein und durch weiten Raum vom Nachbarhaus getrennt, wie das des Bauern, sondern Wand an Wand oder doch nur durch schmale Traufgäßchen geschieden reihen sich die Wohnungen der Bürger längs enger Straßen aneinander in den durch Festungsmauern eingeschnürten Wohnplätzen." Er führt also die dicht aneinandergedrängten Häuser auf die einschnürende Wirkung der Festungsmauern zurück.

Bei der Gründung der Neustadt ist aber von einer Festungsmauer überhaupt keine Rede, und dennoch drängen sich gerade hier die Häuser auf den schmalen Grundstücken ganz eng aneinander. Es ist also wohl der Grund hierfür in der Schwierigkeit zu suchen, das Marschgelände durch Aufhöhungen baureif zu machen.

„Was so unter dem Zwange der Bedingungen entstanden war, die in den älteren Stadtteilen der Marschgebiete gegeben waren (schmale Grundstücke, Giebel zur Straße), ist für die jüngeren Stadtteile, das St. Jakobi- und St. Michaelis-Kirchspiel bis zu einem gewissen Grade vorbildlich geblieben, jedenfalls soweit die Frage der Architekturentwicklung dabei eine Rolle spielt" (C. Ranck, 1914, S. 49).

b) Die Fachwerkhäuser

Der schlechte Baugrund in der Marsch, auf dem der mittelalterliche Hamburger Kaufmann zu bauen gezwungen war, sowie die Tatsache, daß gerade in Hamburg der Fachwerkbau zu einer so großen Blüte gelangte, könnte zu dem Schluß verleiten, daß dieser Fachwerkbau seine Entwicklung den schlechten Baugrundverhältnissen der Marsch verdankt.

Zwei Punkte sind es, die das Fachwerkhaus für den nachgiebigen Marschboden geeignet machen:

1. Das geringe Gewicht. Die Lasten werden vom Holzgerüst in den Untergrund geleitet, die Mauerwerksausfachungen tragen also nicht mit und können daher dünn ausgeführt werden (½ bis höchstens 1 Stein dick). Reine Mauerwerkshäuser jener Zeit hatten dagegen 2 bis 3 Stein dicke Wände.

2. Der Fachwerkbau ist nicht starr und bekommt daher bei geringen Setzungen nicht so leicht Risse.

Nun ist aber die eigentliche Domäne des Fachwerkhauses gerade die Geest gewesen (St. Petri, St. Jakobi, St. Michaelis) mit ihrem tragfähigen Baugrund (Abb. 127 a). Dagegen finden sich in der Marsch Fachwerk- und Steinhäuser in unmittelbarer Nachbarschaft (Abb. 127 b), ja hier entstanden sogar die ersten Steingiebel (Reichenstraße)!

Abb. 127 a **Fachwerkhäuser auf der Geest**
Bäckerbreitergang

Abb. 127 b **Fachwerk- und Steingiebel nebeneinander in der Marsch**
Bei den Mühren

Der scheinbare Widerspruch:

Marsch – schlechter Baugrund, aber schwere Steinhäuser
Geest – guter Baugrund, aber leichte Fachwerkbauten

löst sich auf, wenn man zunächst einmal von der Gründung ganz absieht.

Steinhäuser sind teuer und können daher nur von den kapitalkräftigen Bürgern gebaut werden. Dies sind aber die Kaufleute, und diese sind wegen des erforderlichen Wasseranschlusses an die Marsch gebunden. Die kapitalschwächeren Bürger dagegen sind auf die billige Fachwerkbauweise angewiesen, nicht dagegen auf die Marsch, da sie selbst nicht Handel treiben; sie können also außerdem noch Baukosten sparen, wenn sie sich auf der Geest ansiedeln.

Damit ergibt sich noch ein weiterer Gesichtspunkt: Das Verhältnis der bebauten Marschfläche zur bebauten Geestfläche stellt einen Spiegel dar für das Verhältnis der kapitalstarken zu den kapitalschwachen Bürgern der Stadt, d. h.

für den durchschnittlichen Wohlstand des Bürgers. Da der Schwerpunkt der Bebauung zunächst in der Marsch liegt (St. Nikolai, St. Catharinen), kann man also auch sicherlich von einem hohen Durchschnittseinkommen der Bürger sprechen, d. h. von einem großen Anteil selbständiger Kaufleute, der naturgemäß abnehmen muß, wenn die Unternehmungen und Betriebe mit der Zeit immer größer werden und die Zahl der unselbständigen Angestellten und Arbeiter zunimmt.

E. DER ERWERB NEUER GEEST- UND MARSCHGEBIETE IN DEN HANSISCHEN JAHRHUNDERTEN

1. Keine Erweiterung des Mauerringes

Der im 13. Jahrhundert geschaffene Mauerring (vgl. Abb. 126) war so weit, daß er 300 Jahre nicht verändert zu werden brauchte, d. h. während der ganzen Hansezeit reichte das umschlossene Gebiet aus. Erst im 16. Jahrhundert, in der späten Hansezeit, wurde eine Erweiterung vorgenommen. Eine Erneuerung bzw. Verstärkung der alten Befestigungsanlagen war in der Zeit der beginnenden Unruhen der Gegenreformation ohnehin erforderlich, und man bezog jetzt einen Teil des Grasbrookes und das Gelände am Alten Wall in den Befestigungsgürtel mit ein.

„Für das 13. und 14. Jahrhundert läßt sich die Handelsstellung Hamburgs im hansichen Verkehr etwa so umreißen – beschränkt auch für das 15. Jahrhundert –: Der Alsterort gehörte mit zu den wichtigsten Umschlagplätzen im Verkehr zwischen dem Ostseeraum und den Nordseeländern im Westen. Noch bedeutender war er als Ein- und Ausfuhrhafen für die binnendeutschen Länder, die über das Stromnetz der Elbe erreicht wurden . . . Von eigenen Erzeugnissen exportierte die Stadt zunehmend das sehr beliebte Hamburger Bier, . . . Die gesamte Biererzeugung des Jahres 1369 belief sich auf etwa 170 000 Tonnen. Die Zahl der in den Brauerben eingerichteten Brauereien betrug sieben Jahre später mehr als 450; sie stieg im 15. Jahrhundert auf über 500." (E. v. Lehe, 1958, S. 68).

Diese drei hansischen Jahrhunderte sind also wahrlich keine Zeit des Stillstandes für Hamburg, und dennoch dehnte die Stadt sich räumlich nicht aus, was wohl nur dadurch zu erklären ist, daß zu Beginn dieser Zeit innerhalb der Mauern die Bebauung noch nicht überall sehr dicht war (Geest) und daß die Ausnutzung der Grundstücke durch zweckmäßigere, höhere Bauten (Marsch) immer besser wurde.

„In düssen iaren anno 1500 bet to den iaren 1530, ja bet in de iare 40 ok 50 is Hamborch hoch gewesen unde mechtigen gebowet und verbetert worden mit wallen, grawen, müren und velen nyen hüsen mit groter kostbarkeit, also dat dejenigen, de Hamborch vor etliken iaren geseen hadden, mösten seggen, Hamborch were nu genzliken umgekeret unde vernyet worden" (Hamburgische Chroniken in niedersächsischer Sprache, herausgegeben von I. M. Lappenberg, 1861).

Bezeichnenderweise ist es im 16. Jahrhundert wieder bebautes Marschgelände an der Elbe, das neu in den Mauerring mit eingeschlossen wird: der Grasbrook (vgl. Abb. 132), ferner noch ein Stück Alstermarsch zwischen Graskeller und Reesendamm hinter dem „Neuen Wall". Durch das allmähliche Trockenfallen dieses während des ersten Alsterstaus überfluteten Gebietes entstand hier im Befestigungsgürtel – zu dem neben den Mauern und Wällen auch die Wasserflächen der Alster gehörten – ein schwacher Punkt, der durch den „Neuen Wall" beseitigt wurde.

2. Die Territorialpolitik in den Außengebieten

a) Sicherung des Elbweges

Änderte sich in dieser Zeit der Stadtgrundriß nur unwesentlich, so nahm der hamburgische Staatsbesitz außerhalb der Mauern erheblich an Umfang zu, und zwar in Verfolgung einer ganz bestimmten Territorialpolitik zur Sicherung der lebensnotwendigen Verkehrswege.

Da ist zunächst die Sicherung des Elbweges: 1310 Leuchtturm Neuwerk, 1393 Erwerb des Amtes Ritzebüttel, 1375 Moorburg, mehrere Elbinseln (Moorwerder, Teil von Finkenwerder), 1397 Harburg, desgl. Land Hadeln, Krempe, Wilster Marsch (nur kurzzeitig).

b) Der Landweg nach Lübeck: Erwerb der Walddörfer im Jungmoränengebiet

Im Rahmen dieser Arbeit erscheinen die Erwerbungen zur Sicherung des Landweges nach Lübeck wichtiger, nämlich der Erwerb der „Walddörfer" Volksdorf, Wohldorf, Gr. Hansdorf, wodurch sich das Hamburger Stadtgebiet heute teilweise auch über Jungmoränen erstreckt, wo sich – namentlich in jüngster Zeit – städtebaulich eine ganz andere Entwicklung zeigt als z. B. im verkehrsmäßig ganz ähnlich durch die U-Bahn erschlossenen Altmoränengebiet um Ochsenzoll. Dieser verkehrsmäßige Anschluß eben dieser Gebiete und die Linienführung der Walddörfer-Bahn verdanken übrigens einzig und allein ihre Entstehung der Tatsache, daß diese Gebiete hamburgischer Staatsbesitz waren.

c) Die Wasserzuführung zum Hafen: Erwerb der Elbmarschen bis Geesthacht

Ebenso wie die Entwicklung Hamburgs in Richtung Walddörfer auf Jungmoränengebiet gewissermaßen ihren Anfang im 15. Jahrhundert nahm, hat die damalige Sorge um eine gesicherte Verbindung mit Lübeck auch ein ganz anders geartetes Landschaftsgebiet in den Besitz Hamburgs gebracht: die Elbmarschen zwischen Hamburg und Bergedorf bis Geesthacht (Perleberger Frieden 1420). Hierbei ist außerdem nicht nur an den landwirtschaftlichen Nutzen dieses Gebietes für die Großstadt Hamburg zu denken, sondern auch an die Möglichkeiten strombaulicher Maßnahmen an der Elbe (Dove-Elbe, Gose-Elbe), die großen Einfluß auf die Wasserführung der Norderelbe hatten, in die der Alsterhafen Hamburgs einmündete.

d) Die Wasserversorgung der Stadt: Erwerb des Alsterlaufes

War der Erwerb der Marschlande zwischen Hamburg und Bergedorf bedeutsam für die Wasserführung der Norderelbe und somit für den Hamburger Hafen, so war für die Sicherung des Wasserschatzes der Alster (Mühlenwasser, Trinkwasser – Stadtwasserkunst 1531 am Jungfernstieg! – Brauwasser) der Erwerb des Alsterlaufes wichtig. In den Jahren 1306 bis 1310 kaufte die Stadt den gesamten Alsterfluß (aber nicht die angrenzenden Ländereien!) von dem Schauenburgischen Grafen von Holstein. Sie begünstigte den Erwerb von Landbesitz durch ihre Bürger und durch Klöster (Winterhude, Alsterdorf, Ohlsdorf, Fuhlsbüttel, Langenhorn, Kl. Borstel – Eppendorf, Gr. Borstel, Winterhude, Ohlsdorf, Wellingsbüttel durch das Kloster Harvestehude – Poppenbüttel, Sasel, Bergstedt, Rodenbek durch das Hamburger Domkapitel) und erwarb selbst Gelände in Fuhlsbüttel (1350), Wohldorf, Hoisbüttel, Volksdorf (1437) (vgl. H. Reincke, 1958).

3. Die Hauptachsen der späteren Stadtentwicklung

Dieser mittelalterlichen Territorialpolitik, die wiederum eine Folge der Isthmuslage Hamburgs zwischen Nord- und Ostsee war, verdankte Hamburg im wesentlichen seine Staatsgrenzen, die bis 1937 erhalten blieben und der Entwicklung Hamburgs weit hinderlicher waren als etwa die natürlichen Baugrundgrenzen zwischen Marsch und Geest. An die Stelle der Stadtmauer mit ihrer absolut einengenden Wirkung trat die Staatsgrenze.

Die 4 Hauptachsen der Entwicklung, die sich aus dieser Territorialpolitik ergaben, sind:

Alstertal nach Norden,
Walddörfer nach Nordosten,
Vier- und Marschlande nach Südosten,
Elbe nach Westen.

Sie sind besonders deutlich in den bis 1937 gültigen Staatsgrenzen abzulesen (vgl. Abb. 104).

Die 3 wichtigen Hauptachsen, die sich leider nicht entwickeln konnten oder durch die politische Grenze gehemmt wurden, sind:

Elbvororte und Eidelstedt nach NW } als natürliche Wohngebiete
Wandsbek nach NO } auf der Geest

Wilhelmsburg nach S – als natürliches Hafen- und Industriegebiet in der Elbmarsch

Der starke Einfluß der politischen Grenzen auf die Ausdehnung der Stadt wurde an den Abbildungen 7a und b deutlich gemacht. Daß die Gebiete zwischen den vier Hauptachsen des Hamburger Territoriums nicht von Natur aus, sondern nur durch die politische Grenzziehung benachteiligt waren, zeigt die Tatsache, daß sich schließlich auch hier lebhafte Bautätigkeit entwickelte. Die sich bildenden Ortsnetze der Verkehrsstraßen richteten sich aber nicht auf die nahe Großstadt Hamburg, sondern auf den jeweiligen eigenen Kern aus – Altona, Eidelstedt, Wandsbek, Billstedt, Harburg, um die wichtigsten zu nennen –, was zur Folge hatte, daß sich nach der Eingemeindung 1937 hier für den Durchgangsverkehr in den einzelnen Ortsnetzen z. T. noch heute nicht überwundene Engpässe ergeben haben.

Welche schwer überwindbaren Hindernisse diese Staatsgrenzen darstellten, welche großen Nachteile den außerhamburgischen Gemeinden erwuchsen, die sich trotzalledem auf dem ja so günstigen stadtnahen Altmoränengebiet schnell entwickelten, zeigt der Bau der Stadtschnellbahnen (U- und S-Bahn) zu Anfang dieses Jahrhunderts:

Durch die Führung der U-Bahn-Ringlinie streng auf hamburgischem Staatsgebiet war ein Anschluß Altonas (182 500 E) und Wandsbeks (37 000 E) überhaupt nicht mehr möglich, an Wilhelmsburg war gar nicht gedacht und der Anschluß der Walddörferbahn in Barmbek war nur mit Hilfe eines teuren Viaduktes möglich.

Dagegen nahm die Linienführung der Vorortbahn (preußische Staatsbahn!) keine Rücksicht auf Staatsgrenzen, sondern verband vielmehr zwei nichthamburgische, aber landschaftlich äußerst reizvolle Wohngebiete mit der Großstadt: den

Endmoränenzug der Elbvororte bis Blankenese und das nichthamburgische Alstertal bis Poppenbüttel. Als Gegenmaßnahme der (Hamburger) Hochbahn folgte nun der Bau der schon erwähnten Walddörferbahn, um den reicheren Hamburgern ein Siedlungsgebiet zu erschließen, das landschaftlich mit den Elbvororten und dem Alstertal konkurrieren konnte, damit die guten Steuerzahler nicht abwanderten: die hügelige, waldreiche Jungmoränenlandschaft der Walddörfer.

Das ebenfalls durch eine U-Bahnlinie erschlossene – weil hamburgische – Altmoränengebiet von Langenhorn bis Ochsenzoll kam für eine solche Einzelhaus- oder sogar Landhausbebauung der reicheren Bevölkerungskreise nicht in Betracht: Es ist flach, ohne Wald, daher auch wenig windgeschützt und außerdem oft feucht und moorig. Dies ist ein Gelände für Reihenhäuser (Langenhorn-Nord) und Massenwohngebiete (Ochsenzoll-Garstedt) geworden (vgl. S. 263).

4. Der Wasserweg nach Lübeck: die Alsterkanalisierung

Nicht nur auf eine Sicherung und Verbesserung der Landverbindung zwischen Hamburg und Lübeck war man bedacht: Im Jahre 1448 wurde ein Vertrag über eine Wasserstraße quer durch Schleswig-Holstein abgeschlossen. Man hatte den kühnen Plan eines Alster-Trave-Kanals gefaßt, z. T. gezwungen durch die Tatsache, daß die große Bedeutung der Isthmuslage Hamburgs zwischen Ost- und Nordsee an Gewicht verlor, da allmählich mit den seefester gewordenen Schiffen die direkte Fahrt durch den Sund an Gefährlichkeit verlor.

Die technischen Schwierigkeiten waren hier aber größer als beim Bau des Stecknitzkanals zwischen Lübeck und Lauenburg. Einmal waren die zu überwindenden Niveauunterschiede größer, deren man aber letzten Endes mit Schleusentreppen Herr wurde, zum anderen war ein ca. 8 km langer künstlicher Kanal durch das Nienwohlder Moor anzulegen. Den ersten Versuch brach man Mitte des 15. Jahrhunderts hier ab, nachdem 6 von den 8 km fertig waren. Der zweite Versuch gelang, aber nach nur 20 Jahren Kanalbetrieb (1529 bis 1549) gab man die Bemühungen, die im Moor dauernd nachrutschenden Kanalböschungen wieder zu befestigen, endgültig auf.

Für den Transport mit Handelsgütern hatte die Alster nun wieder ihre Bedeutung verloren, nicht aber für den Transport von Baumaterial (Holz, Kalk, Gips, Ziegelsteine, Feldsteine) und Torf, der bis weit ins 19. Jahrhundert Bestand hatte.

War man bislang auf den Lüneburger und Helgoländer Kalk angewiesen, so konnte man sich jetzt auf Segeberger Kalk und Gips umstellen. Die Straße „Kalkhof" am Gänsemarkt erinnert noch heute daran, daß Hamburg einst seinen Kalk auf dem Alsterwege erhielt (1617 Verlegung des Kalkhofes von der Elbe an die Alster). Neben dem Kalk lieferte das Jungmoränengebiet aber vor allem Bauholz für Hamburg, das jetzt, nach dem Alsterausbau nicht mehr nur geflößt zu werden brauchte, sondern auch in Prähmen verschifft werden konnte. Ferner lieferten die Moränen natürlich Findlinge und Feldsteine für Straßenbau und Uferbefestigungen (1544 für den Steindamm 14 Schiffsladungen von Poppenbüttel und Rodenbek – H. Reincke, 1958, S. 34). Auch Ziegeleien konnten jetzt an den Tonvorkommen nördlich von Hamburg angelegt werden, nachdem man die Ziegel auf dem Wasserwege nach Hamburg transportieren konnte.

So trug also der aus verkehrspolitischen Gründen erfolgte Ausbau der Alster dazu bei, die „Bodenschätze" des schleswig-holsteinischen Jungmoränengebietes für Hamburg nutzbar zu machen.

F. HAMBURG IM 17.-19. JAHRHUNDERT INNERHALB DES BEFESTIGUNGSGÜRTELS AUS DEM 30-JÄHRIGEN KRIEG

Wie auch in anderen Städten fällt der „Wallring" auf durch seine breiten Straßen, Grünanlagen, Verwaltungs- und anderen öffentlichen Gebäude: Bismarckdenkmal, Museum für hamburgische Geschichte, Gerichte, Universitätsinstitute, Botanischer Garten, Esplanade, Lombardsbrücke, Kunsthalle, Hauptbahnhof, Deichtormarkt. Nicht nur die Wallanlagen und Gräben selbst, auch das Vorfeld hebt sich noch heute deutlich im Stadtgrundriß ab: Heiligengeistfeld, Planten und Blomen, Moorweide: nach dem Schleifen der Befestigungsanlagen zunächst Exerzierplatz, Friedhof, Gemeinweide, später Aufmarsch- und Ausstellungsgelände, Sportplatz, Park, Grünflächen.

Der Spanienhandel Ende des 16., Anfang des 17. Jahrhunderts brachte den Hamburger Kaufleuten reichen Gewinn. Hatte bislang der alte Mauerring immer noch die Bevölkerung Hamburgs fassen können, so wurde doch jetzt der Bevölkerungsdruck von innen so groß, daß er im 17. Jahrhundert die alten Mauern endgültig sprengte, zumal Hamburg eine große Anzahl von Flüchtlingen (aus den Niederlanden) aufgenommen hatte. Von den 40000 Einwohnern im Jahre 1600 soll ein Viertel Emigranten gewesen sein.

Außerdem forderten die Wirren des 30-jährigen Krieges eine Verstärkung der Wallanlagen, die Johann v. Valkenborgh 1616–1625 so gut ausführte, daß Hamburg nie eingenommen wurde, ja daß seine Feinde nicht einmal einen Versuch dazu unternahmen.

1. Die Linienführung des Walles

a) Auf dem östlichen Geestsporn

Im Osten der Stadt folgen die neuen Befestigungsanlagen ungefähr der Linienführung der alten Stadtmauer (vgl. Abb. 128). Der Geestsporn wird an seiner höchsten Stelle überquert, weiter östlich im Vorfeld des Walles fällt er zu einer Einsattelung zwischen Danziger- und Lohmühlenstraße um bis zu 10 m und am Lindenplatz um ca. 5 m ab.

Das 1679 errichtete „Neue Werk" läßt diese Einsattelung hinter sich und verläuft über deren östlichen Hang im Zuge der heutigen Straßen Sechslingspforte–Wallstraße zum „Hochwasserbassin" in der Marsch. Die Vorderkante der umfangreichen Befestigungsanlagen verläuft wieder über die Wasserscheide, nimmt also die höchsten Punkte im Gelände ein.

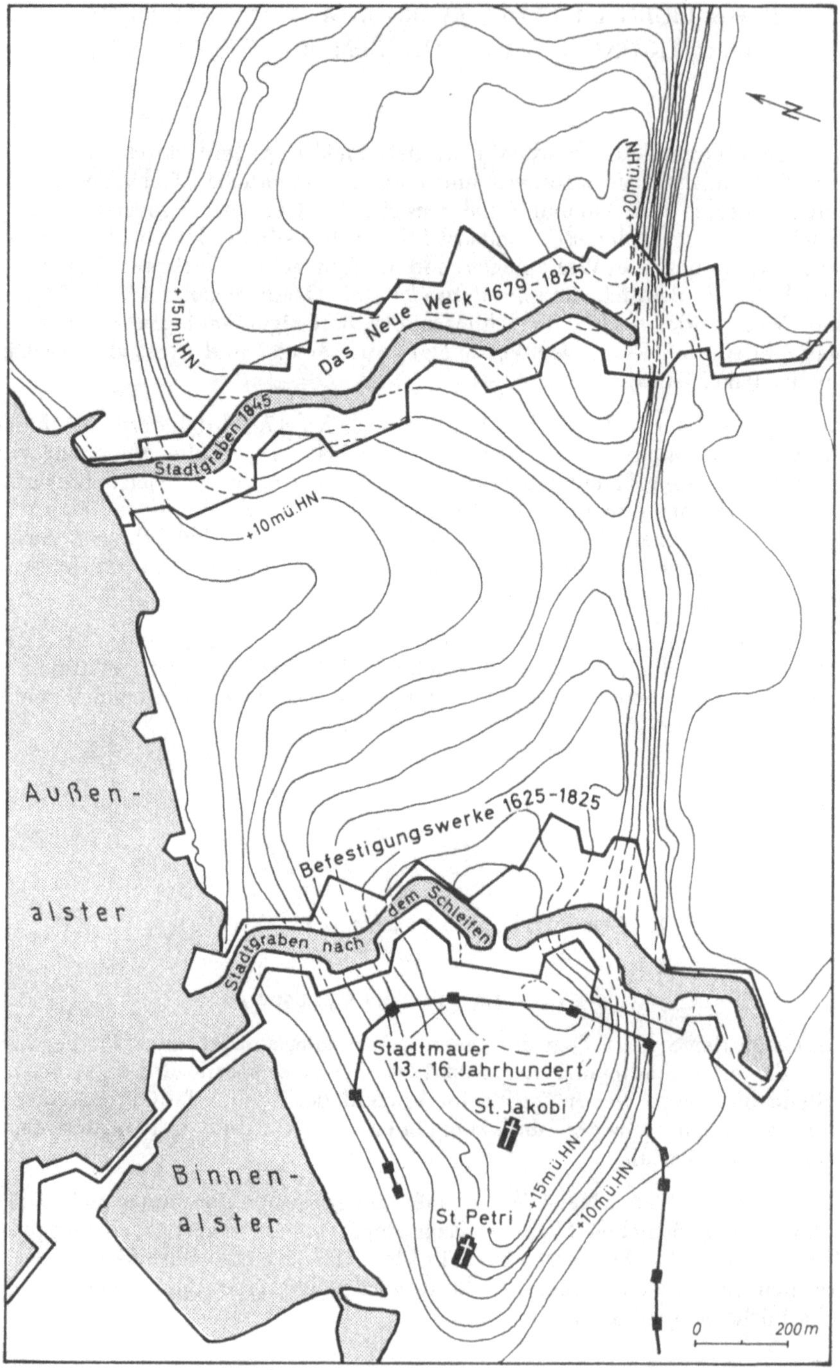

Abb. 128 **Befestigungsanlagen auf der östlichen Geest**

b) Am westlichen Geesthang

Der Wall im Westen der Stadt verläuft ebenfalls wieder genau über die Wasserscheide des westlich der Alster liegenden Geesthügels (Eichholz), bleibt allerdings zwischen Holstentor und Alster etwas auf dem diesseitigen Hang, um das Alsterbecken an der dem Alstertor gegenüberliegenden Stelle zu erreichen (Abb. 129). Diese Flanke wurde zusätzlich durch die vorgeschobene Sternschanze geschützt, die 1682 auf dem Heidberg von Heimechhude errichtet wurde, „auf einem hochliegenden Punkt, der der Festung sehr schädlich sein konnte . . . Die ganze umliegende Gegend war unbebaut und der Fuß der Höhe an der Nord- und Westseite der Sternschanze durch sumpfige Niederungen (Hundebek und Isebek) begrenzt . . ." (C. F. Gaedechens, 1880, S. 149).

Allerdings wird dieses Gelände schon zu einem großen Teil künstlich entwässert gewesen sein, denn „um das Land zwischen Schäferkamp und Harvestehude von dem vielen Wasser zu befreien, ließ das Kloster 1633 einen Graben bis zur Alster ziehen, der zugleich eine Regulierung eines Teiles des Isebeks in sich schloß und die Entstehung des Hegestiegs veranlaßte" (C. F. Gaedechens, 1880, S. 148).

c) In der Elbmarsch

An der Südflanke der Stadt fallen in den alten Stadtgrundrissen die im Verhältnis zu den übrigen Bastionen kleineren Abmessungen auf. Der Grund mag einmal darin liegen, daß man von der Elbe über den sumpfigen Grasbrook keinen Angriff erwartete oder meinte, ihn dort leichter abwehren zu können, zum anderen aber auch in dem schlechten Baugrund der Elbmarsch.

„Die projektierte Wallanlage, von der die Anfänge am Ober- und Niederhafen bereits ausgeführt waren, scheint man um die Mitte des 17. Jahrhunderts ganz aufgegeben zu haben, denn der Wall vom Deichtor bis zum Kehrwieder, der des ungünstigen Bodens wegen sich sehr schlecht hielt, wurde 1654 von Grund auf neu aufgesetzt und mit Pallisaden versehen" (Gaedechens). Welche Aufwendungen für so eine Bastion auf Marschgrund erforderlich waren, zeigt der Hinweis von Gaedechens, daß „zu der Bastion im Hammerbrook die Grundwerke des sumpfigen Bodens wegen 50 000 Mark kosteten."

Man war also sicherlich bemüht gewesen, den Befestigungsgürtel in der Marsch wegen der hohen Grundstückskosten möglichst kurz zu halten, und hat sich vielleicht auch deswegen gescheut, den neuen Wall in weiterem Bogen über den Grasbrook zu ziehen, um damit auch hinter dem Wall noch Erweiterungsmöglichkeit für den Hafen zu erhalten.

2. Der Einfluß des Walles auf den Baugrund

a) Veränderungen des Reliefs

Im Osten der Stadt waren der Grabeneinschnitt und der Wall der Altermarsch geradezu wie geschaffen, um die aus der Elbmarsch kommende Eisenbahn und den Hauptbahnhof aufzunehmen sowie die „Verbindungsbahn" zwischen Hamburg und Altona über die Alstertalung zu führen. Denn hierbei war

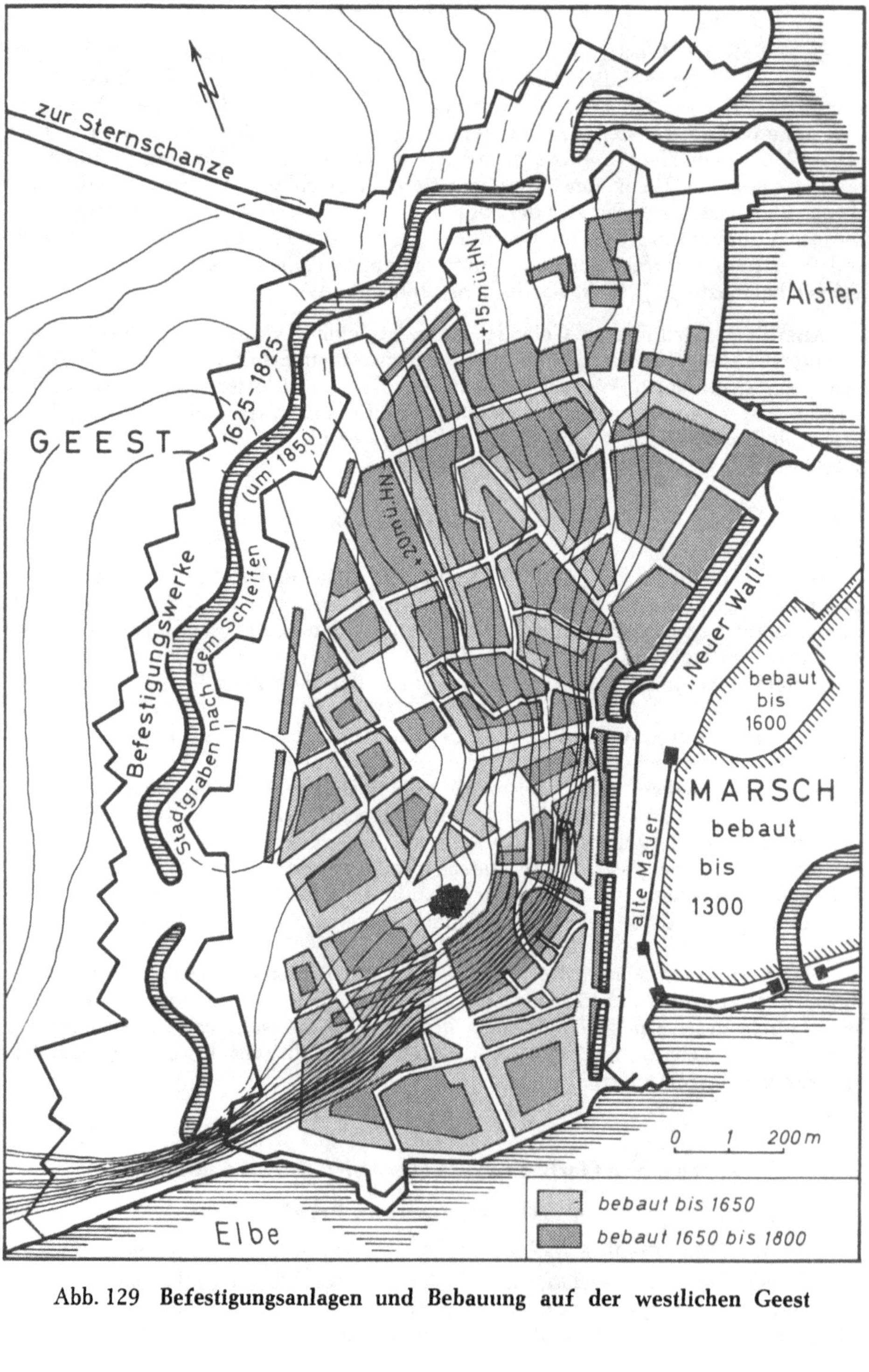

Abb. 129 **Befestigungsanlagen und Bebauung auf der westlichen Geest**

nicht das Problem – wie bei der ersten Landstraße durch die Alstermarsch –, möglichst lange auf der trockenen, hohen Geest zu bleiben, sondern den Geestsporn auf kürzestem Wege zu durchschneiden, wobei man bedenken muß, daß die aus der Elbmarsch kommende, den Geestsporn durchquerende, die Alstermarsch überquerende und schließlich die westlichen Geesthöhen erklimmende Bahnlinie keine „Berg- und Talbahn" werden durfte, denn zu den wesentlichsten Trassierungselementen einer Eisenbahnlinie gehören ja bekanntlich nur sehr geringe Gefällsneigungen – und ein Bahnhof darf überhaupt nicht im Gefälle liegen (Abb. 130). Das gleiche Problem trat am Berliner Tor auf: „Beim Berliner Tor begannen 1863 im April die Arbeiten für die Lübecker Eisenbahn, welche von Hammerbrook eben außerhalb des Tores unter dem Wege fort in den trockengelegten Stadtgraben geführt wurde . . . der ganze Wallgraben wurde endlich als durchaus entbehrlich 1873 trocken gelegt und nach und nach ausgefüllt. Der Teil vom Lübeckertor bis zur Alsterpforte ward zur Vergrößerung des Krankenhausgartens benutzt . . . ." (C. F. Gaedechens, 1880, S. 275). Vgl. S. 30 (Eisenbahntunnel Altona).

Die Helgoländer Allee am westlichen Ende des Wallringes folgt in noch stärkerem Maße dem Verlauf des Stadtgrabens (Abb. 131). Somit hilft auch hier der künstliche Grabeneinschnitt, den natürlichen, hier sehr plötzlichen Niveauunterschied zwischen Marsch und Geest zu überwinden, ähnlich wie die Alstertalung im Großen einen natürlichen allmählichen Übergang von der Marsch in die Geest darstellt, oder wie der Scheidebach in Altona die einzige Verkehrsmöglichkeit am Steilufer nach dem Oberland darstellt, bzw. wie die Flottbekniederung von Teufelsbrück einmal der Anlage der Tunnelrampe für die Elbunterquerung der „Westtangente" nach Finkenwerder entgegenkommen könnte.

Abb. 130 Die Bahnanlagen südlich des Hauptbahnhofes am Übergang von der Marsch auf die Geest

Abb. 131 Die Helgoländer Allee benutzt den Wallgrabeneinschnitt um den Höhenunterschied zwischen Marsch und Geest zu überwinden

b) Veränderungen der Beschaffenheit des Baugrundes

Nicht nur weitgehende Änderungen des Reliefs sind zu verzeichnen, auch die Beschaffenheit des Baugrundes erfuhr durch die Befestigungsanlagen oft weitreichende Änderungen. Als Beispiele dafür seien hier angeführt: 1. der Stadtgrabenschlick, der bei Bohrungen vor dem Bau des BAT-Hochhauses in der Esplanade angetroffen wurde, 2. die steinernen Fundamente der Bastion Sebastian, die gleich zu Beginn des Schildvortriebes beim Bau der U-Bahnstrecke unter den Gleisen der Bundesbahn zwischen Steinstraße und Gr. Allee angetroffen wurden und eine unerwartete Verzögerung des Baufortschrittes mit sich brachten. 3. „Am Ende der Straße Bei den Hütten, hinter der Bastion Joachimus, war durch die Aufwerfung des Walles der Abzug des Wassers der dortigen Quellen gehemmt und hatte sich ein stehendes Wasser, ein Pool, der Wilhaldi Pool, auch Pilatus Pool genannt, gebildet, der erst 1711 ausgefüllt wurde" (Gaedechens, 1880, S. 140).

3. Das durch den Wall umschlossene Gebiet

a) Der Anteil der Marsch- und Geestflächen

Gegenüber dem Stadtgrundriß im 16. Jahrhundert umfaßte die neue Befestigungsanlage fast die doppelte Fläche. Dabei lag die neu umschlossene Fläche fast ausnahmlos westlich der Alster, und zwar im wesentlichen auf der Geest. Damit erstreckte sich die Stadt jetzt auf die gesamte Alstermarsch, den östlichen „Geestsporn" (St. Petri, St. Jakobi), den Abhang der westlichen Geest (St. Michaelis) und einen Teil der nördlichen Elbmarsch (Kl. Grasbrook, St. Katharinen).

Es war also das erste Mal nach dem 13. Jahrhundert (St. Jakobi!) in der Entwicklung Hamburgs der Fall eingetreten, daß das Erweiterungsgebiet nicht in der Marsch zur Elbe hin lag, sondern fast ausnahmslos auf der Geest (St. Michaelis) (vgl. Abb. 132).

Und doch hatten Handel und Schiffahrt im 16. und 17. Jahrhundert einen großen Aufschwung erlebt. Der iberische Handel brachte reichen Gewinn ein. 1550 wurde die Börse, 1619 die erste Bank gegründet. Der Bedarf an Wasserflächen für den Hafen und an wassernahen Marschgebieten für den Handel mußte also doch wesentlich gewachsen sein.

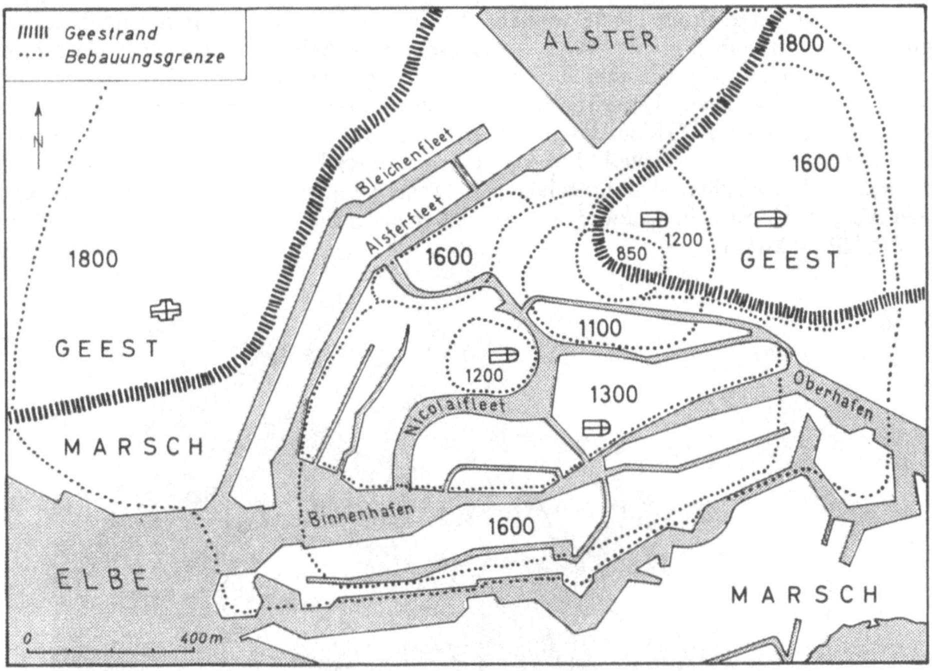

Abb. 132 **Das Wachsen der Stadt auf Marsch- und Geestgrund im Laufe der Jahrhunderte**

b) Die Entwicklung in der Marsch

Neue Schiffsliegeplätze wurden geschaffen, indem man den Niederbaum des Niederhafens weiter zur Elbe hin vorverlegte und längs den Vorsetzen Pfahlreihen zum Festmachen der Schiffe ins Flußbett rammte. So wurde der Seeschiffsverkehr aus dem eigentlichen Alsterhafen mit seinen Fleeten abgezogen. Die Schiffe waren für diese engen Kanäle, die noch dazu von niedrigen Brücken überquert wurden, ohnehin zu groß geworden. Aus diesem Grunde mußte aber auch für ausreichendes Wasser in der „Norderelbe" gesorgt werden, die 1604 durch den 2. Durchstich des Brooks geschaffen wurde. So entstanden in dem Tief vor der Alstermündung ausreichende Schiffsliegeplätze für die nächsten 200 Jahre.

An Wasserflächen für Seeschiffe war also vorläufig kein Mangel. Wie stand es nun mit den wassernahen Speichern und Lagerplätzen der Kaufleute?

„Der Kaufmann fand sich durch den Mangel guter Kaufmannshäuser und Speicher beengt, deren Preis ins Ungeheure stieg" (J. G. Büsch, 1792). Da die Hamburger aber nichts Wesentliches unternahmen, um diesen Zustand zu ändern – man denke dagegen z. B. an die Zollanschlußbauten 1888! –, scheinen doch noch genügend Plätze an den kleinen Wasserläufen vorhanden gewesen zu sein: an den erhalten gebliebenen natürlichen Wasserläufen (Nicolaifleet, Reichenstraßen-, Gröningerstraßen-, Brauerstraßenfleet, Steckelhörn-, Doven- und Mührenfleet), an ausgebauten Abflußsielen (Deichstraßen-, Katharinen-, Rödingsmarktfleet), an künstlichen Kanälen (Kehrwieder-, Brooks-, Wandrahmsfleet) und an ehemaligen Stadtgräben (Admiralitätsstraßen- und Herrengrabenfleet).

Diese vielen kleinen Fleete in der Alstermarsch mit ihren alten Lagerhäusern und Speichern haben dem Umschlag: Seeschiff – Schute – Speicher bis heute eine große Bedeutung bewahrt und haben zur Entwicklung der „Hamburger Kaibauweise" beigetragen. Diese Bauweise unterscheidet sich von der „klassischen Bauweise" durch das Fehlen der Speicher hinter der landseitigen Kaistraße. Ferner zeichnet sie sich durch verhältnismäßig schmale Schuppenbreiten aus. Dagegen ergeben sich zwischen den einzelnen Kaizungen umso breitere Hafenbecken, um den Umschlag Seeschiff / Ewer zu ermöglichen bzw. den Direktumschlag Seeschiff / Binnenschiff.

Abb. 133 a **Alte, hohe Bauten in der Marsch**
Reimerstwiete

c) Die Entwicklung auf der Geest

Konnten durch Neubauten und Umbauten in der Marsch noch genügend wassernahe Kaufmannshäuser und Gewerbebetriebe untergebracht werden innerhalb des alten Mauerringes, so fand sich billiges, tragfähiges und trockenes Baugelände für mehr oder weniger reine Wohnzwecke nur außerhalb der alten Mauern.

Mit der Zahl und Größe der Handelsfirmen, der Handwerks- und Gewerbebetriebe nahm auch die Zahl der Nichtselbständigen, der Angestellten und Arbeiter zu und damit der Bedarf an billigen Wohnungen. Die ersten reinen Wohngebiete entstanden, die Trennung von Arbeitsplatz und Wohnung war vollzogen. Nachdem also das Kirchspiel St. Jakobi auf der östlichen Geest immer dichter bebaut worden war und der ursprünglich noch lange Zeit ländliche Charakter restlos verschwunden war, wurde nun auch auf der westlichen Geest das freie Gelände an den alten Durchgangsstraßen und Feldwegen zunehmend bebaut und mit in den befestigten Teil der Stadt einbezogen.

Interessant ist ein Vergleich zwischen den im 12./13. Jahrhundert besiedelten Marschgelände (Neue Burg) Grimm, Cremon usw. und dem im 17. Jahrhundert durch die Mauern in das Stadtgebiet einbezogenen Geestgebiet westlich der Alster:

Die neuen Straßen in der Marsch entstanden parallel zu den Wasserläufen: Bohnenstraße – Neue Burg – Deichstraße – Rödingsmarkt – Cremon – Katharinenstraße – Grimm – Gröningerstraße – Hüxter – Brauerstraße – Dovenfleet – Bei den Mühren, der Grundstücksschnitt erfolgte regelmäßig und nach Plan, um möglichst viele Grundstücke mit Wasseranschluß zu erhalten.

Abb. 133 b **Dichte, aber nicht so hohe Bebauung auf der Geest**
Peterstraße, Rückseite.

Das neue Siedlungsgebiet auf der Geest wurde bereits vorher genutzt, und zwar weitgehend als Gartengelände. Es wurde nicht planmäßig bebaut, sondern so wie die alten Gartenwege jeweils verliefen. Aus diesem Grunde unterschieden sie sich auch von der radspeichenartigen Anlage der Straßen auf dem östlichen Geestsporn. Erst im weiter von der alten Mauer entfernten Bereich, etwa zwischen Poolstraße – Kohlhöfen – Großneumarkt – Engl. Planke und der neuen Mauer entstanden regelmäßige Baublöcke, die eine städtebauliche, planerische Absicht erkennen lassen (Abb. 129).

Ein weiterer Unterschied ist bemerkenswert: Wurden in der Marsch trotz des schlechten Baugrundes, aber wegen der erforderlichen Raumknappheit hohe Bauten errichtet (vgl. Abb. 133 a), so konnten auf der Geest – soweit zunächst noch Platz vorhanden war – auch niedrige Häuser entstehen (vgl. Abb. 127 a), obgleich der gute Baugrund hier höhere Bauten zugelassen hätte. Die dann auch bald hier entstandene Raumknappheit äußerte sich in den Gängevierteln mehr in einer dichten als eigentlich hohen Bebauung (vgl. Abb. 133 b). Freilich standen an den Straßen auch 5- bis 6-geschossige Häuser.

Zeichnet man die Lage der drei großen Sanierungsgebiete

I. südliche Neustadt,

II. nördliche Neustadt (Kaiser-Wilhelm-Straße) und

III. Altstadt (Mönkebergstraße)

in die Baugrundkarte ein, so findet man, daß sie zum größten Teil auf Geestboden liegen. Nur der südliche Teil des Gebietes I liegt an der Elbe auf Marschboden (zwischen Brauerknechtsgraben – Herrengrabenfleet – Vorsetzen – Johannisbollwerk). Dies Gebiet war nicht von künstlichen oder natürlichen Wasserläufen durchzogen, hier befanden sich also auch keine Speicher und Kaufmannshäuser wie in der Altstadtmarsch St. Nicolai und St. Katharinen, hier war deshalb noch Platz für hafennahe Arbeiterwohnungen gewesen.

Es darf also daraus, daß der größte Teil der Sanierungsgebiete auf der Geest lag, nicht gefolgert werden, nur auf dem guten Baugrund der Geest hätten sich wegen der entfallenden Gründungsmaßnahmen die billigen Massenwohnviertel bilden können. Vielmehr entstanden sie in Hafennähe überall dort, wo nicht wegen des Wasseranschlusses schon Speicher und Kaufmannshäuser standen, sowohl auf der Geest als auch in der Marsch. Allerdings mußten sie in der Marsch, wenn es die Interessen des Hafens und des Handels erforderten, wieder weichen, wie es bei St. Annen 1886 geschah, als die „Zollanschlußbauten" erstellt werden mußten.

G. RÜCKBLICK AUF DIE WANDLUNGEN DES HAMBURGER STADTKERNES

1. Die Alstermarsch, das natürliche Zentrum Hamburgs

a) Die Wandlungen des Stadtbildes

„Sicherlich nicht nur ein Romantiker wird den Untergang großer Teile des alten Hamburgs bedauern. Ein Bürger aus dem Jahre 1800 würde seine Stadt kaum wiedererkennen. Städte, denen nicht ein so steiler Aufstieg vergönnt war, wie ihn Hamburg in der Neuzeit und besonders im 19. Jahrhundert genommen hat, konnten naturgemäß ihr altes Bild im wesentlichen leichter bewahren. Aber auch in Weltstädten hat sich der ursprüngliche Kern gelegentlich in seiner alten Struktur erhalten lassen, weil eine Ausdehnung nach allen Seiten und die Bildung eines neuen Mittelpunktes möglich war. Hamburg dagegen mußte sich tiefgreifend auch in seinem Kerngebiet verändern, denn dieser Raum zwischen Alster und Elbe ist immer noch das natürliche Zentrum der Stadt, weil er unter allen Stadtteilen dem Hafen am nächsten liegt. Um Handel und Verkehr dienen zu können, hat Hamburg seine Gestalt im Laufe der Entwicklung wandeln müssen" (J. Bolland, 1955).

Drei Stichworte charakterisieren die fast vollständige Erneuerung des Hamburger Stadtkernes in den letzten hundert Jahren:

der große Brand 1842 (21 000 Einwohner betroffen),
die Zollanschlußbauten 1888 (15 000 Einwohner betroffen),
die Sanierungen 1897 bis 1936.

Aber auch schon in vorherigen Jahrhunderten muß sich das Gesicht der Stadt oft gewandelt haben, so hieß es ja z. B. in einer alten Chronik:

„. . . anno 1500 bet 1550 is in Hamborch mechtigen gebowet und verbetert worden . . . also dat dejenigen, de Hamborch vor etliken iaren geseen hadden, mösten seggen, Hamborch were nu genzliken umgekeret . . .".

Schließlich haben im letzten Krieg die Bombennächte und gegenwärtig die Verkehrsbauten (z. B. Ost-West-Straße!) ihr übriges getan, um auch die letzten Reste eines mittelalterlichen Stadtkernes zu beseitigen.

„Einzige Überreste aus der Backsteinzeit des XIII. und XIV. Jahrhunderts sind nur noch die beiden Kirchen St. Catharinen und St. Jakobi . . . Kein öffentliches und kein Privatgebäude ist aus diesem Zeitabschnitt auf uns gekommen . . . . Daß in Hamburg so wenige Denkmäler der älteren Baukunst (auch späterer Zeiten) auf uns gekommen sind, erklärt sich nur zum Teil durch den großen Brand 1842, Zollanschlußbauten und Sanierungen des 19. / 20. Jahrhunderts . . . Zum Verschwinden älterer Privathäuser hat die Notwendigkeit beigetragen, den sich mehrenden Bedürfnissen des Handels- und Gewerbebetriebes und den gesteigerten Anforderungen einer veränderten Lebensweise genügende Bauten mit größeren Räumen zu schaffen . . . Wahrscheinlich wurde auch weniger stark gebaut, so daß in verhältnismäßig kurzer Zeit Um- und Neubauten nötig waren; aber auch mangelhafte Gründungen im Marschgebiet bzw. das allmähliche Sinken des Grundwasserstandes daselbst, der ein Faulen der Köpfe der eingerammten Pfähle und ein Sacken der Hauswände zur Folge hatte, und ohne Zweifel schon in früheren Jahrhunderten die Ursache von Veränderungen und Neuaufbauten der Häuser gewesen" (Melhop, 1925, S. 34 / 35).

b) Die gleichbleibende Bedeutung der Alstermarsch

Die Bedeutung der Alstermarsch für die Stadt ist stets groß geblieben, hat sich aber in ihrem Inhalt wesentlich gewandelt: 1. Für den Wikort war es der geschützte Alsterhafen, 2. in der Hansezeit und der Zeit der Entdeckungen waren es die vielen natürlichen oder künstlichen Wasserarme, die in Verbindung mit dem Elbhafen standen und die auch für die vielen Brauereien das nötige Wasser lieferten (Hamburg = „Brauhaus der Hanse"). Bei Beginn des Rohrzuckerimportes ließen sich diese an den Fleeten stehenden Gebäude auch ohne große Umbauten als Zuckerbäckereien verwenden. Ursprünglich nur von dem Handel genutzt, bewährte sich jetzt die Alstermarsch also auch für das Gewerbe, ohne daß sich das äußere Bild wesentlich zu ändern brauchte. 3. In der Neuzeit liegt die Bedeutung der Alstermarsch und der angrenzenden Geestflächen innerhalb der alten Stadtmauern weniger in ihren Wasserflächen, sondern eigentlich nur noch in der benachbarten Lage zum Elbhafen und in der Landverbindung mit diesem. Denn von den alten Kaufmannshäusern, die ursprünglich Speicher, Kontor und Wohnung in sich vereinigten, ist nur noch die Funktion des Kontors an der alten Stelle – in Börsennähe! – geblieben, die Ware lagert im (Frei)hafen. So müssen im Kerngebiet der Stadt die alten Speicher den Kontorhäusern weichen.

Wohnungen sind fast ganz aus der City verschwunden. Nur auf der westlichen Geest, in größerer Entfernung vom Hafen (Kirchspiel St. Michaelis), ist auch nach dem neuen Aufbauplan noch reines Wohngebiet ausgewiesen (Abb. 101).

Das eigentliche Zentrum, der Lebensnerv Hamburgs, ist und bleibt die elbnahe Alstermarsch am Fuße des östlichen Geestspornes, zusammen mit diesem Geestsporn selbst. Ob als sedes Nordalbingorum, Hammaburg, Alsterbrückenkopf oder Alsterhafen, als Wikort, ob als Speicher- und Handelsstadt, „Brauhaus" der Hanse oder hafennahes Kontor- und Geschäftshausviertel einer modernen Hafenstadt, immer vermochte dieser durch die Gunst der natürlichen Verhältnisse ausgezeichnete Platz den verschiedensten Anforderungen zu genügen und das Leben auf sich zu ziehen. Hafennähe, Fleete, Börse, Rathaus, Hauptbahnhof, Binnenalster lassen heute die Alstermarsch und den östlichen Geestsporn zum eigentlichen Gebiet der „City" werden.

Dabei wird zwischen Marsch und Geest nicht mehr unterschieden, denn bei den dortigen Grundstückspreisen haben die zusätzlichen Kosten einer Pfahlgründung erheblich an Gewicht verloren. W. Ruscheweyh (1947) gibt z. B. folgende Bodenpreise an:

Für ein unbebautes Grundstück am

Neuen Wall	:	1899 :	729 M / m²	
		1900 :	1320 „	
		1905 :	1676 „	
		1906 :	1800 „	
Rathausmarkt	:	1910 :	2780 „	
Schleusenbrücke	:	1902 :	3514 „	(absolutes Maximum).

So steht beispielsweise das Ballinhaus auf 1400 Holzpfählen; das Chilehaus wiederum liegt genau auf der Grenze zwischen Geest und Elbmarsch, so daß die insgesamt 18000 lfd. m Eisenbetonpfähle in ihren Einzellängen zwischen 3 und

13m Länge schwanken. Die Mönckebergstraße verläuft ganz auf Geestboden, so daß die dortigen Bauten durchweg flach gegründet werden konnten (soweit nicht örtliche Eemtorfe Pfähle verlangten); am Jungfernstieg, am Neuen Wall usw. sind nur Pfahlgründungen möglich.

Heutzutage reicht diese „natürliche City" – Alstermarsch und östlicher Geestsporn – nicht mehr aus. Kapitalkräftige Bauherren (Versicherungen, Ölgesellschaften usw.) dringen mit ihren Bauten am Außenalsterbecken weiter nach Norden vor; die neue Ost-West-Straße erschließt auch den westlichen Geestrücken (St. Michaelis) und bringt ihn dadurch in „Hafennähe"; in den Wohngebieten z. B. von Eimsbüttel, Eppendorf, Barmbek, Wandsbek haben sich weitere Einkaufszentren gebildet; und schließlich wird am Stadtpark ein zweites Kontor- und Geschäftshausviertel geplant. Diese „City-Nord" steht aber in keiner direkten Verbindung mehr mit dem Hafen, dem letztlich die City in der Alstermarsch ihre Entwicklung verdankt und durch den sie auch künftig ihre Bedeutung behalten wird, sofern die modernen Verkehrsprobleme gemeistert werden. Daher dürfen – gerade auch im Interesse des Hafens – selbst außergewöhnliche Mittel zur Schaffung ausreichender Flächen für den fließenden und den ruhenden Verkehr nicht gescheut werden, sind doch andererseits die ebenfalls im Interesse des Hafens geforderte Vertiefung der Elbe oder der Ausbau des Binnenwasserstraßennetzes (Nord-Süd-Kanal) noch wesentlich teurer!

Der alte Stadtkern Hamburg war und ist also einem steten Wandel unterworfen, da sich das jeweilige Interesse immer wieder auf denselben Punkt richtet, so daß sich keine eigentliche „Altstadt" mit älterer, überlebter Bausubstanz längere Zeit erhalten konnte. Immer wieder wurde „Hamborg genzliken umgekeret unde vernyet".

Von ausschlaggebender Bedeutung für das Gesicht dieses Stadtkernes war und ist heute noch die Alster, einst lebensnotwendig als Hafen oder Mühlenfluß, heute als städtebauliche Achse von unschätzbarem Wert inmitten der Steinwüste einer City, und vielleicht in Zukunft außerdem wieder von lebensnotwendiger Bedeutung, nämlich zur Schaffung von Abstellflächen für Kraftfahrzeuge unter dem Wasserspiegel der Binnenalster unmittelbar in der Innenstadt.

Diese Innenstadt „gruppiert sich um die drei Seenbecken der Alster, die Kleine, die Binnen- und die Außenalster; sie verleihen dem Stadtbild der Mitte einen einzigartigen Reiz. Schon oft ist ihre Schönheit gepriesen worden. Ein Kunsthistoriker – H. K. Röthel – nennt die Binnenalster jüngst eines der schönsten und überraschendsten Elemente urbaner Architektur und spricht von ihr als einer maritimen Piazetta und dem Herzstück der Stadt. Mit Recht! Schon früher hat ein bedeutender Architekt – Fritz Schumacher – die Stadtmitte wegen ihrer räumlich geglückten nahen Verbindung des geschlossenen Rathausmarktes mit den Wasserflächen der Kleinen Alster und der Binnenalster als ein städtebauliches Kunstwerk gerühmt. Es könne der Anlage des St.-Markus-Platzes in Venedig verglichen werden. Auch für den, der Hamburg zum ersten Male sieht, wird der Anblick des Stausees zwischen Jungfernstieg und Lombardsbrücke und seine Einfassung ein dauernder Eindruck bleiben. In der Tat: diese durchaus moderne Stadt hat auch ohne historische Bauten und Denkmäler vom Zentrum bis in die Außenbezirke ihr ganz eigenes Gesicht!" (E. v. Lehe, 1958, S. 10)

2. Stadtkerne anderer Städte

Im Gegensatz hierzu konnte manche andere Stadt sich einen alten Stadtkern mit mehr oder mit weniger alter Bausubstanz, aber im großen und ganzen mit dem mittelalterlichen Habitus, erhalten, wenn die nähere Umgebung dieses alten Kernes für den jeweiligen neuen Zweck nahezu gleichwertig war, wenn dieser Kern sich in seiner Lage nicht zu sehr von seiner Umgebung abhob und vor ihr auszeichnete, so daß sich immer wieder auf ihn das Interesse konzentrieren mußte, oder wenn die Anforderungen, die an jenen Platz gestellt wurden, nicht so ungeheuer stiegen, so daß das alte Kleid auch in späteren Zeiten noch paßte. Letzteres war bei Lübeck der Fall, für ersteres kann das Beispiel Frankfurts a. M. angeführt werden.

Frankfurt war ebenfalls seit dem frühen Mittelalter eine bedeutende Handels- (und Messe-) stadt, die heute über eine umfangreiche Industrie verfügt, wie ja auch Hamburgs Rückgrat nicht mehr allein vom Handel gebildet wird.

Die Lage der Altstadt war großräumig zwar gekennzeichnet durch die Verengung des Maintales zwischen dem Berger Rücken und dem Sachsenhauser Berg, aber sonst war dieser Punkt im Maintal nicht weiter ausgezeichnet. Nach dem Schleifen der Befestigungsanlagen strebte der Wohnungsbau ziemlich gleichmäßig auf die umliegenden Höhen längs des Mains, im Maintal selbst siedelte sich Industrie an, und zwar sowohl unterhalb als auch oberhalb des alten Kerns, unterhalb begünstigt durch die vom Relief bedingte Eisenbahnführung, oberhalb begünstigt durch die Windrichtung, die für die Anlegung des Hafens an dieser Stelle sprach (1900–1910). Aber keineswegs ließen Relief, Wasserflächen, Baugrund oder verkehrsmäßige Lage den Punkt der Altstadt so interessant erscheinen, daß er nicht vielfach in nahezu seiner alten Form erhalten bleiben konnte, sofern es Bausubstanz und Straßenverkehr zuließen.

So konnte sich in Frankfurt rund um die Altstadt zwischen Wallring und „äußerem Ring" die Geschäftsstadt entwickeln; Industriegebiete entstanden entlang des Mains; überall konnten Flußübergänge geschaffen werden. Der Verkehr zwischen innerem Wohnbereich sowie äußerem Vorort-Ring einerseits und den Industriegebieten sowie dem Geschäftsbereich andererseits braucht sich nicht über die Altstadt abzuwickeln. In Hamburg dagegen lag die Altstadt in der Alstermarsch, die das natürliche Bindeglied zwischen den Häfen sowie Industriegebieten der Marsch und den Wohngebieten der Geest darstellt. Außerdem trugen in Hamburg die politischen Grenzen dazu bei, das Entstehen einer Bandstadt zu verhindern (vgl. Abb. 104), wie es beispielsweise bei der Hafenstadt Rotterdam der Fall war. (Neben diesen politischen sind aber bei Rotterdam auch die topographischen Verhältnisse ganz andere: Dort gibt es nicht das Nebeneinander von Marsch und Geest, der Baugrund ist überall gleichmäßig schlecht, Höhenunterschiede treten auch nicht auf.)

3. Der große Brand, die Zollanschlußbauten und die Sanierungen

Der Brand von 1842, die Zollanschlußbauten ab 1888 und die Sanierungen von 1897 bis 1936 veränderten das Gesicht der Innenstadt jeweils binnen kurzer Frist. Der *Brand* war ein zufälliges Ereignis, die *Zollanschluß*bauten aber eine gezielte Maßnahme, um sich den veränderten politischen und wirtschaftlichen Verhältnissen anzupassen. Die *Sanierungen* waren aus hygienischen Gründen erforderlich gewordene Maßnahmen.

Die hafennahen Wohnviertel der Marsch mit ihren überschwemmungsgefährdeten Behausungen mußten wegen der dadurch erhöhten Seuchengefahr als erste saniert werden. Eine Sanierung des Brooks – St. Annen – erübrigte sich infolge der Zollanschlußbauten. So wurde im Marschgebiet der südlichen Neustadt vor den Gängevierteln der Geest (Kaiser-Wilhelm-Straße und Steinstraße) mit der Sanierung begonnen.

Die Straßen mußten bis zur sturmflutfreien Höhe aufgeschüttet werden, die besonders gesundheitsschädlichen, tiefliegenden Behausungen abgebrochen werden. Denn bislang liefen bei Hochwasser die Siele über und bei fallendem Wasserstand blieb der Sielschlamm in Kellern und Wohnungen zurück. Da einige Gebäude als erhaltungswürdig erklärt wurden, kam es jedoch nicht zu durchgreifenden Verbesserungen des Straßennetzes. Außerdem ergaben sich schwierige Verhältnisse bei Anpassungen der alten Häuser an das neue Straßenniveau (Abb. 134). Diese Schwierigkeiten traten bei den Sanierungen der Geest selbstverständlich nicht auf, abgesehen von der Tatsache, daß dort die alte Bausubstanz restlos beseitigt wurde.

Abb. 134 **Sanierungsgebiet in der Marsch der südlichen Neustadt**
Tiefliegende alte Häuser an der aufgehöhten Wetkenstraße.

Wachsen und Werden der Millionenstadt

(Die Verteilung der Funktionen der Großstadt auf die verschiedenen Landschaftsräume mit ihren unterschiedlichen Baugrundarten)

A. DIE AUSDEHNUNG ÜBER DIE EHEMALIGEN BEFESTIGUNGSANLAGEN HINAUS

1. Das unterschiedliche Vordringen der Bebauung auf Geest- und Marschflächen

Im 19. Jahrhundert waren die Befestigungsanlagen Hamburgs nicht nur überflüssig geworden infolge der Fortschritte der Kriegstechnik, sie waren auch hinderlich geworden für die weitere Ausdehnung der Stadt: Die beginnende Industrialisierung brachte einen großen Bedarf an Flächen für Industrie, Gewerbe und Wohnungen mit sich, die Ausdehnung wiederum einen größeren Bedarf an Verkehrsflächen und Grünflächen. In der mittelalterlichen, vom Stadtwall begrenzten Stadt, die man zu Fuß in einer halben Stunde durchqueren konnte und die von Wäldern, Wiesen und Äckern umgeben war, waren Grüngebiete innerhalb der Stadt natürlich kaum erforderlich und wegen des Platzmangels auch gar nicht möglich. Sie bestand aus einem mehr oder weniger einheitlichen Wohn- und Gewerbegebiet, bei einer Hafenstadt mit einer gewissen Differenzierung in Abhängigkeit von den Wasserflächen. Diese Differenzierung nahm mit zunehmender Industrialisierung immer weiter zu, insbesondere entwickelten sich die Wohngebiete für das aufkommende Proletariat und für den anwachsenden bürgerlichen Mittelstand.

Wie sich die in der 2. Hälfte des 19. Jahrhunderts schnell ausdehnende Stadt mit den bebauten Flächen auf Marsch und Geest verteilte und dabei zunächst die feuchten, vermoorten Entwässerungsrinnen mied, wird auf der Karte der Abb. 135 deutlich. Wie die einzelnen Flächen jeweils bebaut wurden und inwieweit dabei der Baugrund eine Rolle spielte, wird in den nachfolgenden Kapiteln beschrieben.

Die Abb. 135 stellt auf einer Karte dar: einmal den Baugrund, unterschieden in trockene Geest, Marsch und feuchte Talungen der Geest, zum anderen die Bebauung der Jahre 1870, 1880, 1890.

Soweit sich der trockene Geestboden in Nähe des alten Stadtkernes und des Hafens befindet, stellte er nach Aufhebung der Torsperre nach 1860 bevorzugtes Baugelände dar: St. Georg, St. Pauli, Borgfelde, Hohenfelde. An und vor den geschleiften Wallanlagen blieb jedoch auch dieser gute Baugrund ungenutzt, insbesondere im Westen der Stadt: St. Pauli, Sternschanze, Rotherbaum (vgl. S. 16), aber auch im Osten: am späteren Hauptbahnhof und am ehemaligen „Neuen Werk."

Auch in größerer Entfernung vom Stadtkern vermag der hochliegende Geestboden bereits frühzeitig die Bebauung auf sich zu ziehen: Eimsbüttel, Rotherbaum, Harvestehude, Eilbek, Barmbek-Süd, Wandsbek, Altona (letztere beiden als nichthamburgische Städte!).

Im noch weiter außerhalb gelegenen Bereich beginnt die Bautätigkeit zunächst vornehmlich an Geesträndern oder an den Landstraßen: Hamm, Horn, Schiffbek, Hinschenfelde, Barmbek in Richtung auf Bramfeld, Winterhude–Alsterdorf–Ohlsdorf, Fuhlsbüttel, Groß-Borstel, Lokstedt, Eppendorf-Hoheluft, Langenfelde.

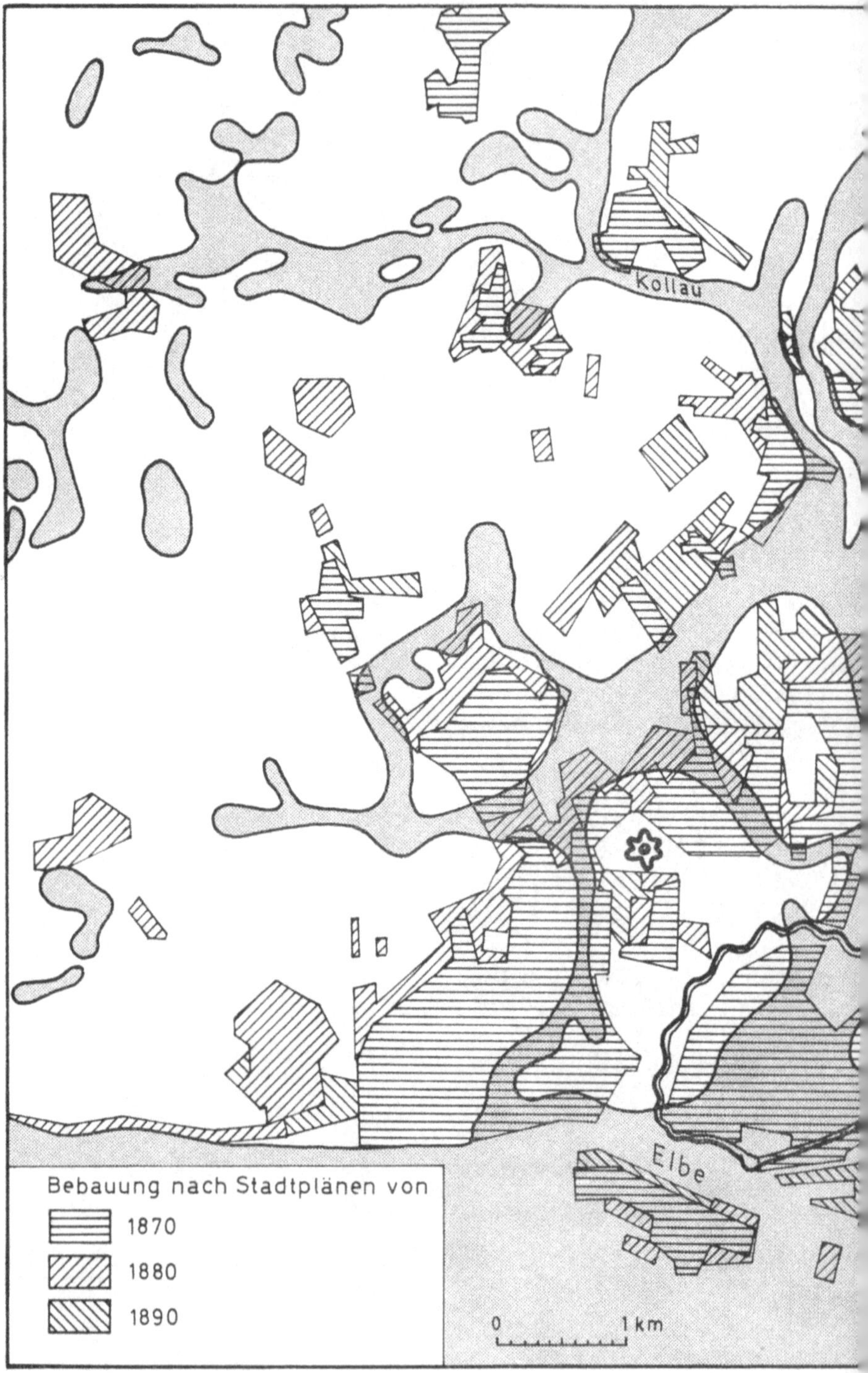

Abb. 135 Die Beb…
auf gutem …

des 19. Jahrhunderts
n Baugrund

Auffallend ist die teilweise früh beginnende Bebauung der moorigen Entwässerungsrinnen der Geest: Wandsetal in Wandsbek und an der Mundsburg, Alstertalung in Uhlenhorst und Winterhude, das ehemalige Hundebektal (Rotherbaum) und das obere Isebektal zwischen Altona und Eimsbüttel.

Eine kleine, frühzeitig bebaute „Geestinsel" inmitten schlechten Baugrundes ist das Gebiet von Winterhude-Süd zwischen Goldbek- und Osterbekniederung. Ein noch 1880 inmitten des bebauten Eilbek freigebliebenes Gelände dagegen ist der Hasselbrook mit seinem moorigen Baugrund.

Die noch unzureichenden öffentlichen Nahverkehrsmittel (seit 1866 Pferdebahn Rathausmarkt–Wandsbek; 1894 Einführung des elektrischen Betriebes der Straßenbahnen) haben aber auch eine starke Bebauung des hafennahen Marschgeländes zur Folge: Hammerbrook, Grasbrook, Billwerder Ausschlag, Steinwerder.

2. Der Große Grasbrook, ein stadtnahes Marschgebiet

Für die Ausdehnung des Hafens kam selbstverständlich nur die Marsch in der Nachbarschaft der alten Hafen-Anlagen in Betracht. Die rasche Entwicklung des Handels und der Schiffahrt (Dampfschiffe!) forderte in der 2. Hälfte des 19. Jahrhunderts die Anlage neuer Schiffsliegeplätze. Der normale Tidenhub von nur etwas über 2 m ermöglichte die Anlage eines offenen Tidehafens – nach Plänen von Dalmann – mit ständiger, nicht durch Schleusen behinderter Ein- und Ausfahrt für die Seeschiffe wie bei einem Dockhafen – nach Plänen von Lindley –. Somit war für das Entstehen eines „schnellen" Hafens die Voraussetzung gegeben.

Ausgehend von den vorhandenen Hafenanlagen, dem Binnenhafen und dem Niederhafen, ging die Entwicklung des Hafens zunächst weiter in südlicher Richtung. Es erfolgte die Aufschließung des Grasbrooks: 1844 Gasanstalt (in einer bisherigen Maschinenfabrik), 1866 Sandtorhafen, 1875 Grasbrookhafen, 1877 Strandhafen, 1881–1888 „Zollanschlußbauten".

Einer weiteren Entwicklung nach Westen stand das Elbhochufer von Altona im Wege. Hier konnte lediglich eine Kaistraße (bis Neumühlen) entstehen. Das fehlende Marschvorland ließ Altona zu einer Wohnstadt Hamburgs werden. Seine 143 000 Einwohner von 1890 arbeiteten größtenteils in Hamburg, was Altona zu einer armen Gemeinde mit geringem Steueraufkommen machte.

Ohne die Elbe überqueren zu müssen, blieb also nur noch die östliche Richtung für eine Hafenausdehnung, bis auch hier 1872 die Eisenbahnbrücke einen Riegel vorschob. Der Ausbau des Wasserweges Magdeburger Hafen – Brooktorhafen – Ericusgraben – Oberhafen erfolgte als Umfahrt für Schiffe mit stehendem Mast um den Venloer Bahnhof und die Elbbrücke.

1882 entstand ein „Generalplan" für den Hamburger Hafen, der auch das südliche Elbufer mit in die Anlagen einbezog. Hier ging dann die Entwicklung von den Elbbrücken wieder elbabwärts nach Westen.

3. Steinwerder und Veddel, Marschgebiete jenseits der Norderelbe

Auf Steinwerder fand die erste städtische Besiedlung der Elbmarsch jenseits der Norderelbe statt. Nachdem man „schon 1838 angefangen hatte, die der Stadt gegenüberliegenden Wärder mit Baggermaterial aufzuhöhen, um die Strömung bei der Stadt und durch den Hafen zu verstärken" (C. F. Gaedechens, 1880, S. 232) und diese Werder nicht nur zur Viehweide benutzte, sondern auch bereits mit Lagerplätzen und kleinen Schiffswerften belegt hatte, wurde nach dem Brand 1842 die Aufhöhung mit Brandschutt fortgesetzt („Stein"-werder!), um Platz für Notwohnungen zu schaffen. Die Verbindung mit der Stadt stellte eine Elbfähre her. Aber auch auf der Elbinsel kam es bald zur Ansiedlung von Industrie- und Gewerbebetrieben (Guanolager, erstes Trockendock 1851, Kupferschmelze, 1862 Seemannsschule usw.).

Wie der Schulbau im Jahre 1864 zeigt, hatte die Ansiedlung von Gewerbebetrieben auf dem aufgehöhten Gelände von Steinwerder sowie die Fährverbindung mit dem nördlichen Elbufer viele Hamburger Bürger veranlaßt, hier Wohnung zu nehmen. Auch die erste deutsche Baugenossenschaft überhaupt hat mit Unterstützung Hamburger Kaufleute und Reeder hier 48 Häuser für Arbeiter und Handwerker – meist Schiffszimmerer – gebaut. Die 1862 errichteten 2-geschossigen Doppel- oder Reihenhäuser (leichte, flachgegründete Fachwerkbauten) zwischen Mittelkanal und Guanofleet wurden allerdings gelegentlich des Zollanschlusses und der Industrialisierung Steinwerders abgebrochen.

Solange also die Industrie und der Handel dieses wassernahen Geländes noch nicht bedurfte, war es demnach durchaus wirtschaftlich vertretbar, das Gelände zu Wohnzwecken zu benutzen, indem man es mit leichten Häusern bebaute. Nicht zuletzt des vorläufig noch niedrigen Geländepreises wegen wurde auch von der „Gemeinnützigen Baugesellschaft in Hamburg von 1878" ein Platz auf der Veddel empfohlen, um dort eine Arbeiterkolonie zu gründen. Jedes Haus sollte „nur eine Wohnung und außerdem einen genügend großen Garten erhalten", um das „enge Zusammenleben vieler Familien unter einem Dache in niedrigen, schlecht ventilierten Wohnungen, in engen Straßen und Höfen und Gängen innerhalb der Stadt, wo frische Luft, Licht und Sonnenschein, Gärten und sonstige gesunde Spielplätze für Kinder mangeln und jeder der Übertragung ansteckender Krankheiten, dem Beispiel schlechter Sitten durch die unmittelbare Nachbarschaft ausgesetzt ist . . ." zu vermeiden. Da außerdem „der Weg zur Kolonie zu Fuß in nicht zu großer Zeit zurückgelegt werden müsse", ließ die Elbbrücke diesen Platz ebenfalls günstig erscheinen. Daher wurden auf der Kleinen Veddel 75 000 m² vom Hamburger Staat zum Preise von 50 Pfg je m² gekauft und mit 85 000 m³ Baggererde, welche der Staat zur Verfügung stellte, aufgehöht. 1880 waren die ersten 54 von später 196 Häusern fertig (vgl. R. Spörhase, 1940, S. 87), alles in allem wohl eine in wirtschaftlicher und sozialer Hinsicht befriedigende Siedlung – für die kurze Zeit, während der das Gebiet noch außerhalb der allgemeinen Bodenspekulation lag und noch nicht intensiver genutzt werden mußte durch Industrie, Handel und Gewerbe oder durch hohe Mietswohnhäuser. So „wurde 1924 ein Bauprojekt auf der Veddel in unmittelbarer Nachbarschaft der 1878 erbauten Slomansiedlung in Angriff genommen. Die Nähe der Häfen ließ die Bebauung dieses Geländes mit Stockwerkshäusern wünschenswert erscheinen" (R. Spörhase, 1940, S. 357).

Bei den Bauten der ersten Baugenossenschaft auf Steinwerder handelte es sich um leichte Fachwerkbauten, die auf massivem Mauerwerkssockel in dem aufgeschtüteten Boden flach gegründet waren (Gründungstiefe etwa 1,30 m unter Gelände). Die hierbei auftretenden Bodenpressungen waren einmal nicht sehr groß und konnten zum andern von dem – an sich kaum tragfähigen – Boden (lockere Aufschüttung auf Kleiboden) umso eher aufgenommen werden, als zwischen der Aufschüttung und der Bebauung ca. 20 Jahre vergangen waren, so daß sowohl der liegende Untergrund vorbelastet war als auch die Auffüllung selbst sich konsolidiert hatte und etwaige Setzungen vorweggenommen waren.

Für die hohe Sterblichkeitsziffer von Steinwerder, die in den Jahren 1880–91 26,4 ‰ betrug (Kl. Grasbrook sogar 28,2 ‰ gegenüber Harvestehude 11,7 ‰, Eimsbüttel 19,0 ‰, Gängeviertel Steinstraße 22,6 ‰ – nach Spörhase, S. 143 –), den feuchten Boden und die Nähe des Wasserspiegels in erster Linie oder gar allein verantwortlich zu machen, scheint eine bloße Vermutung zu sein, die sich nicht beweisen läßt. Sie wird vielmehr eine Folge der allgemein schlechten hygienischen Verhältnisse sein, die im wesentlichen zurückzuführen sind auf die mangelhaften baupolizeilichen Bestimmungen sowie auf die Bevölkerungsstruktur und die schlechtere ärztliche Betreuung der Elbinsel.

4. Hammerbrook und Billemarsch, Industrie und Massenwohngebiet auf Marschgrund

Der Anlaß für die Bebauung dieses stadtnahen Marschgeländes, die aus Spekulationsgründen von den hamburgischen Grundeigentümern genauso bekämpft wurde wie z. B. die Aufhebung der Torsperre, war die Anlage der Bergedorfer Eisenbahn.

„Der südliche Teil der Vorstadt, der innere Hammerbrook, war bis zum Jahre 1842 eine von vielen kleinen Wassergräben durchschnittene Niederung, welche sich um 2–6 Fuß über den Nullpunkt der Elbe erhob . . . Nachdem die Bergedorfer Eisenbahn dieses Terrain durchschnitten hatte, lenkte sich die Aufmerksamkeit auf dasselbe . . . Der Anbau der vielen neuangelegten Straßen in diesem südöstlichsten Stadtteil erfolgte sehr bald, z. T. mit Fabriken, z. T. mit 4-stöckigen Etagenhäusern (C. F. Gaedechens, 1880, S. 275).

Bezeichnenderweise benutzt diese Bahnlinie (später nach Berlin) nicht den nahen Geestrand, wie z. B. die Cuxhavener Eisenbahn südlich der Elbe bei Fischbek/Neugraben (vgl. Abb. 5), sondern verläuft auf ganzer Strecke bis Bergedorf in der Marsch, was übrigens gegenwärtig zu großen Schwierigkeiten führt bei der Untertunnelung der Bahnanlagen in Billwerder/Moorfleth für die Autobahnverbindung Barsbüttel–Georgswerder (Lübeck–Bremen). Die Erklärung für diese Linienführung ist wohl weniger in dem leichteren Grunderwerb in der unbebauten Marsch als vielmehr in dem Verlauf der damaligen Hamburger Staatsgrenzen zu finden: Die Bahn verläuft bis Bergedorf ganz auf Hamburger Gebiet. Auf gleiche Weise ist ja auch die Linienführung der Hamburger Hochbahn und besonders der Walddörferbahn zu erklären.

Das Marschgelände mußte aber zunächst baureif gemacht werden, und am 1. September 1842 genehmigten Rat und Bürgerschaft einen vom Ingenieur W. Lindley entworfenen Plan zur besseren Entwässerung und Verwertung des inneren Hammerbrooks. Er sollte allmählich auf 7 Fuß über den Nullpunkt der Elbe erhöht und durch drei 70 Fuß breite Kanäle von SW nach NO durchschnitten werden (C. F. Gaedechens, a. a. O.).

Zwei Maßnahmen werden also erforderlich: Aufhöhung und Entwässerung durch ein Kanalsystem. Das „Kanalnetz sollte nicht allein zur Entwässerung des Distriktes und zur Erlangung von am Wasser liegenden Bauplätzen dienen, sondern auch das überflüssige Wasser des äußeren Hammerbrooks durch Überpumpen aufnehmen . . . bis es zur Ebbezeit in die Elbe abgelassen werden konnte" (Niedrig- und Hochwasserbassin mit einem Pumpwerk dazwischen).

Dadurch, daß dabei „am Wasser liegende Bauplätze" geschaffen wurden für Handel, Gewerbe und Industrie, war auch die Finanzierung der Aufschließungsmaßnahmen erleichtert, die bei Schaffung eines reinen Wohngebietes nicht möglich gewesen wäre. Zu den Aufschließungskosten (Aufhöhung und Entwässerung) kamen ja außerdem noch die zusätzlichen Kosten für Pfahlgründungen der größeren Bauten auf dem von Schüttmassen überdeckten Marschboden. Zumindest hätte aber die für eine Wirtschaftlichkeit erforderliche hohe Ausnutzung des Bodens zu katastrophalen, ungesunden Verhältnissen geführt, wenn man schon bei den Wohnungen in diesem Mischgebiet von einem „Jammerbrook" sprach (Abb. 136) oder bei reinem Wohngebiet auf gutem Baugrund von einem „Angstbüttel" (Eimsbüttel, vgl. Abb. 143 a). Der Eindruck dieser „ungepflegten, oft geteerten Zementputzwände und schmutzigen Zwischenhöfe war oft noch unvergleichlich viel trostloser und niederdrückender als der Anblick der immer noch eine handwerkliche Baukultur bewahrenden älteren Fachwerkhäuser" in der Altstadt (R. Spörhase, 1940, S. 155).

Ein Vergleich der Bebauung des Hammerbrooks mit der Bebauung Eimsbüttels oder der östlichen Uhlenhorst auf tragfähigem Geestboden (vgl. Abb. 142 c) läßt allerdings die Vermutung aufkommen, daß sich das Bild in den Stadtteilen der Marsch auch bei Vorhandensein tragfähigen Baugrundes nicht wesentlich anders entwickelt hätte. Nicht der Baugrund, sondern die mangelhaften baupolizeilichen Vorschriften sind für diese in allen Städten aufgetretene Entwicklung der vor der Jahrhundertwende entstandenen Wohngebiete verantwortlich zu machen. Ein Vergleich Hammerbrooks mit einem Gebiet gleicher verkehrsmäßiger Lage, aber mit besserem Baugrund, ist leider nicht möglich, da im gesamten Elburstromtal ähnliche Bodenverhältnisse herrschen, außerhalb desselben aber andere Verkehrsverhältnisse und Lagebeziehungen.

Hohe Ausnutzung des Grundes (bebaute Fläche 75 %!), Vermischung von Wohn- und Gewerberäumen sowie Art der Gründung der Häuser werden besonders deutlich am Beispiel der Bebauung zwischen Hammerbrookstraße und Victoriakanal (Abb. 136 b).

Die dichte Bebauung des ganzen Stadtteiles ist stellenweise heute noch zu erkennen. Abb. 136 b zeigt ein solches Beispiel. Aber nicht nur auf Marschboden sind solche Häuserschluchten zu finden, sie ziehen sich auch am nördlichen Rande Hammerbrooks bis auf die Geestflanke hinauf. Zwischen dem Besenbinderhof und den Bahnanlagen findet man ein Beispiel dafür.

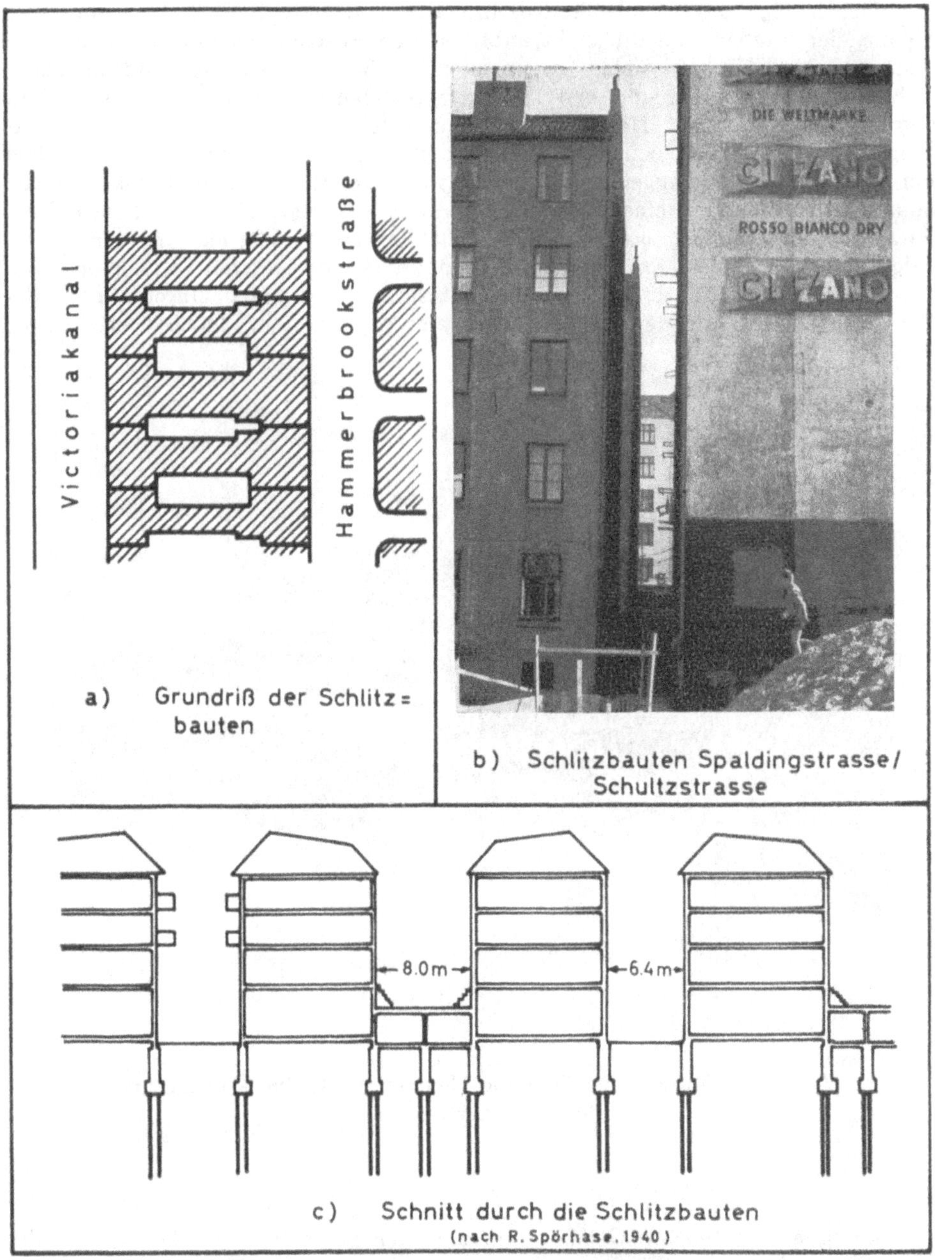

a) Grundriß der Schlitzbauten

b) Schlitzbauten Spaldingstrasse/Schultzstrasse

c) Schnitt durch die Schlitzbauten (nach R. Spörhase, 1940)

Abb. 136 **Dichte Bebauung des Hammerbrooks**
Im Erdgeschoß und auf den Höfen Gewerbebetriebe.

„Der infolge des Brandes reichlich vorhandene Bauschutt förderte die Aufhöhung der Straßen und die nicht unbedeutende Anschüttung der Anfahrten von dem höheren Teil der Vorstadt, wenn auch die Straßen erst nach und nach ihre richtige Höhe erhielten und erst im Laufe der Jahre nach Bedürfnis ausgebaut wurden". Die „richtige" Höhe von + 9,20 m ü. HN = 5,66 m ü. NN wurde allerdings in diesen ersten neuen Stadtteilen der Billemarsch nicht erreicht. In dem um die Mitte des vergangenen Jahrhunderts erschlossenen Hammerbrook begnügte man sich seinerzeit mit einer Höhenlage von nur + 5,73 m ü. HN (+ 2,19 m ü. NN). Soweit es noch möglich war, ist eine Aufhöhung auf + 6,90 bis 9,20 m ü. HN erfolgt. Die alte Hammerbrookstraße z. B. hatte durchweg eine Straßenhöhe von + 3,20 m ü. NN. Erst bei der völligen Neugestaltung des Hammerbrooks nach der Zerstörung im 2. Weltkrieg erreichte man hier die „richtige" Höhe (Abb. 137).

Abb. 137 **Die alte Straßenhöhe Hammerbrooks im Vordergrund, die neue im Hintergrund**
Viktoriastraße.

Die tiefe und feuchte Geländelage zeigt sich heute noch in den wenig oder gar nicht aufgehöhten Flächen zwischen den Straßen und Häuserreihen. Dieser Niveauunterschied zwischen Straßen- und Hofseite der Häuser gibt den Bauherren die Möglichkeit, zusätzlich zu der im Durchführungsplan vorgesehenen Geschoßhöhe noch ein weiteres Wohngeschoß im Keller auf halber Hausbreite hinzuzugewinnen, um eine bessere Ausnutzung zu erzielen und die durch Pfahlgründung hervorgerufenen erhöhten Gründungskosten auf eine größere Anzahl Wohneinheiten zu verteilen (vgl. Abb. 108 und S. 151).

Die Aufhöhung der Ländereien von Hamm- und Horn-Süd auf + 9,20 m ü. HN hat eine Ableitung der Abwässer ohne Zwischenschaltung von Pumpen bis zum Pumpwerk Anckelmannsplatz ermöglicht. Dagegen liegen „die vor der Erhöhung der Straßenkörper bebauten Grundstücke sehr tief (Borstelmannsweg), was die Entwässerung sehr erschwerte, sicher mit ein Grund für das Umsichgreifen der Cholera-Erkrankungen" („Beiträge zur sozialen Gliederung der hamburgischen Bevölkerung in ihrer gegenwärtigen Verteilung auf das Stadtgebiet" von Dr. G. Koch, nach R. Spörhase, 1940, S. 129). Noch heute ist diese tiefe Lage des so frühzeitig bebauten Borstelmannswegs deutlich zu erkennen (Abb. 138).

Abb. 138 **Der 1865 angelegte Borstelmannsweg**
Tiefe Lage gegenüber dem später erschlossenen Gelände (Ecke Dobblersweg).

Waren in Hammerbrook die Eisenbahnanlagen der Anlaß für die Bebauung, so ging in Rothenburgsort (Billhorn) die Bebauung im wesentlichen vom „Röhrendamm" aus. „Drei großartige Anlagen, welche zum größten Teil durch den Brand veranlaßt waren, entstanden mit dem Neubau: die Stadtwasserkunst, das Sielnetz und die Gasanstalt . . .

. . . Um möglichst reines Elbwasser zu erlangen, ward ein Platz (elbaufwärts) bei Rothenburgsort erworben . . . Eine 20-zöllige Hauptleitung wurde durch Billhorn und den Hammerbrook in die Stadt gelegt und im Oktober 1848 trieben die Maschinen das erste Wasser hinein . . . Zur Festlegung und zum Schutze der Leitung wurde 1846 ein Damm aufgeworfen, welcher gleich darauf in einen Weg umgewandelt wurde, den man den Röhrendamm nannte.

Die Eigentümer des Billhorns unternahmen nun Arbeiten, um ihr Land trockenzulegen und dasselbe nach und nach in Bauplätze umzuwandeln" (C. F. Gaedechens, 1880, S. 237 ff.).

Der Billwerder Ausschlag hatte im Jahre 1867 ca. 4000 Einwohner, 1879 bereits über 10 000 Einwohner.

Die Flächen von Billwerder bis zum unteren Landweg, Moorfleet (450 ha) sind bereits fast vollständig auf + 9,20 m ü. HN aufgehöht, wodurch die Schaffung von Kanälen möglich wurde, die mit der Elbe in freier Verbindung stehen: Tide – (!), Industrie- und Moorfleeter Kanal.

Dagegen konnten die aus älterer Zeit stammenden bebauten Flächen des nördlichen Billbrooks nur auf + 6,90 m ü. HN = + 3,36 m ü. NN erhöht werden, weil die schon vorhandenen, noch tiefliegenden Fabriken einer Aufhöhung auf + 9,20 m ü. HN zu große Schwierigkeiten bereitet hätten. Aus diesem Grunde sind zwischen dem Billbrookkanal (desgl. Billekanal im Billwerder Ausschlag) und der Elbe Schleusen erforderlich. Wenn also irgend möglich, ist aus Gründen der Entwässerung (freie Vorflut) und des Hochwasserschutzes (keine Schleusen oder Hochwasserschutztore) eine Aufhöhung des ganzen Geländes einer bloßen Eindeichung stets vorzuziehen.

Für diese umfangreichen Aufhöhungen reichte der Baggerboden aus der Elbe nicht aus. Man war daher gezwungen, Sandboden der Geest heranzufahren: von Boberg für Teile von Billbrook, Moorfleet, aus dem preußischen Oejendorf für die Horner Marsch (ca. 6 Millionen m³). So stehen die dortigen Bauten zwar in der Marsch, aber dennoch auf Geestboden!

An den Moorfleeter Kanälen zeigt sich übrigens, daß das natürliche Industriegebiet Hamburgs das Stromspaltungsgebiet in der Nähe des Hafens und des seeschiffstiefen Wassers ist, so daß nach der Eingemeindung von Harburg-Wilhelmsburg die Industrie zunächst mehr nach Süden als nach Osten drängte, und an den Moorfleeter Kanälen noch heute Schrebergärten liegen.

5. Uhlenhorst - Winterhude, Alsterniederung und Geestrücken

Auch auf den feuchten Wiesen in der Alsterniederung waren vor der Bebauung nicht unerhebliche Aufschließungsmaßnahmen erforderlich (vgl. C. F. Gaedechens, 1880, S. 315 ff.). „Die zwischen Graumannsweg, dem Kuhmühlendamm, der Uhlenhorst und der Alster liegenden niedrigen Wiesen wurden, nachdem der Staat die Mundsburger Ländereien erworben hatte, vermittelst des durch die Vertiefung der Außenalster gewonnenen Materials seit 1868 bedeutend erhöht und dann mit einem Straßennetz durchzogen." – „Das wenig einträgliche städtische Pachtgut Uhlenhorst, zum größten Teil aus niedrigen Wiesen bestehend, wurde am 1. März 1837 verkauft an drei Privatleute, welche dasselbe in Bauplätze umzuwandeln beabsichtigten. Es wurden zunächst Straßendämme . . . angelegt . . . und die niedrigen Wiesen mit Kanälen durchzogen, welche teilweise nur zur Aufhöhung des Landes mittelst Alster-Baggermaterial dienten und später wieder zugeworfen wurden."

„Der Besitzer des größten Teiles der südlich vom Dorfe (Winterhude) gelegenen niedrigen Ländereien, A. Sierich, hatte 1861 begonnen, diese nach dem Vorbilde der Uhlenhorst mit einem Straßennetz und Kanälen zu durchziehen und durch nicht unbedeutende Aufhöhungen zum Bebauen herzurichten." Z. T. wurden auch „hochliegende Felder" abgetragen, um das Aufhöhungsmaterial zu gewinnen. Ähnliche Maßnahmen erfolgten auch auf der anderen Seite der Alster: vgl. S. 234, Harvestehude.

Dieser künstlich aufgehöhte Untergrund ist in der Baugrundkarte nicht als „Aufschüttung" gekennzeichnet, sondern als „humoser Sand bei nahem Grundwasser" (mit einigen Ausnahmen, z. B. an Eilbek und Isebek). Dies mag – im Gegensatz zur Billemarsch – einmal daran liegen, daß die Mächtigkeit der aufgefüllten Schicht geringer ist, zum anderen aber hauptsächlich darauf beruhen, daß diese fast ausschließlich aus demselben Material besteht wie der natürliche Untergrund, nämlich aus dem abgebaggerten Sand der Alster (vgl. Abb. 139).

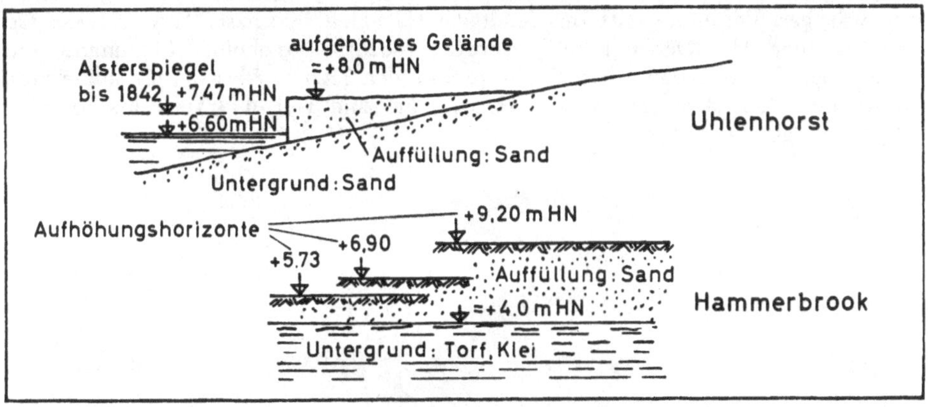

Abb. 139 **Aufhöhungen in Alster- und Elbmarsch**

(aus „Hamburg und seine Bauten", 1890)

Aufhöhung des grundwassernahen Geländes, Erschließung für den Wasserverkehr und Verbesserung der Vorflutverhältnisse durch Ausbau der Kanäle gehören also auch hier zu den umfangreichen Aufschließungsmaßnahmen.

„Das Kanalnetz der Alster wurde in den Jahren 1901 bis 1903 durch Verlängerung des Osterbekkanals nach Osten um etwa 1,7 km . . . erweitert, sowohl wegen der Aufschließung des Gebietes für den Wasserverkehr als auch zur Ermöglichung der Besielung des nordöstlichen hamburgischen Gebietes durch die Anlage von Notauslässen, die in den neuen Kanal einmünden. Eine weitere Verlängerung hat der Osterbekkanal 1912/13 nach Osten bis in die Nähe der Landesgrenze erfahren, gleichfalls zur Aufschließung und Besielung des durchschnittenen Gebietes" (G. Leo, 1914).

Wie in Hammerbrook mußte also das niedrigliegende Gelände der Uhlenhorst erst durch künstliche Aufhöhung baureif gemacht werden, im Gegensatz zu Hammerbrook ist aber hier der natürliche Untergrund direkt unter der Auffüllung ebenfalls Sand, dort zunächst Marschboden und erst in größerer Tiefe unter den Klei- und Torfschichten tragfähiger Sand (Abb. 139).

Der Baugrund war hier nicht so schlecht wie in der Marsch, sondern mehr oder weniger tragfähig und auch trocken, nachdem durch die Alsterspiegelsenkung nach dem Brand und durch die künstliche Aufhöhung vor der Bebauung die Bodenfläche weit genug über den Wasserspiegel gelegt worden war. Selbstverständlich sind alle Übergänge in der Tragfähigkeit vorhanden: vom „Torf und Schlick" über „humosen Sand" bis zum „Geschiebesand". Das stark vertorfte Gebiet zwischen Feenteich und Langer Zug unterscheidet sich aber in seiner Bebauung nicht von den angrenzenden Gebieten mit humosen Sanden, da wegen der infolge der schönen Lage am Alsterbecken hohen Grundstückspreise die zusätzlichen Gründungskosten keine große Rolle mehr spielen.

Dagegen fällt in Uhlenhorst ein Unterschied in der Bebauung sofort ins Auge: Während der „nach der Alster zugewendete Teil eines unserer schönsten Wohnquartiere ist (Abb. 140 a), sind in letzter Zeit im Osten Wohnverhältnisse entstanden (Abb. 142 c), die den ungünstigsten in Barmbek nicht nachstehen dürften" (G. Koch, „Beitr. z. sozialen Gliederung der Hamburgischen Bevölkerung in ihrer gegenwärtigen Verteilung auf das Stadtgebiet"; vgl. R. Spörhase, 1940, S. 129). Gemeint ist hier das „Dänenviertel": Herder-, Mozart-, Humboldt-, Schumann- und Bachstraße, das von dänischen Bauherren in den letzten 80er Jahren ohne Ausnahme mit „Terrassen" bebaut worden war, die zum Teil eine Tiefe bis zu 100 m hatten. (Vergl. Abb. 142 c)

Abb. 140 a Villen auf humosem Sand und Torf der Alsterniederung
Bellevue.

Abb. 140 b Schwere Wohnhausbebauung für wohlhabende Bürger auf humosem Sand am Hofweg

Abb. 140 c Leichte Wohnhausbebauung für ärmere Bürger auf Geschiebesand und humosem Sand an der Zimmerstraße

Diese Bauten stehen ausnahmslos auf dem tragfähigen „Geschiebesand" (bzw. -lehm) der Geest (Abb. 141), der eine ganz normale Flachgründung erlaubt: Bei einem Gewicht eines 5-geschossigen Wohnhauses von maximal 1,2 kg/cm² überbauter Fläche (vgl. Tabelle Abb. 35, S. 55) ergibt sich unter den Fundamenten, die normalerweise das 0,4-fache der überbauten Fläche betragen, eine Bodenpressung von maximal 1,2 : 0,4 = 3,0 kg/cm². Diese kann von den Diluvialböden im allgemeinen ohne weiteres aufgenommen werden. Das gleiche gilt natürlich erst recht von den hinter den hohen Häuserreihen liegenden „Terrassenbauten", die im allgemeinen nur drei Stockwerke besitzen (Abb. 142 c) und auf eine Fundamentpressung von ca. 1,5 kg/cm² kommen. Solche Bauten konnten auch im Bereich des humosen Sandes flach gegründet werden (Abb. 140 c). In der Marsch dagegen wäre auch hierfür schon eine Pfahlgründung erforderlich, die sich aber erst bei höheren Bauten lohnt (bessere Ausnutzung).

Auf dem humosen Sand der Uhlenhorster Alsterniederung herrschte zunächst – und größtenteils auch heute noch – die im allgemeinen zweigeschossige Villenbebauung vor (Abb. 140 a, 142 a). Erst um die Jahrhundertwende herum entstanden auch hier 5-geschossige Mietswohnhäuser, jedoch im Gegensatz zum „Dänenviertel" für die wohlhabenden Bürger (Abb. 140 b). Hierfür waren selbstverständlich meistens besondere Gründungsmaßnahmen (Pfähle) erforderlich. Obgleich diese Häuser infolge der höheren Mieten höhere Renditen abwarfen, wurden auch sie als Schlitzbauten errichtet!

Die zweigeschossigen Villen mit ca. 0,35 kg/cm² Gewicht (auf die bebaute Fläche bezogen) erfordern in dem humosen Sand je nach Anteil der organischen Bestandteile und je nach Lagerungsdichte allenfalls eine Plattengründung (Tragfähigkeit des Bodens 0,5 bis 1,0 kg/cm²). Aber auch selbst die Kosten einer Pfahlgründung würden von den dortigen Bauherren ohne weiteres aufgebracht werden.

Wie in Hammerbrook ist das Uhlenhorster Gelände von künstlichen und natürlichen Wasserläufen durchzogen, im Gegensatz zu den Hammerbrookkanälen ist aber der Wasserspiegelunterschied zwischen Alster und Elbe (+ 1,40 bei MThw, + 3,70 bei MTnw der Elbe) größer als zwischen Bille und Elbe (– 1,00 bei MThw, + 1,30 bei MTnw der Elbe).

Diese Erschwerung der Verkehrsbehinderung auf dem Wasserwege kann aber kaum als Grund angesehen werden, weshalb sich beide Stadtteile so völlig anders entwickelten: *Uhlenhorst* fast reines Wohngebiet (Abb. 140) und nur stellenweise Industrie an den Kanälen (Abb. 142 b), *Hammerbrook* Industrie bezw. Mischgebiet. Die *Moorfleeter* Kanäle, durch gar keine Schleuse von der Elbe getrennt, sind heute noch zu einem großen Teil nur von Kleingarten- bzw. Behelfsheimgelände umgeben. Am Osterbekkanal dagegen haben sich Betriebe angesiedelt (Gaswerk!), für die der Alsterwasserweg Voraussetzung war, die erforderliche Schleusung also in Kauf genommen wurde.

Die Anzahl der durchgeschleusten Fahrzeuge betrug um 1890:

Alsterschleusen: 30 000 Fahrzeuge
Brandshoferschleuse: 28 000 Fahrzeuge
alte Hammerbrookschleuse: 90 000 Fahrzeuge
(aus "Hamburg und seine Bauten", 1890)

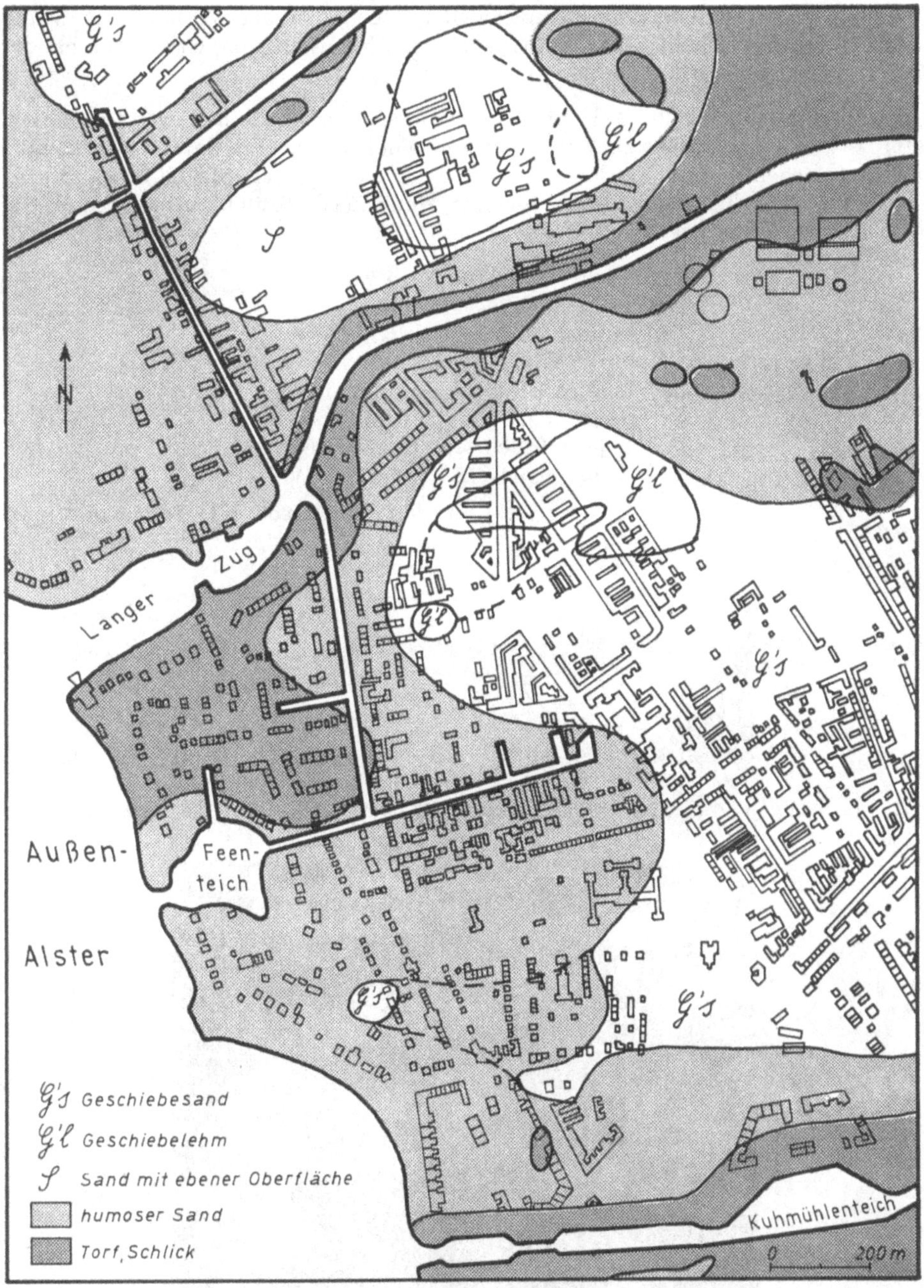

Abb. 141 **Bebauung der Uhlenhorst 1895**
(nach topographischer Karte von 1895)

Aus den wassernahen Grundstücken der Uhlenhorst und Winterhudes wurde aber kein Industrieland – es fehlte auch im Gegensatz zum Hammerbrook der Gütereisenbahnanschluß.

Vielmehr entwickelte sich hier – wie auch am gegenüberliegenden Alsterufer – eines der schönsten und teuersten Wohngebiete mit Einzelhausbebauung für die reichen – und einflußreichen – Bürger Hamburgs, die natürlich darauf bedacht waren, die Alster als „Beförderer vieler Lustbarkeiten" erhalten und frei vom Lastenverkehr zu wissen.

Befördrer vieler Lustbarkeiten,
Du angenehmer Alsterfluß!
Du mehrest Hamburgs Seltenheiten
Und ihren fröhlichen Genuß! –
Der Elbe Schiffahrt macht uns reicher,
Die Alster lehrt gesellig sein.
Durch jene füllen sich die Speicher,
Auf dieser schmeckt der fremde Wein.

Friedrich v. Hagedorn, 18. Jahrhundert

Abb. 142 a **Villenbebauung am Hofwegkanal auf humosem Sand am Wasser**

„In bezug auf die Festlegung eines von der Alster abzweigenden Kanalnetzes ist der Bebauungsplan nur zögernd den mancherlei erhobenen Forderungen gefolgt. Die Alsterbecken dienen i. w. der Personenschiffahrt . . . und dem Wassersport. Mit diesen Bedürfnissen ist die Zulassung einer unbegrenzten Warenbeförderung an der Alster nicht vereinbar . . . Eine Anzahl von Nebenkanälen ist den Hauptwasserstraßen (Isebek, Eilbek, Osterbek, Goldbek, Alster bis Fuhlsbüttel) angefügt, um . . . mit Ruderbooten das Alsterbecken zu erreichen. Die Breite dieser Nebenkanäle, die eine außerordentliche landschaftliche Bedeutung für die angrenzenden Grundstücke haben und ihren Wert erheblich steigern (Abb. 142 a), ist so gering bemessen, daß ein Dampfer oder Frachtverkehr sich nicht auf diesen Wasserwegen bewegen kann" (F. Sperber, 1914). Ohne diesen gesetzlichen Schutz hätte die Entwicklung der Uhlenhorst zweifellos doch einen anderen Weg, nämlich in Richtung auf eine stärkere Industrialisierung, genommen (Abb. 142 b).

An den Kanälen des Hammerbrooks in der Nähe der Elbe und des Hafens konnte sich diese Industrialisierung voll entfalten.

Abb. 142 b **Gewerbebetriebe am Uhlenhorster Kanal auf humosem Sand mit Wasseranschluß**

Abb. 142 c **Arbeitermassenwohngebiet auf den Geschiebesandböden der „hinteren" – d. h. von der Alster abgewandten – Uhlenhorst (Humboldtstraße)**

Abb. 142 c zeigt die trostlosen Wohnverhältnisse im Nordosten der Uhlenhorst. Über diesen Bezirk schreibt G. Koch („Die Cholera in Hamburg in ihren Ursachen und Wirkungen", herausgegeben von der Actien-Gesellschaft „Neue Börsenhalle" Hamburg 1893):

„Dieser Bezirk umfaßt die Herder-, Mozart- und Humboldtstraße ganz, die Schumannstraße und den Teil der Bachstraße zwischen Mozart- und Beethovenstraße. Dieses sog. „Dänenviertel" ist von einigen wenigen dänischen Bauübernehmern mit fast ausschließlich dänischen Handwerkern in den letzten 80er Jahren ohne Ausnahme mit Terrassen bebaut, die zum Teil eine Tiefe bis zu 100 Metern haben. 1885 wohnten in diesem Bezirk erst 1271 Personen, 1890 schon 5552, 1891: 6852, 1892: 8312. Im Jahre 1891 kamen auf 1 Ar noch nicht 12 Bewohner (Borstelmannsweg 18!); diese geringe Zahl ist nur scheinbar günstig, da in diesem Bezirke die Zahl der leerstehenden Wohnungen zu jener Zeit eine außerordentlich große war.

In diesen und anderen Terrassen fanden die aus Anlaß des Zollanschlusses vom Brook und Wandrahm vertriebenen kleinen Leute Unterkunft. Daß trotz des großen Bedarfs viele Wohnungen leer standen, zeigt die begreifliche Scheu der am Hafen Beschäftigten, in die Außenbezirke mit langen Anfahrzeiten und dazu höheren Mieten zu ziehen. Der Rückschlag auf solche Bauspekulation, die von keinen sozialen Rücksichten getrübt war, erfolgte in dieser Weise alsbald."

Verteuerte in Hammerbrook der schlechte Marschenuntergrund das Bauen, so daß Wohnhäuser nur im Zusammenhang mit der Industrie, dem Gewerbe und dem Handel in wirtschaftlicher Weise errichtet werden konnten (Abb. 136 c), so verteuerte die bevorzugte Lage an der Alster mit dem herrlichen Ausblick, noch dazu in Citynähe, die Grundstücke derartig, daß auch sie nur mit Hilfe des Handels und der Industrie bebaut werden konnten, indem sich nämlich hier die reichen Kaufmannsfamilien niederließen.

Mit der unterschiedlichen Bebauungsdichte war natürlich auch eine unterschiedliche Wohndichte verbunden und diese hatte wiederum eine unterschiedliche Cholerasterblichkeit im Jahre 1892 zur Folge. Trotz seiner trockenen – weil erhöhten – Lage wirkte sich hier also der gute Baugrund der Geest in hygienischer Hinsicht sehr zum Nachteil aus, indem er nämlich die Errichtung billiger Massenquartiere förderte. Bei einem Vergleich mit anderen Massenwohngegenden ähnlicher Struktur schneidet allerdings das Uhlenhorster „Dänenviertel" noch verhältnismäßig gut ab:

	Sterblichkeit Cholera ‰	Sterblichkeit Allgemeine ‰	Einwohner je Ar	
Borstelmannsweg	24,1	28,0	17–18	Marsch
Steinstraße, Gängeviertel	20,8	22,6	22–28	Geest
Billh. Röhrendamm	19,2	24,1	16–17	Marsch
Neustadt - Süd	18,5	22,4	23	Marsch / Geest
Uhlenhorster „Dänenviertel"	16,1	17,7	12	Geest
St. Pauli, Eimsbüttel	10,9	19,7	19	Geest
Reeperbahnen	10,3	– ?	22	Geest
Wexstraße	8,1	13,0	19	Geest

Sterblichkeit in den dicht bebauten Stadtteilen

(aus Spörhase, S. 129 ff.)

Aber innerhalb dieses Gebietes zwischen Bachstraße und Winterhuderweg war die Cholerasterblichkeit noch sehr unterschiedlich. Betrug sie im Mittel dort ca. 16 ‰, so schwankte sie in den Extremwerten zwischen 10 und 25 ‰. Dagegen sank sie bis auf 5 ‰ an der Alster, nur ca. 500 m westlich davon.

In den „Blättern für die hamburgische Wohnungspflege", Nr. 1, Juli 1899, sind u. a. zwei Kartenskizzen veröffentlicht, aus denen einmal diese Abnahme der Cholerasterblichkeit von Osten (an der Bachstraße) nach Westen (am Alsterufer) hervorgeht und zum anderen auch die Abnahme der „Wohndichtigkeit" von 5 m^2 Wohnfläche je Einwohner an der Bachstraße auf 25 m^2 Wohnfläche je Einwohner am Feenteich.

Dementsprechend zeigt Abb. 141 auf S. 229 die Abnahme der Bebauungsdichte von den hohen Schlitz- und Terrassenbauten auf den Geschiebeböden an der Bachstraße bis zur aufgelockerten Villenbebauung an der Alster auf Torfboden und humosem Sand.

6. Harvestehude - Rotherbaum, Geestinsel an der Außenalster

Die Entwicklung auf der westlichen Alsterseite, in Harvestehude, verlief z.T. völlig anders.

Hier war nämlich nur ein schmaler niedriger Streifen humosen Sandes vor der ansteigenden Geesthöhe vorhanden, der heutige Alsterpark, bis vor kurzem Gärten, die zu den hinter dem Harvestehuderweg liegenden Villengrundstücken gehörten. Also auch hier vornehme Einzelhausbebauung, aber die Häuser lagen hinter ihren Vorgärten bereits auf dem ziemlich unvermittelt ansteigenden Geestabhang (Abb. 77). Trostlose Massenwohngegenden, wie das „Dänenviertel" auf der Uhlenhorst, entstanden hier nicht, auch nicht hinter dem der Alster zugekehrten Streifen, der den Landsitzen der vornehmen Hamburger Bürgerfamilien wegen seiner hervorragenden Lage vorbehalten blieb. Während sich die Entwicklung dieses Streifens an der Alster mit dem schmalen Vorland aus seiner bevorzugten Lage am Wasser und den Untergrundverhältnissen allein erklären läßt, ist für das Fehlen von dichtbebauten Arbeitervierteln auf dem rückwärtigen Teil der Harvestehuder Geest eine andere Erklärung nötig, die sich aus der Tatsache ergibt, daß es sich hier um ehemaliges Klostergelände handelt, das nach und nach als Gartenland an Hamburger Bürger verkauft wurde (vgl. C. F. Gaedechens, 1880).

„Die erste Alsterkampskoppel, zwischen der späteren alten Rabenstraße und der Milchstraße, wurde 1674 zu Gartenland ausgewiesen . . . Das Kloster hatte am 23. November 1717 die Alsterkampskoppel, das zwischen der jetzigen Milchstraße und Böhmersweg liegende Land, zum Gartenbau . . . vermiethet. Für diese Kolonie kommt im Jahre 1825 der Namen *Pöseldorf* vor, eine Bezeichnung, welche die Kolonisten durch ihr emsiges Arbeiten, selbst an Feiertagen, ohne großen Erfolg (plattdeutsch: pöseln) veranlaßt haben sollen. Obgleich nie amtlich anerkannt, wurde der Name für diese Gegend eine Zeitlang viel gebraucht, wenn auch hier nie ein wirkliches Dorf gelegen hat und niemand die Grenzen Pöseldorfs anzugeben weiß, welches stets zu Harvestehude gehört hat. Zwischen den Gärten blieben schmale Wege, die spätere Milchstraße, der spätere Böhmersweg und der sie verbindende Pöseldorferweg . . . Die ganze obere Gegend . . . nahmen Ackerfelder, Weiden und Wiesen ein. Im letzten Viertel des (18.) Jahrhunderts wurden aber . . . eine Menge großer und kleiner Gartenhäuser angelegt, zwischen denen nur ein Fußweg, ... der Klosterstieg, und der Fußweg von der Milchstraße zum jetzigen Harvestehuderweg blieb."

Dieses Gelände, das auf einer Sandader inmitten des sonst lehmigen Harvestehuder Geestbuckels liegt (Abb. 77) – und vielleicht deswegen als erstes vom Kloster abgegeben wurde, auf dem daher die ersten Gärtner ziemlich vergeblich „pöselten" – unterscheidet sich noch heute in ganz auffälliger Weise von seiner Umgebung durch seine enge Bebauung mit kleinen Häusern gegenüber den umliegenden herrschaftlichen Landsitzen, ohne jedoch den Charakter der Uhlenhorster Massenwohngegend anzunehmen.

Nach und nach wurde fast das ganze Gebiet „buten Dammthor" in Gärten verwandelt.

„Das Landgebiet, namentlich das zunächst der Stadt gelegene, wurde durch den großen Brand nicht unwesentlich in seiner Entwicklung beeinflußt. Viele

Städter behielten ihre Landhäuser als dauernde Wohnungen, und die Neubauten mehrten sich bei zunehmender Bevölkerung. Nachdem 1860 die Absperrung der Stadt durch die Thorsperre aufgehört, 1865 auch ein großer Teil des Landgebietes in die Acciselinie hineingezogen war, erfolgte ein neuer Aufschwung . . . Der Begehr nach Bauplätzen in dieser Gegend" (Gaedechens) war der Begehr der sozial besser gestellten Kreise, die in „dieser Gegend" wohnen wollten, wo bereits – auf den hervorragend schön gelegenen Grundstücken am Geesthang zur Alster mit dem Vorlandstreifen am Wasser – die vornehmsten Familien Hamburgs sich niedergelassen hatten. Dieser Begehr war so groß, daß sogar der alte Lauf des Hundebeks zugeworfen wurde und daß letztlich auf der gesamten Harvestehuder „Geestinsel" zwischen Alster, Isebek und Hundebek ein „vornehmes" Wohngebiet entstand ohne jede Arbeitermassenquartiere. Ein soziales Gefälle war natürlich vorhanden, denn die besten und teuersten Grundstücke waren nun einmal direkt an der Alster. Mit zunehmendem Abstand von der Alster wurde die Bebauung also immer dichter und ging jenseits der Rothenbaumchaussee in Etagenhäuser über (auch schon am südlichen Mittelweg), so daß es nach der Jahrhundertwende bedeutend „feiner" war, „an der Linie 9" (Mittelweg) zu wohnen als „an der Linie 18" (Rothenbaumchaussee), wie der Volksmund sich ausdrückte. Dennoch ist es bemerkenswert, daß dieses soziale Gefälle in Abhängigkeit vom Abstand von der Alster in Uhlenhorst ein wesentlich größeres Ausmaß angenommen hatte (von der Schönen Aussicht bis zur Humboldtstraße!). Zweifellos hat dabei eine Rolle gespielt, daß das „Ausgangsniveau" dieses „Gefälles" auf der Harvestehuder Seite noch wesentlich höher lag, was wiederum als Folge des dort günstigeren Reliefs anzusehen ist: Der schmale Streifen des humosen Sandes an der Alster konnte Vorland bleiben und brauchte nicht aufgehöht zu werden, die Häuser selbst konnten auf den ansteigenden und mit Bäumen bestandenen, trokkenen Geesthang gesetzt werden.

In seinem nördlichen Teil dagegen weist auch Harvestehude ähnliche Baugrundverhältnisse auf wie Uhlenhorst: niedrige, feuchte, vermoorte Wiesen an Alster und Isebek. „. . . . bis 1873 wurde der Isebek von der Alster bis zur Eppendorfer Chaussee (Eppendorfer Baum–Rothenbaumchaussee) in einen Kanal umgewandelt, die Höhen abgetragen, die steilen Theile der Eppendorfer Chaussee und des Mittelweges abgeflacht, die niedrigen Wiesen bedeutend aufgehöht und das ganze Areal mit einem Straßennetz durchzogen . . . Vom Klosterstern wurden durch die niedrigen, z. T. mehr als 6 Fuß aufgehöhten Wiesen . . . die St. Benediktstraße und . . . die Oderfelderstraße angelegt. An die Stelle eines alten Wiesenweges wurde 1875 der Klosterweg (Abteistraße) angelegt" (C. F. Gaedechens, 1880, S. 202, 203).

Hier, zwischen Abteistraße und Frauental, wurde 1960 mit dem Bau von 8 Einfamilienhäusern begonnen. Umfangreiche Erdarbeiten wurden für dieses Bauvorhaben erforderlich: Ersetzen des alten moorigen Wiesenbodens durch Sand von mehreren Metern Mächtigkeit. Die Wirtschaftlichkeit dieses Projektes war aber hier wohl dadurch gewährleistet, daß außerdem eine große Tiefgarage gebaut wurde, die ohnehin einen umfangreichen Bodenaushub erforderte.

So ausgedehnte Flächen humosen Sandes oder sogar Moorbodens wie am linken Ufer der Außenalster, wo dicht nebeneinander Goldbek, Osterbek und Eilbek in die Alstertalung einmünden, treten auf der Harvestehuder Seite jedoch nicht auf, wo lediglich die Isebek eine nennenswerte Einbuchtung in der Geestflanke darstellt.

7. Eimsbüttel, Massenwohngebiet auf der Geest

Westlich Harvestehude blieb die Isebekniederung (lt. Baugrundkarte „humoser Sand bei nahem Grundwasser", „humoser Sand über Torf und Schlick", „Torf und Schlick im tieferen Untergrund") bis hinauf zur Schlankreye im wesentlichen noch unbebaut (vgl. Abb. 135). Auch die längs der Isebek sich bis auf + 13,9 m ü. HN = 10,3 m ü. NN erhebende „Hohe Weide" blieb noch frei von jeder Bebauung, wohingegen die Eimsbüttler „Geschiebelehminsel" zwischen Ottersbek und Isebek (Emilienstraße!) bereits eine sehr dichte Bebauung aufweist, ähnlich wie am oberen Lauf der Isebek (Bellealliancestraße und Nebenstraßen), obgleich sich in diesem letztgenannten Gebiet besonders im tieferen Untergrund sehr viel Torf befindet. Hier ist offenbar der schlechte Baugrund nicht entscheidend gewesen – sofern er zur Zeit der Bebauung überhaupt bekannt war, denn größtenteils befindet sich der Torf ja nicht an der Oberfläche, und das Isebek-„Tal" ist hier an sich trocken. Die Bebauung ist vielmehr ohne Unterbrechung von Nord-Altona in Richtung Eimsbüttel weitergewachsen.

Neben Barmbek gehört Eimsbüttel zu den am schnellsten besiedelten Stadtteilen:

1866:	3082	Einwohner
1873:	6613	„
1879:	14 647	„
1890:	46 150	„

Die Einwohnerzahl Eimsbüttels ist also in einem Vierteljahrhundert um das Fünfzehnfache gestiegen.

Im übrigen bleiben aber die vertorften und später aufgefüllten Entwässerungsrinnen rund um die Eimsbüttler Geschiebelehminsel noch lange von jeder Bebauung frei, ähnlich wie Alster- und Isebektal bei Eppendorf oder Osterbek- und Wandsetal im Falle Barmbek (vgl. Abb. 135).

Wie der Volksmund für die Elendsquartiere von Hammerbrook die Bezeichnung „Jammerbrook" fand, erhielt Eimsbüttel den Namen „Angstbüttel" (Abb. 143 a). Hat Hammerbrook nur schlechten Baugrund, so stehen die Schlitz- und Terrassenbauten von Eimsbüttel sowohl auf schlechtem (im Isebektal) als auch auf gutem Baugrund, wie ja auch das Uhlenhorster „Dänenviertel" auf tragfähigem Untergrund stand. Ein Zusammenhang zwischen Baugrund und minderwertiger Bebauung besteht also offenbar nicht, abgesehen von der Tatsache, daß letztere in der Marsch des Hammerbrook durchweg mehr Stockwerke aufwies, wodurch die ohnehin erforderlichen Pfähle besser ausgenutzt wurden. Letzteres dürfte aber zumindest nicht der alleinige Grund für die noch intensivere Bebauung des Hammerbrooks und Rothenburgsorts sein. Schon die größere Nähe des Hafens und auch die soziale Struktur der dort Beschäftigten waren der Anlaß für eine höhere Wohndichte.

Auch ein Zusammenhang zwischen Baugrund und qualifizierter Bebauung besteht offenbar nicht, wie der Vergleich von Uhlenhorst und Harvestehude zeigt. Nur die Wohnhäuser für den bürgerlichen Mittelstand scheinen mehr oder weniger auf tragfähigen Baugrund beschränkt gewesen zu sein (z. B. Abb. 143 b): in Eimsbüttel, St. Georg-Nord, Hohenfelde, Rotherbaum-Harvestehude, Hamm, Eilbek usw.

a) Amandastraße

b) Emilienstraße

Abb. 143 Die Bebauung von eiszeitlichen Geschiebeböden in Eimsbüttel

B. DAS VORDRINGEN DER BEBAUUNG IN DIE ENTWÄSSERUNGSRINNEN DER GEEST

1. Die Entfernung vom Stadtkern

In den Bachtälern der Außenbezirke der sich immer weiter ausbreitenden Stadt findet die Landwirtschaft noch ein Rückzugsgebiet (Abb. 144 a). In Stadtkernnähe dagegen dringt die Bebauung auch in diese vermoorten Entwässerungsrinnen vor (Abb. 144 b), insbesondere zunächst an Straßenüberquerungen (Abb. 144 c).

Zwar wachsen im 20. Jahrhundert mit Verbesserung der Nahverkehrsmittel die Massenwohngegenden immer mehr nach außen auf die hochliegenden, trockenen Geestflächen: Eppendorf, Hoheluft, Barmbek, Winterhude, Eilbek, Borgfelde, Hamm, Horn, Wandsbek. Aber auch in der Marsch – Steinwerder, Veddel, Wilhelmsburg, Finkenwerder, Hammerbrook, Billwerder Ausschlag usw. – entstehen Wohnblocks. Die Vorteile der Hafennähe überwiegen gegenüber den Nachteilen des schlechten Baugrundes. Desgleichen werden im Geestgebiet die baugrundtechnischen Nachteile der feuchten Bachtäler aufgewogen durch die Stadtkernnähe, so daß dort die Bebauung bald in die feuchten Senken vordringt (Hundebekniederung!), in den Außengebieten jedoch noch davor haltmacht.

Eine scheinbare Ausnahme bildet die frühzeitige, dichte Bebauung des Wandsetales in Wandsbek (Abb. 135). Hier handelt es sich aber gar nicht um ein Außengebiet, sondern um einen selbständigen Stadtkern. Hier in Wandsbek war es die Einengung durch die Staatsgrenzen, die die Baugrundschwierigkeiten überwinden half.

Abb. 144 a Wiesen und Weiden im Tal der Saselbek bei Volksdorf

Abb. 144 b Am Goldbekkanal dringt die Bebauung immer weiter gegen das Wasser vor

Abb. 144 c An Straßenüberquerungen grenzte die Bebauung bereits frühzeitig unmittelbar ans Wasser
Isebekkanal / Oderfelder Straße

Abb. 145 a Der natürliche Bachlauf der Bille

Abb. 145 b Oberlauf der Isebek in Eimsbüttel

2. Die wasserwirtschaftliche Bedeutung der Entwässerungsrinnen

Diese Entwässerungsrinnen mit ihren humosen Sanden und Mooren sind schlechter Baugrund, einmal wegen des hohen Grundwasserstandes und zum anderen wegen der organischen Bodenbestandteile (setzungsgefährdet!). Das 5-stökkige Wohnhaus an der Wandsbeker Mühlenstraße beispielsweise (in der Wandseniederung, vgl. Abb. 146 a) ist zum Teil auf einer 70 cm starken Stahlbetonplatte (im Bereich humosen Sandes) und zum Teil auf Pfählen (im Bereich einer Torfader) gegründet.

Nicht nur der sichtbare Wasserlauf dient der Entwässerung, sondern auch der unterirdische Abfluß des Grundwassers in der gesamten ehemaligen Schmelzwasserrinne trägt dazu bei. Durch den Umweg des Abflusses über die Versickerung in das Grundwasser im Gegensatz zu dem direkten oberirdischen Abfluß in den Vorfluter wird außerdem der Abfluß verzögert, was bei Regenfällen zu einer geringeren Hochwasserführung und in Trockenzeiten zu einer größeren Niedrigwasserführung der Wasserläufe führt – ganz abgesehen von den landwirtschaftlichen Vorteilen eines ausgeglichenen Grundwasserhaushaltes.

Abb. 145 c **Begradigte Langenbek in der Siedlung Hohenhorst**

Auch die ausgedehnten Moorgebiete bewirken eine Verzögerung des Abflusses des Niederschlagswassers, ähnlich wie Waldgebiete, die aber in diesem Umfang im Hamburger Raum kaum noch vorhanden sind (Niendorfer und Meiendorfer Gehege). Aus den kultivierten Mooren dagegen wird das Niederschlagswasser über eine künstliche Drainage und ein Grabensystem schnell in den Vorfluter abgeleitet (Abb. 113). Ebenfalls bewirken Begradigungen von Bächen einen beschleunigten Abfluß (Abb. 145 c). Das Einengen des Abflußquerschnittes durch die vordringende Bebauung (Abb. 145 b) staut den Wasserspiegel. Beträgt der oberirdische, unmittelbare Abfluß bei unbebautem Gelände das 0,05- bis 0,1-fache des gefallenen Regens, so steigt der Abflußbeiwert bei großstädtischer Bebauung (Dachflächen und feste Straßen!) auf 0,7 bis 0,9, d. h. es versickert fast gar nichts mehr, da ja auch ein Teil sofort wieder verdunstet.

Liegt nun eine Mischkanalisation vor (Schmutz- und Regenwasser in einem Siel, wie ursprünglich überall in Hamburg, Ausmündung des Stammsieles in die Elbe), so bedeutet das ein allmähliches Versiegen oder Verkümmern der ehemals so zahlreichen Bäche der Hamburger Geest (Hundebek, Pepermölenbek sind restlos verschwunden; Isebek und Eidelstedter Mühlenau trieben einst nicht unbedeutende Wassermühlen). Es bedeutet aber andererseits auch bei Starkregen Überschwemmungen der tiefliegenden Straßenzüge, wenn Siele und auch die Notauslässe in die Vorfluter die Wassermengen nicht mehr schlucken können, so daß nach dem Gesetz der kommunizierenden Gefäße das (dreckige!) Mischwasser aus den tiefliegenden Straßeneinläufen wieder herausläuft (besonders bei Straßenunterführungen: Landwehr, Bowestraße, Alte Wöhr, aber auch in der Stormarner Straße unterhalb des Dulsberggebietes – vgl. Abb. 146 a).

Abb. 146 a **Aufsteigen des Mischwassers aus den Sielen unterhalb des Dulsberges bei einem Wolkenbruch am 17. 6. 1960**

In den – neueren – Außengebieten herrscht dagegen die Trennkanalisation vor, d. h. das Regenwasser wird über eine besondere Sielleitung unmittelbar dem nächsten Vorfluter zugeführt, wodurch diese zusätzlich mit dem beschleunigten Abfluß belastet werden – ähnlich wie durch die Notauslässe der Mischkanalisation, allerdings mit dem (saubereren) Regenwasser.

Also: Versiegen der Bäche im inneren Stadtgebiet (Mischkanalisation), zeitweise erhöhte Wassermengen in den Bächen, die als Vorfluter für das abzuführende Regenwasser dienen (bei Trennkanalisation), und damit Ansteigen des Alsterwasserspiegels. Um aber einen die umliegenden Keller gefährdenden Anstieg des Stauspiegels der Alsterbecken zu verhindern, müssen die über die Alster in die Elbe abzuführenden Wassermengen verringert oder ihr Abfluß muß verzögert werden. Dabei ist zusätzlich zu berücksichtigen, daß ein Alsterhochwasser (Starkregen, Schneeschmelze) durchaus mit einem Elbhochwasser (Sturmflut) zusammentreffen kann, so daß dann die Entlastung der Alsterbecken behindert ist.

Eine Verzögerung der abzuführenden Wassermengen wäre theoretisch durch eine weitgehende künstliche Versickerung des Regenwassers möglich (Abb. 146 c). Hierzu ist aber tiefgründig (!) sandiger Untergrund erforderlich – wie etwa in Berlin oder in den Harburger Trockengebieten –. In Hamburg aber mit seinem weitgehend lehmigen Untergrund besteht diese Möglichkeit praktisch in großem Umfang nicht. Vielmehr besteht hier oft das entgegengesetzte Problem: Der Geschiebelehmboden muß vor der Errichtung von Wohnhäusern vielfach erst künstlich entwässert werden, sei es durch Kiesflächenfilter (z. B. bei der Siedlung Kanzleistraße in Kl. Flottbek) oder durch Drainageröhren. Bei trockenem Wetter (Sommer 1959!) sind die Bauherren leider meist geneigt, hierauf zu verzichten.

Abb. 146 b **Zwei Regenwasserrückhaltebecken der Minsbek in Poppenbüttel**

So bleibt also nur die Möglichkeit der Verzögerung des Abflusses durch den Einbau von platzraubenden Rückhaltebecken. Hierfür wiederum sind freie Flächen erforderlich, die nicht immer leicht zu beschaffen sind – so kommt z. B. für ein Rückhaltebecken am Langenbek (infolge der Großwohnsiedlung Hohenhorst) nur noch Kleingartengelände in Betracht, das aber andererseits wieder erhalten bleiben soll. Außerdem sind Staudämme erforderlich, die nicht immer in das Landschaftsbild passen, wenn infolge der weit in die Entwässerungsrinnen vorgedrungenen Bebauung keine Ausweichmöglichkeit für diese wasserwirtschaftlichen Anlagen mehr vorhanden ist (Abb. 146 b).

Die baugrundtechnischen Schwierigkeiten in diesen natürlichen Entwässerungsrinnen lassen sich überwinden (z. B. durch Pfahlgründungen), die Bebauung kann aber, wie man sieht, u. U. wasserwirtschaftliche Folgen haben, die dann nicht mehr so einfach zu beseitigen sind.

Abb. 146 c **Künstliche Regenwasserversickerung im Sandboden von Mellingstedt (am Kuhredder)**

3. Die städtebauliche Entwicklung einiger Entwässerungsrinnen

Wie ein Blick auf die Hamburger Wasserkarte (1 : 50 000, Baubehörde Hamburg) zeigt, ist die nördliche Hamburger Geest von einem dichten Netz natürlicher Entwässerungsrinnen durchzogen (hierbei sind auch die inzwischen zugeschütteten oder versiegten Wasserläufe, wie z. B. die Hundebek, zu berücksichtigen). Diese Entwässerungsrinnen gilt es möglichst von jeder Bebauung freizuhalten, und zwar

aus *wasserwirtschaftlichen* Gründen, wie aus dem vorangehenden Abschnitt hervorgeht (vgl. S. 240),

aus *baugrundtechnischen* Gründen, da diese Rinnen zumeist vermoort sind,

aus *städtebaulichen* Gründen, um noch übersehbare Stadtteile voneinander abgrenzen zu können,

aus *gesundheitlichen* Gründen, um kleinklimatische Verbesserungen herbeizuführen und um gleichzeitig Erholungsflächen zu schaffen,

aus *fortifikatorischen* Gründen, um Brandschneisen und Fluchtwege offenzuhalten,

aus *biologischen* Gründen, um das Gleichgewicht der Tier- und Pflanzenwelt am und im Wasser zu erhalten und damit die natürliche Selbstreinigungskraft der Gewässer zu erhöhen (weshalb auch gemauerte Ufer – Binnenalster! – zu vermeiden sind).

a) Die Berner Au

Die Berner Au am Pulverhofsweg in Farmsen kann als Beispiel gelten für eine sinnvolle, weil landschafts- und bodengemäße Nutzung einer solchen natürlichen Entwässerungsrinne der Geest:

Hier, im tiefsten Punkt der Umgebung, befindet sich die Kläranlage Farmsen, deren Einzugsgebiet sich bis nach Berne hinauf und an Meiendorf heran erstreckt und durch das Pumpwerk am Pulverhof im Wandsetal noch durch Rahlstedter Gebiet vergrößert wird.

Die Bebauung dringt bis an den Rand der Berner-Au-Niederung vor (Großsiedlung Farmsener Zoll, Abb. 147), läßt die feuchte Niederung selbst aber für Weiden und Wiesen frei.

Unterhalb des Pulverhofsweges befindet sich eine öffentliche Grünanlage mit dem Kupferteich in der Niederung (Abb. 148). Dieser Teich dient gleichzeitig der Nachreinigung des in der Kläranlage mechanisch (Absetzbecken) und biologisch (Belebtschlammverfahren) geklärten Abwassers und hilft damit, das biologische Gleichgewicht in der Berner Au wieder herzustellen.

Abb. 147 Weiden, Wiesen und Kläranlage im Tal der Berner Au in Farmsen

Abb. 148 Der Kupferteich unterhalb der Kläranlage Farmsen

b) Die Alsterkanalisierung

Manche Entwässerungsrinnen sind so breit, daß sie bei dem Mangel an Bauplätzen nicht unbebaut liegen bleiben können. Bei entsprechenden wasserbaulichen Maßnahmen geben diese vermoorten Rinnen nicht nur reizvolle öffentliche Grünanlagen ab (Abb. 102), in diesen breiten Tälern läßt sich auch eine qualifizierte Einzelhausbebauung unterbringen (Abb. 149), die einerseits den parkartigen Charakter der Landschaft nicht stört, und bei der andererseits die durch den schlechten Baugrund erhöhten Baukosten keine wesentliche Rolle spielen, sofern bei den relativ leichten Bauten überhaupt besondere Gründungsmaßnahmen erforderlich sind. Als Beispiel für eine systematische Aufschließung einer feuchten Niederung sei die Alsterkanalisierung zwischen Eppendorf / Winterhude und Fuhlsbüttel / Ohlsdorf angeführt:

Die unkanalisierte Alster durchfloß das schmale Wiesental zwischen Fuhlsbüttel (+ 8,30 m ü. HN) und Außenalsterbecken (+ 6,60 m ü. HN) mit starkem Gefälle und in vielen Windungen. Die häufigen Überschwemmungen bei Schneeschmelze und Regenfällen ließen nur eine landwirtschaftliche Nutzung des Tales zu. Bereits in den 90 er Jahren des vorigen Jahrhunderts wurde von der Bebauungsplankommission eine andere Verwendung dieses Geländes vorgeschlagen, nämlich für die Ausdehnung der Bebauung nach Norden. Der gewundene Alsterlauf sollte durch einen 30 m breiten Kanal ersetzt werden, die Wasserspiegellage des Alsterbeckens von + 6,60 m ü. HN bis zur Fuhlsbütteler Schleuse durchgeführt werden und die Alsterufer bebaut werden. Der 1911 genehmigte Plan sah 8,01 Millionen Mark für Aufschließungsmaßnahmen vor (Schleuse Fuhlsbüttel, Senkung des Wasserspiegels, Kanalisierung, Uferbefestigung, Aufhöhungen, Straßenbau, Sielverlegung usw.), unterschied sich aber doch von den ersten Entwürfen, indem nämlich die Linienführung und Ausgestaltung des regulierten Alsterlaufes ansprechender gestaltet wurde, „was unter Opferung größerer Geländeflächen erreicht wurde. Hierbei war der Gedanke mit entscheidend, daß das Alstertal sich besonders gut für die dringend erforderlich gewordene Ausdehnung der Einzelhausbebauung (Abb. 149) eignet" (G. Leo, 1914), um die steuerkräftige Bevölkerung in den engen Grenzen Hamburgs zu halten und sie dadurch zu veranlassen, das in Hamburg verdiente Geld auch dort wieder auszugeben.

So resultiert die Einzelhausbebauung auf den humosen Sanden (z. T. über Torf) in erster Linie aus fiskalischen, allenfalls aus städteplanerisch-schönheitlichen Motiven, nicht aus baugrundtechnischen Gründen. Bei der Aufstellung der Bebauungspläne ist „die Verteilung der Bauklassen (nach Stockwerken) so erfolgt, daß in den landschaftlich besonders bevorzugten Teilen Hamburgs, so am Ufer und in der Nachbarschaft der Alster, die Einzelhausbebauung vorherrscht (wegen der Wassernähe herrscht hier auch außerdem meist schlechter Baugrund vor); die Bauklasse der Gebiete, auf denen die Errichtung von Etagenhäusern mit mehr als zwei Obergeschossen sowie die Errichtung von Wohnhöfen zwischen der Einzelhausbebauung und den höheren Etagenhäusern verboten ist, wird als Übergangsstufe zu höheren Etagenhäusern verwendet, wo das Bedürfnis zu vornehmen Mietswohnungen vorliegt" (G. Leo, 1914, S. 199). Von Baugrund ist hier jedenfalls nicht die Rede.

Die oft festzustellende Übereinstimmung zwischen Einzelhausbebauung und schlechtem Baugrund beruht vielmehr auf einem indirekten Zusammenhang:

Grundstücke am Wasser

bevorzugte Wohngegend Einzelhäuser	i. a. humoser Sand, Torf schlechter Baugrund

Abb. 149 **Parkartige Stadtlandschaft an der kanalisierten Alster**
Villenbebauung auf humosem Sand (Meenkwiese)

c) Das Wandse-Tal

In Wandsbek rückte die Bebauung im vorigen Jahrhundert bis unmittelbar an den Wandselauf heran. Nach dem neuen Aufbauplan ist hier ein Grünstreifen etwa in der Breite des humosen Sandes in der Wandseniederung vorgesehen.

Wenn heute das Bestreben besteht, die Entwässerungsrinnen wieder von Bebauung frei zu machen, so liegen auch hier weniger baugrundtechnische Gründe vor als vielmehr an erster Stelle der Wunsch, durchgehende, die Stadtteile trennende Grünzüge mit Wanderwegen zu schaffen. So besteht auch hier meist nur ein scheinbarer oder indirekter Zusammenhang zwischen schlechtem Baugrund und fehlender Bebauung.

d) Die Osterbekniederung

Daß man sich nämlich nicht scheut, tiefliegendes, vermoortes Gelände zu bebauen, zeigt die im Bau begriffene Siedlung Wandsbeker Schützenhof in der Osterbekniederung. Dieses Gelände muß erst drainiert und bis zu 2 m künstlich aufgehöht werden, um eine ausreichende Entwässerung zu schaffen; außerdem sind Pfahlgründungen erforderlich, da der morastige Untergrund allenfalls Behelfsheime tragen kann (Abb. 150).

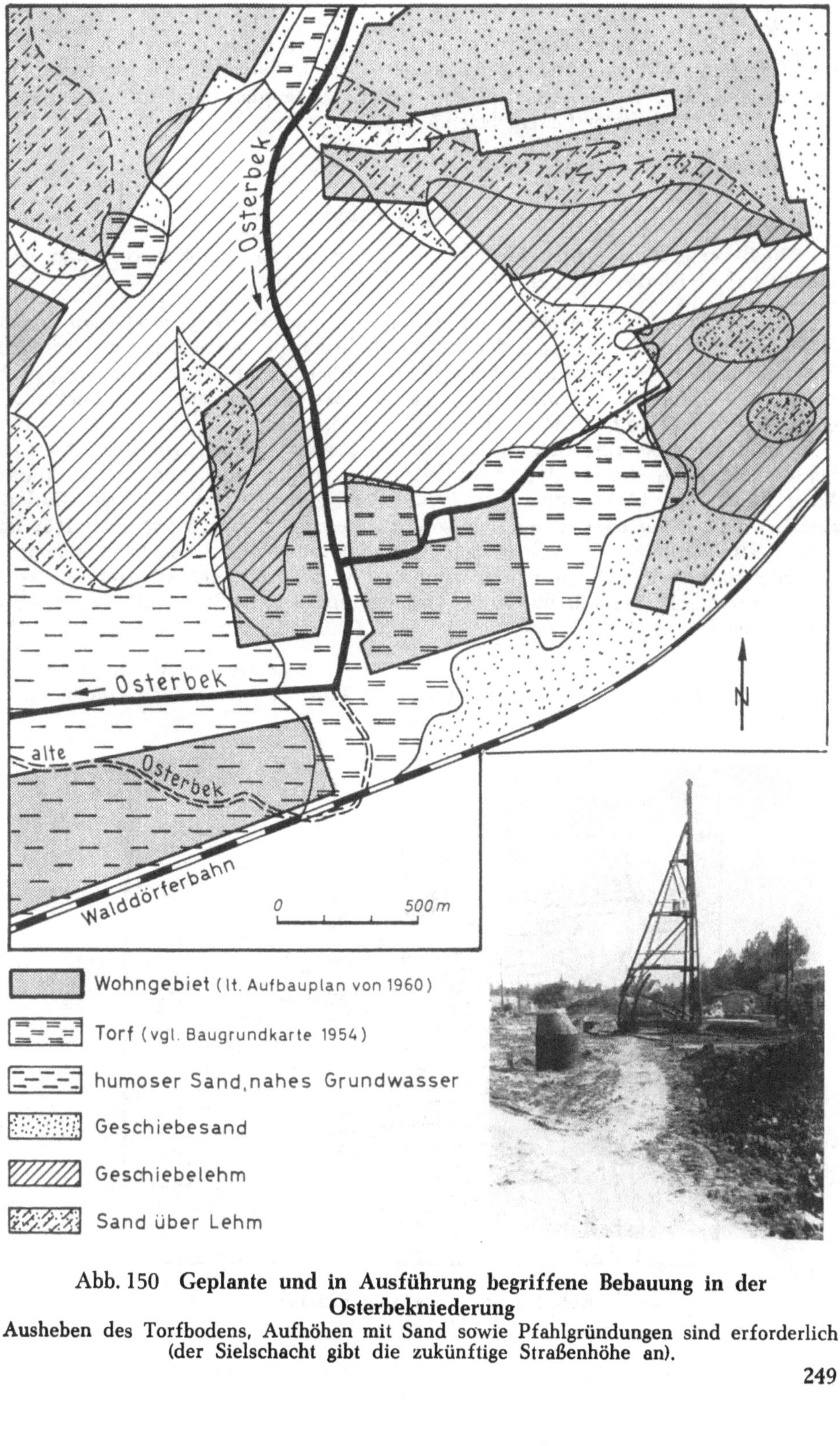

Abb. 150 Geplante und in Ausführung begriffene Bebauung in der Osterbekniederung

Ausheben des Torfbodens, Aufhöhen mit Sand sowie Pfahlgründungen sind erforderlich (der Sielschacht gibt die zukünftige Straßenhöhe an).

rung, die völlig unbebaut zu lassen im Zeitalter der Baulandknappheit offenbar nicht möglich ist. Bemerkenswert ist jedoch, daß das nördlich der feuchten Niederung gelegene Gelände auch nach dem neuen Aufbauplan unbebaut bleiben soll: hier steht nämlich fester Geschiebelehm an!

e) Das Luruper Moor

Ein Beispiel für die auch in den Außenbezirken immer größer werdende Baulandknappheit ist das Luruper Moor, südlich Schenefeld.

Die „Siedlung" Schenefeld (Friedrich-Ebert-Allee usw.) liegt erhöht auf einem Geschiebesandrücken außerhalb der hamburgischen Landesgrenze und meidet noch die umgebenden Senken: Schnäbeljacksmoorgraben, Schittmoorgraben, Düpenau (Abb. 151). Südlich der Altonaer Chaussee liegt das Luruper Moor oder Luckmoor, entwässert vom Luruper Moorgraben und Müllergraben (Vorfluter ebenfalls die Düpenau). Die bisherige planmäßige Bebauung war von der Altonaer Chaussee bis an den Rand dieses Moores vorgedrungen, „wilde" Bebauung auch in das Moor hinein. Der Aufbauplan von 1960 sieht zwar auch weiterhin am Müllergraben einen schmalen Grünstreifen vor, das gesamte übrige Moor (Abb. 152) ist jedoch als Baugebiet ausgewiesen (auch um auf diese Weise das Behelfsheimgebiet zu sanieren). Der Wunsch nach Bauplätzen in der Nähe der Altonaer Chaussee wurde wesentlich verstärkt durch die Verlängerung der Straßenbahnlinie von Bahrenfeld bis Lurup.

Dagegen bleibt wieder das noch weiter südlich gelegene und verkehrsmäßig noch nicht erschlossene Gebiet am Osdorfer Born (Geschiebesand, -lehm) z. T. unbebaut (vgl. S. 259).

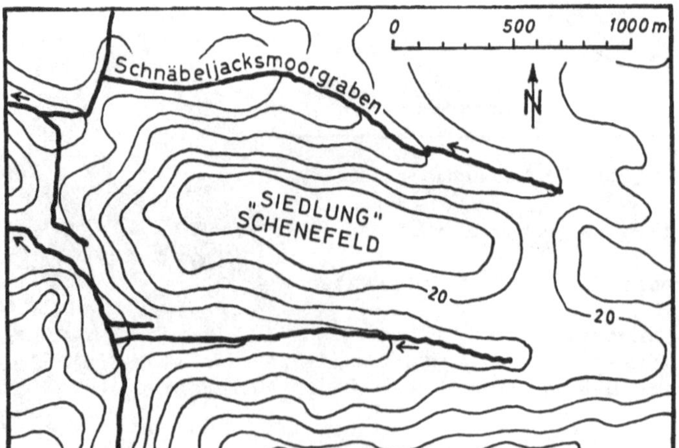

Abb. 151 **Die Siedlung Schenefeld**
Höhenlinien

Abb. 151 a Die Siedlung Schenefeld auf einem sandigen Rücken zwischen zwei vermoorten Gräben

Abb. 152 **Baugebiet (!) Luruper Moor**
Vgl. Abb. 112 a

f) Der Wandsbeker Gehölzgraben

Eine Entwässerungsrinne braucht nicht immer vermoort zu sein, um siedlungstechnische Schwierigkeiten zu bereiten. Eine Geländevertiefung mit nur sehr wenig Gefälle zum Vorfluter, aber doch so guten Abflußverhältnissen, daß kaum eine Vermoorung eingetreten ist, ist die vom Wandsbeker Gehölzgraben durchzogene Senke zwischen Horner Rennbahn und Wandse. Entwässerungsschwierigkeiten traten erst bei der Bebauung auf:

Die Autobahn liegt hier so tief, daß die seitlichen Gräben tiefer als der Gehölzgraben liegen, so daß an der Luisenstraße ein Pumpwerk gebaut werden mußte. Desgleichen stellt der Gehölzgraben keine Vorflut dar für die wegen des hohen Grundwasserstandes unter der Siedlung Nöpps / Ernst - Albers - Straße erforderliche Drainage. Damit die Keller dieser Häuser nicht voll Grundwasser laufen, muß auch hier gepumpt werden. Eine weitere, äußerlich sofort erkennbare Maßnahme infolge des nicht ausreichenden Geländegefälles ist die künstliche Höherlegung der Gebäude, um wenigstens für das Schmutzwasser zum Siel ein ausreichendes Gefälle zu haben, wenn auch die Vorflut für die Kellerdrainage nicht erreicht werden kann (vgl. S. 27).

g) Die Siedlung Langenhorn - Nord

Nicht nur die mehr oder weniger stark anmoorigen Entwässerungsrinnen selbst (z. B. das Kollautal oder auch nur der Wandsbeker Gehölzgraben) oder eine versumpfte, schlecht entwässerte Senke (z. B. das Ohmoor oder das Wittmoor) geben schlechte Siedlungsbedingungen. Bei den flachen Geländeverhältnissen, insbesondere in dem Altmoränengebiet im NW Hamburgs haben auch die zwischen den eigentlichen Entwässerungsrinnen liegenden Gebiete infolge hohen Grundwasserstandes in dem zwar tragfähigen aber undurchlässigen Lehmboden ungünstige Siedlungsbedingungen. Das Gebiet der nach dem 1. Weltkrieg entstandenen Siedlung Langenhorn - Nord ist dafür ein Beispiel. Diese Siedlung liegt zu beiden Seiten der Tangstedter Landstraße, die sich genau in der Mitte zwischen dem Raakmoorgraben im Osten und dem Bornbach im Westen auf der Wasserscheide befindet. Verkehrsmäßig war dieses Gebiet durch die Langenhorner Bahn bereits erschlossen, so daß es durch den „Wohnungskommissar" enteignet wurde, nachdem man nach dem Krieg die Wohnungsnot zunächst unterschätzt hatte und ab 1919 die Privatbautätigkeit trotz Gewährung von Überteuerungszuschlägen versagte (vgl. F. Schumacher, 1932, S. 74 ff.).

Infolge Materialmangels entschied man sich für Kleinhäuser aus Behelfsmaterialien, die aber als endgültig angesehen wurden; aus Zeitmangel verzichtete man auf eine Kanalisation. Dafür schuf man „ausreichend" große Parzellen, um das Abwasser auf dem Gelände selbst zu verwerten. Um dabei wirtschaftlich zu bleiben, mußten die Aufschließungskosten niedrig gehalten werden, woraus sich eine besondere Lage der Häuser und Straßen zueinander erklärt.

Als „ausreichend" große Parzellen erachtete man eine Fläche von 750 m^2 (heute 1000 m^2), wobei jedoch keine Badewannen in den Häusern erlaubt waren. Das machte die Errichtung einer Badeanstalt erforderlich. Trotzdem wurden die Abwasserverhältnisse bald untragbar (Verjauchung des Bodens bei hohem Grundwasserstand). Das hohe Grundwasser in dem Gelände ließ außerdem die Keller voll Wasser laufen. 1929 entschloß man sich daher zu einer künstlichen Entwässerung im Zuge einer Trennkanalisation mit örtlicher Kläranlage. Um die Häuser wurden Sickergräben gelegt, die an das Regensiel angeschlossen wurden. Aus diesem Grunde liegt hier der sonst nicht übliche Fall vor, daß sich das Regensiel in größerer Tiefe als das Schmutzwassersiel befindet. Denn das Grundwasser mußte ja bis unter die Kellersohle gesenkt werden. Sonst braucht das Regensiel nur die von den Dach-, Hof- und Straßenflächen kommenden Wassermengen abzuführen, kann also höher als das Schmutzwassersiel liegen, das auch die Keller mit entwässern muß.

Zur Zeit besteht die Gefahr, daß man im Ohmoor denselben Fehler wiederholt, nämlich ohne Besielung auf 1000 m² großen Grundstücken Einzelhäuser zu gestatten (vgl. S. 260).

C. GRÖSSERE, ZUSAMMENHÄNGEND UNBEBAUT GEBLIEBENE FLÄCHEN

1. Die Lage der Freiflächen

Abgesehen von kleinen Grünanlagen (z. B. Innocentiapark, Eilbeker Bürgerpark) und Parks auf ehemaligem Privatbesitz (Schröderspark, Traunspark, Hammerpark), weist der Stadtplan von Hamburg auch eine Vielzahl größerer unbebaut gebliebener Flächen auf (z. B. zwischen Niendorf, Schnelsen, Lokstedt und Eidelstedt das Gelände mit dem Niendorfer Gehege).

Diese befinden sich sowohl am Rande des hamburgischen Staatsgebietes (Klövensteen) als auch in den Vororten (Meiendorfer Gehege), in den Stadtteilen um die Innenstadt herum (Stadtpark) oder in unmittelbarer Nachbarschaft des Stadtzentrums (Planten un Blomen, Botanischer Garten). Auch hinsichtlich des Untergrundes ist zunächst keine Beziehung zu entdecken: Auf Marschgrund liegt z. B. die Kleingartensiedlung Horner Marsch, auf der Geest der Bahrenfelder Volkspark, in den feuchten Senken befinden sich z. B. die Kleingärten der Osterbekniederung an der Trabrennbahn Farmsen.

Auch die Parks auf ehemaligem Privatbesitz befinden sich sowohl auf Marschgrund – z. B. Traunspark in Rothenburgsort – als auch auf trockenem Geestboden – z. B. Hammer Park – oder in den feuchten Entwässerungsrinnen der Geest – z. B. Hayn-Park in Eppendorf – oder am Geestrand – z. B. Hirschpark in Dockenhuden.

Das Vorhandensein dieser Parks ist dem Umstand zu verdanken, daß frühzeitig auf dem ehemals landwirtschaftlich genutzten oder bewaldeten (am Geesthang zur Elbe, wo keine Landwirtschaft möglich war) Gelände reiche Hamburger Kaufmannsfamilien ihre Landsitze bauten – meist an landschaftlich hervorragenden Plätzen, am Geestrand, im Alstertal. Um diese Landsitze herum blieb zunächst die Landwirtschaft bestehen – z. T. gehörte sie sogar dazu, wie z. B. im Falle des jetzigen Hammer Parks (Sievekingscher Besitz). Dann wich sie allmählich der sich ausbreitenden städtischen Bebauung. Die privaten Parks wandelten sich – meist mehr oder weniger gezwungenermaßen – ganz oder teilweise in öffentliche Parks um, soweit es den Besitzern nicht möglich war, sie ganz (Beltgens Garten in Hamm) oder teilweise (Schröderspark in Eppendorf) auch als Baugelände zu verwerten. Dies wiederum ist nicht abhängig gewesen von den Baugrundverhältnissen, sondern von den Absichten und finanziellen Verhältnissen der

Eigentümer und vom Zeitpunkt der Veräußerung und den damals bestehenden Absichten und gesetzlichen Möglichkeiten der Stadtplanung. Über den jeweiligen Aufbauplan könnte hier allenfalls ein indirekter Zusammenhang mit dem Baugrund bestehen: öffentliche Grünanlagen an landschaftlich hervorragenden Stellen und, da diese meist am Wasser liegen, an Stellen feuchten, humosen Baugrundes – z. B. Enteignung der Alster-Vorländer am Harvestehuder Weg zur Schaffung des Alsterparks. Ein direkter Zusammenhang besteht nicht, denn es sind auch ehemalige Privatbesitzungen mit hohen Mietshäusern bebaut, obwohl sie auf Marschgrund lagen (Brekelbaumspark, Beltgensgarten).

Ein Zusammenhang der in unmittelbarer Stadtnähe liegenden Freiflächen des Heiligengeistfeldes, des Botanischen Gartens, von Planten un Blomen, der (sogen.) Moorweide und der Sternschanze mit dem Baugrund besteht auch nicht (vgl. S. 16).

2. Unterscheidung der Freiflächen

Vor Behandlung der großen, zusammenhängenden Freiflächen im einzelnen ist es notwendig, sie in ihrer Nutzung folgendermaßen zu unterscheiden und daraus bereits einen Hinweis auf ihre Lage im Stadtgrundriß zu erhalten: Es handelt sich nämlich a) um Schrebergärten, b) um Flächen für besondere Zwecke, wie z. B. Friedhöfe, Sportplätze, Erholungsparks, c) um land- und forstwirtschaftlich genutzte Flächen. Oft grenzen Flächen verschiedener Nutzungsart aneinander und bilden einen einzigen unbebauten Komplex (z. B. Friedhof Ohlsdorf und Kleingärten Steilshoop).

Zu den großen, zusammenhängenden Kleingartenkolonien gehören:

Finkenwerder
Waltershof
Billwerder Ausschlag, Billbrook
Billeinsel, Hammerbrook, Hornermarsch
zwischen Horner Rennbahn, Schiffbek und Lübecker Autobahn
Jenfelder Moor
Trabrennbahn Farmsen, Kolonie Ostende, Osterbekniederung
Steilshoop
Rübenkamp – Stadtpark
Eppendorfer Moor, Borsteler Jäger
Niendorf, Tarpenbekniederung
Langenfelde – Hagenbecks Tierpark
Bahnanlagen Stellingen – Volkspark Bahrenfeld
Othmarschen

Mit diesem Kleingartengürtel um die innere Stadt fällt zusammen der Gürtel von Freiflächen für besondere Zwecke, dessen Entstehung am Rande der damaligen städtischen Bebauung meist in die Zeit vor dem 1. Weltkrieg fällt. Es handelt sich hierbei um (von Osten über Norden nach Westen):

die Horner Rennbahn
die Trabrennbahn Farmsen
den Ohlsdorfer Friedhof
den Stadtpark
den Flughafen
Hagenbecks Tierpark
Friedhof, Trabrennbahn, Volkspark in Bahrenfeld

Bei dem äußeren Kranz größtenteils noch landwirtschaftlich genutzter Freiflächen handelt es sich (auf der Hamburger Geest) im wesentlichen um folgende Gebiete:

Havighorst
Oejendorf
Hohenhorst
Rahlstedt
kleinere Gebiete der Walddörfer und des Alstertales,
z. B. Meiendorfer Gehege, Buckhorn, Rothenbek
Duvenstedter Brook
Wittmoor
Kupferteich
Hummelsbütteler Feldmark
Ohmoor
Niendorfer Gehege, Eidelstedt
Osdorfer Born
Klövensteen, Wedeler Au
Falkenstein

3. Die Kleingartenkolonien

Die Kleingärten sind nach dem 1. Weltkrieg entstanden und befinden sich am äußeren Rande der damals städtisch bebauten Stadtteile in einem Kreis von 6–8 km Radius um die Stadtmitte herum sowohl auf dem für spätere Ausweitung des Hafens und der Industrie sturmflutfrei aufgehöhten bzw. eingedeichten Marschgelände als auch auf der Geest, und zwar dort nicht nur in feuchten Entwässerungsrinnen (z. B. Osterbek, Tarpenbek), sondern auch auf trockenem Gelände mit gutem Baugrund (z. B. Horn - Billstedt, Steilshoop).

Die gegenwärtige Baulandknappheit zwingt zur Aufgabe immer weiteren Kleingartengeländes. Es sei hier nur erinnert an das geplante „Geschäftsgebiet Nord", Hamburgs „zweite City", auf dem Kleingartengelände nördlich des Stadtparks sowie an das in unmittelbarer Nähe geplante Wohngebiet Steilshoop auf dem Kleingartengelände südlich des Bramfelder Sees. Daß man bei dieser Umwandlung in Baugebiete auch nicht auf die Baugrundverhältnisse Rücksicht nimmt, zeigt die Aufschließung der Osterbekniederung (Siedlung Wandsbeker Schützenhof, vgl. Abb. 150).

4. Freiflächen für besondere Zwecke

a) Horner Rennbahn

Die Horner Rennbahn befindet sich am oberen, vermoorten Ende der vom „Gehölzgraben" durchzogenen, nicht ausreichend entwässerten Senke auf teils lehmigem, teils sandigem Untergrund. Doch läßt sich daraus wohl kein *ursächlicher* Zusammenhang ableiten, etwa in der Art, daß feuchtes, saures Wiesengelände für die Zwecke der Rennbahn billig zu kaufen gewesen wäre. Vielmehr werden verkehrliche Gesichtspunkte maßgebend gewesen sein: Die Horner Rennbahn liegt 1. am Horner Weg, einer alten Landstraße, und 2. in der Nähe Wandsbeks an der Rennbahnstraße.

b) Trabrennbahn Farmsen

Die Farmsener Trabrennbahn an der Walddörferbahn auf Lehmboden, eingeklemmt zwischen Osterbekniederung und Tongruben, liegt auf feuchtem (billigem?) Gelände, so daß hier evtl. die Bodenverhältnisse eine Rolle gespielt haben könnten.

c) Friedhof Ohlsdorf

Der Ohlsdorfer Friedhof liegt größtenteils auf schwach welligem, flache Mulden enthaltendem Geschiebelehmboden, zum kleineren Teil auf Geschiebesanden. Es handelt sich also um sehr guten Baugrund, dagegen um ein für einen Friedhof weniger geeignetes Gelände, denn: „nirgends darf eine Leiche im bewegungslosen Wasser liegen . . . Eine größere Bodenfläche, die von der Natur aus die verlangten Eigenschaften besitzt, ist im norddeutschen Tieflande selten zu finden. Sandnester, die in Tonmulden liegen, haben keinen Abfluß; man ist daher gezwungen, den Boden durch künstliche Entwässerung geeignet zu machen. Auch das Ohlsdorfer Friedhofsgelände gehört dieser Bodenart an und ist daher entwässert. Von den Teichen, die Auffangbecken sind, gehen in Gefälle die Sammeldrains ab, und diese nehmen die sogen. Saugdrains auf . . . Die Röhren liegen 10 m voneinander entfernt, sie durchschneiden alle muldenartigen Gebilde. Da zwischen den 10 m noch kleine Mulden sein können, . . . werden auch diese bei den mannigfachen Veranlassungen von Aufgrabungen durchschnitten . . . Die von den Teichen abfließenden Wässer können in ein Rohrnetz geleitet werden, um in den sandigen Teilen die Alleebäume zu speisen und zu versacken. Der Friedhof hat eine eigene Wasserversorgung aus solcher Sandmulde" (W. Cordes, 1914).

Da also geeigneteres Gelände im „norddeutschen Tieflande nur selten zu finden" ist, mußte man die Dränung des Bodens in Kauf nehmen und konnte dann den Friedhof auf das verkehrsmäßig günstig gelegene Ohlsdorfer Gelände am damaligen Rande der großstädtischen Bebauung legen.

Im Gegensatz zum Ohlsdorfer Friedhof liegen die Bahrenfelder Friedhöfe (Hauptfriedhof, Ottensener Friedhof, Friedhof am Bornkamp und teilweise der Friedhof am Diebsteich) auf Geschiebesanden. Desgleichen z. B. der Osdorfer Friedhof, der Eilbeker Jakobifriedhof, der Niendorfer und der Blankeneser Friedhof und der geplante Oejendorfer Friedhof. Nicht dagegen z. B. der Nienstedtener Friedhof und der alte Ottensener Friedhof.

d) Stadtpark

Mit Ausnahme von Uhlenhorst und Winterhude-Süd lagen die Erweiterungen des Stadtgebietes nördlich des Elburstromtales im 19. Jahrhundert allein auf den Höhen der Geest. Nur zögernd wurden die Niederungen mit Straßenzügen ausgefüllt. So war noch 1911 in der Goldbekniederung zwischen Barmbek und Winterhude Platz zur Anlage des Stadtparksees. Allerdings war auch auf den Höhen des westlichen Teiles des späteren Stadtparkes die Bebauung noch nicht vorgedrungen, vielmehr bildeten sich hier neue Straßen zunächst nur am westlichen Abhang zur Alsterniederung im Zusammenhang mit der alten Landstraße und der dörflichen Siedlung am Höhenrand. So konnte hier am Stadtrand ein großer Erholungspark für die Bevölkerung der dicht besiedelten Stadtteile entstehen.

„Als geeignet für die Anlage eines großen Parkes erwies sich wegen ihrer Lage zu den Stadtteilen, wegen der guten Zugänglichkeit" (im Gegensatz zum Bahrenfelder Volkspark mit dem einzigen großen Fußballstadion Hamburgs!), „wegen der vorhandenen Bodengestaltung und wegen des Vorhandenseins einer etwa 30 ha großen Waldparzelle eine auf Winterhuder und Barmbeker Gebiet gelegene Fläche . . . Die Anordnung der Anlagen ergab sich aus der Gestaltung des Geländes; es weist in seiner westlichen Höhe ein Gehölz auf, in dem ein für die Wasserversorgung der nördlichen Stadtteile erforderlicher Wasserturm von 56 m Höhe den Richtpunkt für die Hauptachse der Parkanlage bildet. Im Osten fällt das Gelände um etwa 12 m nach einer Wiesenniederung ab, deren östlicher, tiefster Teil sich als geeignete Stelle für die Unterbringung des Sees ergab" (F. Sperber und F. Schumacher, 1914).

Wie „geeignet" diese Stelle war, sollte sich erst beim Ausschachten des Bodens für die Anlage des Sees herausstellen, nämlich als man unter der vermoorten Oberschicht (Alsterstau im 13. Jahrhundert, Grundwasseranstieg) und unter der darunter liegenden Schicht eiszeitlichen Geschiebes (Fließboden, nicht Moräne) Reste eines „Vorläufers" des Stadtparksees fand (S. 111), nämlich Torf und limnische Ablagerungen eines zwischeneiszeitlichen Sees.

Wo einst – im Pleistozän – ein See bestanden hatte, kam jetzt wieder ein See hin. Ein künstliches Bauwerk zwar mit exakter, geometrischer Begrenzung, aber an einer Stelle, die bereits einmal von Natur aus zur Anlage eines Sees geführt hatte (Abb. 78). Mit der Erkenntnis der Notwendigkeit von Grünflächen und Erholungsgebieten innerhalb des Stadtgebietes hatte man zugleich eine zweckmäßige Nutzungsmöglichkeit der schlechten Baugrundflächen, d. h. hauptsächlich der vermoorten Entwässerungsrinnen, gefunden.

Zur Schaffung eines ausreichend großen Stadtparkes aber (180 ha) war die Einbeziehung auch guten Baugrundes in die Grünfläche erforderlich, was umso leichter möglich war, da die Flächen, „soweit sie sich nicht bereits im Stadtbesitz befanden, zu verhältnismäßig geringem Preise erworben" werden konnten (Sperber und Schumacher, 1914). War man beim Ohlsdorfer Friedhof gezwungen, guten Baugrund zu nehmen, da der schlechte zumeist nur schwer oder gar nicht zu entwässern ist, so mußte man dies beim Stadtpark tun, da der schlechte Baugrund keine großen zusammenhängenden Flächen bildet (mit Ausnahme der im Nordwesten der Stadt gelegenen Moorgebiete: Fuhlsbüttel, Ohmoor und die noch weiter entfernten Moore).

e) Flughafen

Im Falle des Flughafens dagegen, der ja auch im wesentlichen aus unbebauten Flächen besteht, stand ein großes Gebiet schlechten Baugrundes zur Verfügung. Was man zunächst benötigte, war ein freies, ebenes Gelände, in dessen Nachbarschaft sich auch keine hohen Bauten befanden. Die Lärmfrage spielte damals noch keine Rolle, und auch die Frage des Baugrundes war bei den ersten leichten Flugzeugen oder bei den Luftschiffen noch nicht so bedeutungsvoll wie heute bei den schweren Maschinen. (Die Boeing 707 wiegt 57 t je Hauptfahrgestell!)

Selbstverständlich bot der schlechte Baugrund auch Schwierigkeiten bei der Gründung der ersten Hallen und sonstigen Bauwerke am Rande des Platzes: „Die Gründungen (der Luftschiffhalle) sind aus Eisenbeton und ruhen z. T. auf Pfahlrammungen. Diese Arbeiten waren mit großen Schwierigkeiten verbunden, da der

Untergrund aus gummiartigem, sandigem Ton (?) besteht" (R. Christiani in „Hamburg und seine Bauten", 1914, Bd. I, S. 625). So war im großen und ganzen das Fuhlsbüttler Moorgebiet recht geeignet, vor allem aus morphologischen Gründen. Im welligen Jungmoränengebiet dagegen wäre die Anlage eines Flughafens schon schwieriger gewesen. Was man aber zunächst an Erdbewegungen zur Schaffung ebener Landebahnen im flachen, moorigen Gelände sparte, das benötigte man bald zur Schaffung eines tragfähigeren Untergrundes. In zweifacher Hinsicht war der Moorboden unbrauchbar:

1. die fehlende Tragfähigkeit für die Start- und Landebahnen,
2. die Frostgefährdung infolge des hohen Grundwasserstandes.

So mußte das Moor bis stellenweise 3 m tief ausgekoffert werden (aus Frostsicherheitsgründen auch der bindige Lehmboden bis in frostfreie Tiefe) und eine Sandverfüllung wieder eingebracht werden (Sand stand auf dem Flughafengelände im westlichen und südlichen Teil zur Verfügung). Im ganzen waren 1 200 000 m³ Boden zu bewegen, 25 km Drainageleitungen und 17 km Siel zu verlegen (vgl. „Hamburg und seine Bauten, 1953", S. 267), die Tarpenbek auf 2 km Länge nach Westen zu verlegen und der Raakmoorgraben auf 300 m zu verrohren.

Ein weiterer Nachteil der feuchten, niedrigen Lage ist die größere Nebelhäufigkeit geworden, die den modernen Flugbetrieb natürlich – trotz Blindflug – empfindlich stört.

Aus rein bautechnischen und klimatischen Überlegungen wäre daher der Bau eines Flughafens in der Nähe von Kaltenkirchen, wie es von Schleswig-Holstein vorgeschlagen wurde, zu befürworten, denn dort besteht der Baugrund aus Sand, und die Anzahl der Nebeltage beträgt nur ungefähr die Hälfte.

f) Bahrenfelder Volkspark

Mit zu den größten unbebaut gebliebenen Flächen gehört das Gelände westlich des Stellingen-Langenfelder Abstellbahnhofes in Bahrenfeld.

Mit Ausnahme einiger Teilflächen im Norden, die vermoort sind, handelt es sich um Geschiebesandboden, um tragfähigen und auch meist trockenen Baugrund.

Für besondere Zwecke werden ausgedehnte Flächen genutzt: Bahrenfelder Hauptfriedhof, Volkspark, Sportanlagen. Ungefähr gleichviel Fläche ist mit Kleingärten besetzt oder wird z. T. auch noch landwirtschaftlich genutzt. Nach dem neuen Aufbauplan bleiben die Freiflächen größtenteils erhalten, bis auf eine Zone Industriegebiet im Osten an den Bahnanlagen.

Diese Bahnanlagen sind auch offensichtlich der Grund für den fehlenden verkehrsmäßigen Anschluß an Hamburg. Das Gelände liegt „im Schatten des Abstellbahnhofes." Die alte Luruper Chaussee wurde außerdem erst sehr spät ausgebaut (erst nach dem 2. Weltkrieg wurde Lurup mit einer Straßenbahnlinie an Hamburg angeschlossen). Im Gegensatz zur Kieler Straße und zur Osdorfer Landstraße kommt ihr nur örtliche Bedeutung zu, sie ist keine Ausfallstraße, sie stellt keine „Achse" dar (vgl. S. 262).

Verdankt der Hamburger Stadtpark seine Entstehung nicht zuletzt der äußerst verkehrsgünstigen Lage (U-Bahnlinien im Norden und Süden, S-Bahn im Osten, im Westen Straßenbahnen), so verdankt die geplante U-Bahnlinie nach Lurup ihre Projektierung nicht zuletzt dem Vorhandensein des Volksparkes (und seines Fußballstadions!).

5. Überwiegend land- und forstwirtschaftlich genutzte Flächen

Das Gebiet des Falkensteins nimmt dabei wegen seiner landschaftlich hervorragenden Lage eine Sonderstellung ein: als hochqualifiziertes Wohngebiet mit Landhäusern in riesigen Parks.

Das Gebiet nördlich der Wedeler Au mit dem Klövensteen und dem Schnakenmoor und genauso der Duvenstedter Brook liegen

1. in äußersten Winkeln des Hamburger Staatsgebietes,

2. zwischen den „Aufbauachsen", die an die Schienenverkehrswege gebunden sind; Klövensteen zwischen den Achsen nach Wedel und nach Pinneberg; Duvenstedter Brook zwischen der Oldesloer und der Kaltenkirchener Achse,

3. größtenteils auf Moorunterground.

Der Osdorfer Born, begrenzt im Norden vom Osdorfer Moorgraben und im Westen von der Düpenau-Senke, liegt ebenfalls an keiner „Achse" (vgl. hierzu auch S. 250).

Dieses größtenteils aus Geschiebesanden (also gutem Baugrund) bestehende Gelände ist jedoch im neuen Aufbauplan als Untersuchungsgebiet ausgewiesen, und es bestehen bereits Pläne für eine weitgehende Bebauung. Aus Gründen des Landschaftsschutzes sollte aber die *vermoorte Düpenau-Senke* im Westen des Gebietes unbebaut bleiben, die *trockenen Höhen* dagegen könnten bebaut werden. In Iserbrook ist aber die Bebauung bereits bis an die Düpenau vorgedrungen (Am Botterbarg), in Hochkamp ist die feuchte Niederung zwischen Wildenbruchstraße/Bockhorst/Tietzestraße mit Einzelhäusern bebaut, was zur Folge hatte, daß binnen kurzem die Keller dieser Häuser voll Wasser standen und nachträglich mit erheblichem Aufwand eine Drainage in dem lehmigen Boden verlegt werden mußte.

Das Waldgebiet des Niendorfer Geheges hat sich erhalten im Schutze des vermoorten Kollaubogens und der Güterumgehungsbahn, desgleichen das westlich sich anschließende landwirtschaftlich genutzte Gelände.

Das Ohmoor ist ein nahezu 100 ha großes Hochmoor, das nach dem Krieg infolge wilder Torfstiche zu verkuhlen drohte. Daher entschloß man sich zur Melioration und erhielt dabei mehrere Klein- und sogar auch Vollhöfe für Flüchtlinge sowie Platz für Kleinsiedlungen. Leider weist der Aufbauplan 1960 auch hier Baugebiet aus, obgleich die Flachheit des Geländes eine Besielung außerordentlich erschwert und die Einflugschneise des Flughafens die Bewohnbarkeit herabsetzt.

Durch diese unverständliche Ausweisung als Baugebiet befindet sich die Landesplanung jetzt in einer Zwickmühle, wenn der Aufbauplan hier nicht umgehend geändert wird.

Die Kanalisation dieses vollkommen ebenen Geländes würde viele Millionen DM verschlingen, da die Siele bald sehr tief unter der Erdoberfläche verschwinden und somit Pumpwerke erforderlich würden. (Das Wasser braucht nun einmal Gefälle zum Abfließen; da ein solches hier aber nicht vorhanden ist, hatte sich ja gerade – für jeden sichtbar – ein Moor gebildet!)

Da es sich aber laut Aufbauplan 1960 um Baugebiet handelt, kann man eine nach den gesetzlichen Vorschriften leider auf 1000 m² großen Grundstücken ohne Siel zulässige Einzelhausbebauung nicht verhindern. Hierbei muß dann das Abwasser für viel Geld abgefahren werden. Vorher wird es jedoch in zumeist undichten und oft überlaufenden Gruben gesammelt. Diese Art der Abwasserbeseitigung mag im Einzelfall und in ländlichen Gebieten ausreichend sein. 500 solcher Sammelgruben dicht nebeneinander am Rande einer Großstadt – nochdazu bei hohem Grundwasserstand – sind jedoch im 20. Jahrhundert nicht zu verantworten.

Eine dichtere – und höhere – Bebauung, für die sich die enormen Sielbaukosten evtl. lohnen würden, ist wegen der Flugplatznähe nicht möglich.

So kann es dazu führen, daß hier von vornherein ein Sanierungsgebiet geschaffen wird, und zwar unter dem (politischen) Druck der Bauwilligen, die hier im Moor zwar die teurere Gründung ihrer Häuser gerade noch selbst bezahlen können und wollen, die aber die viel teurere Erschließung durch Straßen und Siele größtenteils vom Steuerzahler verlangen zu können glauben.

Die H u m m e l s b ü t t e l e r F e l d m a r k hat eine gewisse Ähnlichkeit mit dem Gelände der Siedlung Langenhorn-Nord. Sie liegt zwischen zwei vermoorten Senken, dem Hummelsbütteler Moorgraben und der Susebek, mitten dazwischen wird sie von der Glashütter Landstraße durchzogen. Der Untergrund besteht aus Geschiebesanden (Langenhorn stellenweise sogar lehmig!). Es fehlt aber hier die verkehrsmäßige Erschließung durch eine U- oder S-Bahn, wie im Falle Langenhorn. Vor allen Dingen lag aber das Gebiet bis 1937 außerhalb der hamburgischen Landesgrenzen.

Beim K u p f e r t e i c h und beim W i t t m o o r handelt es sich um das ebenfalls verkehrsmäßig nicht aufgeschlossene, noch dazu feuchte, vermoorte Tal der Mellingbek.

Die Vielzahl sowie die kleinere Flächenausdehnung der unbebauten Gebiete in den W a l d d ö r f e r n und an der O b e r a l s t e r erklärt sich aus dem lebhaften Relief der Jungmoränenlandschaft.

Die östlichen Teile von R a h l s t e d t (sowohl Neurahlstedt an der Wandse als auch Altrahlstedt an der Stellau) und Kirchsteinbek sind bislang als Randgebiete noch unbebaut geblieben und sollen es lt. Aufbauplan auch bleiben. Das bislang noch landwirtschaftlich genutzte Gelände von H o h e n h o r s t am Langenbek dagegen, im Südwesten Rahlstedts, wird bereits bebaut.

Das Gebiet um den O e j e n d o r f e r See (Aushub für Aufhöhungen der Horner Marsch, teilweise Wiederverfüllung mit Trümmerschutt) soll unbebaut bleiben und zum Erholungsgebiet werden, der See dem Wassersport dienen. Daß das Wasser in diesem künstlichen See nicht versickert, ist dem lehmigen Hamburger Boden zu verdanken. In dem – ebenfalls künstlichen – Maschsee in Hannover dagegen blieb das Wasser zunächst nicht stehen, da das Schilf die dünne Lehmdichtung wie ein Sieb durchlöcherte und das Wasser im sandigen Untergrund versickerte.

D. DIE AUFBAUACHSEN DER NÖRDLICHEN GEEST

1. Konzentrische und radiale Stadterweiterungen

Die Stadterweiterungen im Mittelalter waren bestimmt von der Forderung, auch den neuen Stadtteil mit der Stadtmauer zu umschließen, die aber möglichst kurz sein sollte, um Kosten zu sparen. Da der Kreis die Fläche ist, die im Verhältnis zum Inhalt den kleinsten Umfang besitzt, entstanden so mehr oder weniger kreisförmige Gebilde.

Die Stadterweiterung zu Beginn der Industrialisierung im 19. Jahrhundert stand unter dem Gesetz, möglichst dicht am Stadtkern bzw. Arbeitsgebiet (Hafen) Wohnviertel zu schaffen. So bildete sich ein dichter Gürtel von Stadtteilen um den Stadtkern herum, zunächst noch unterbrochen und voneinander abgegrenzt durch die feuchten, z. T. vermoorten Niederungen der Alster und ihrer Zuflüsse (Wandse, Osterbek, Goldbek, Isebek), in die die Bebauung aber auch bald vordrang.

Diesem konzentrischen Wachsen des bebauten Stadtgebietes war aber nun bald eine Grenze gesetzt, sollte nicht eine unübersehbare, ungegliederte „Steinwüste" entstehen. Die Forderung von Grünflächen wurde aufgestellt. Es legte sich ein konzentrischer Ring um die alte Stadt im Anschluß an die Bebauung der Zeit der Jahrhundertwende bis zum 1. Weltkrieg: ein Kranz von Grün- und Freiflächen (Schrebergärten, Flächen für besondere Zwecke), der aber nicht mehr homogen war, sondern unterbrochen von bebauten Gebieten an den Ausfallstraßen. An diesen und an den Schienenstrecken des öffentlichen Nahverkehrs bildeten sich die „Vororte" – meist ausgehend von den alten Dorfkernen –, die sich in einem weiteren lockeren Kranz um die Innenstadt gruppieren. Auch in die dazwischenliegenden, zunächst noch landwirtschaftlich genutzten Flächen dringt die Bebauung immer weiter vor. Aus der ursprünglich radialen Entwicklung (an den Ausfallstraßen und Vorortbahnstrecken) wurde also wieder eine konzentrische, der aber jetzt endgültig ein Ende bereitet werden mußte.

Mit der Verbesserung der Nahverkehrsmittel kam den Vororten außerhalb des hamburgischen Stadtgebietes an den Eisenbahnlinien eine immer größere Bedeutung zu (d. h. radiale Entwicklung). In den nach außen immer größer werdenden Zwischenräumen zwischen diesen „Aufbauachsen" soll jedoch die Landwirtschaft auf alle Fälle erhalten bleiben. Die weitere Ausdehnung der Stadt soll auf die „Achsen" beschränkt bleiben, an deren Ende jeweils eine größere „Trabantenstadt" entstehen soll, die für sich allein lebensfähig sein muß, d. h. über ausreichend Industrie und Gewerbe verfügen muß, um nicht zur „Schlafstadt" zu werden und um der zentripetalen Pendlerbewegung (nach Hamburg) eine gewisse zentrifugale Pendlerbewegung entgegensetzen zu können.

Das Verbleiben landwirtschaftlich genutzter Flächen zwischen den Aufbauachsen darf aber nicht zu einer all zu engen Verzahnung von Wohngebiet und Landwirtschaft führen, um letztere nicht zu beeinträchtigen. Als Beispiel sei hier der Fall Lohbrügge-Nord angeführt, wo zunächst nur ein Bauer sein Land an die Wohnungsbaugesellschaft verkaufte. Aber dann „kam es, wie es zwangsläufig kommen mußte. Die übrigen Bauern folgerten: Wenn auf der Gemarkung des einen Bauern bereits gebaut wird, ist eine Bestellung auf den anderen Feldern kaum noch möglich. Die vielfältigen Belästigungen durch neu zu errichtende Wege, die quer durch die Äcker gelegt werden müßten, durch spielende Kinder, durch Lärm, Sport usw. sah man als unüberwindbare Schwierigkeiten für einen ungestörten Ackerbau an" (W. Janza, „Bergedorf-Lohbrügge", Diss., Hamburg 1961).

2. Aufbauachsen und Eisenbahnlinien

Entsprechend den vorhandenen Vorortsbahnstrecken haben sich folgende Aufbauachsen herausgebildet:

1. Vier „große" Achsen
   a) Schenefeld – Pinneberg – Ütersen, Tornesch – Elmshorn
   b) Langenhorn – Garstedt, Glashütte – Friedrichsgabe, Harksheide – Quickborn – Henstedt – Ulzburg – Kaltenkirchen
   c) Volksdorf – Ahrensburg – Bargteheide – Gr. Hansdorf – Oldesloe
   d) Billetal, Reinbek – Schwarzenbek
2. Drei kleinere Achsen
   a) Blankenese – Wedel
   b) Geesthacht
   c) Billstedt – Glinde

Glinde liegt allerdings nicht an einer Eisenbahnstrecke. Hier ging die Entwicklung im wesentlichen aus von den Wehrmachtsbauten (Heereszeugamt).

Geesthacht war früher mit einer Eisenbahn mit Bergedorf und damit mit Hamburg verbunden. Wesentlich ist hier aber die Elblage, wie auch bei der Achse Wedel, die hier im Gegensatz zu dem flachen, waldarmen Gebiet der Achse Glinde qualifizierte Wohngebiete entstehen ließ.

3. Unterschiedliche Entwicklung der Aufbauachsen

a) Die Achse Elmshorn

Die Achse Elmshorn liegt am Geestrand hinter dem Dünengürtel auf ursprünglichem Eichenmischwaldgebiet (und Eichen-Buchenwald) mit vermoorten Bachtälern (Flachmoor), vgl. Abb. 153.

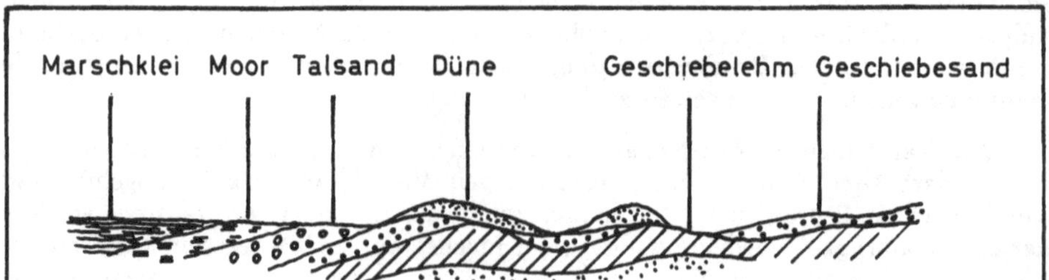

Abb. 153 **Schnitt durch den Geestrand bei Elmshorn**
(nach R. Mende, 1956)

Das Charakteristikum dieser Landschaft sind die großen Baumschulen. „Der auf den Lehmflächen herrschende Ackerbau ging seit einem Menschenalter zurück, konnte zurückgehen, weil sie als Weideflächen und für den Kleeanbau gebraucht werden konnten, Grundlage der durch die Stadtnähe begünstigten Milchwirtschaft. Die leicht zu bearbeitenden Flächen des deckenden Sandes aber, der wegen des nahen Lehmuntergrundes vor dem Austrocknen bewahrt ist, waren Veranlassung zur Entstehung ausgedehnter Baumschulen" (R. Mende, 1956, S. 227).

Diesen wichtigen Wirtschaftszweig zu erhalten, ist auch der Leitgedanke der gemeinsamen hamburgisch - schleswig - holsteinischen Aufbauplanung. Dabei wird ganz automatisch eine zu dichte Bebauung vermieden, eine künstliche Auflockerung durch öffentliche Grünanlagen kann wesentlich eingeschränkt werden. Wieweit sich der gemeinsame Landesplanungsausschuß von den Bodenverhältnissen leiten läßt, zeigt u. a. die Entschließung vom 10. 10. 1957:

„Der nördlich an Ütersen – Tornesch grenzende Raum Heidgraben kann wegen seiner geringwertigen Bodenverhältnisse *(Dünen)* und geringen Besiedlung sowie seiner günstigen Verkehrslage in späterer Zeit industrielle und wohnungsmäßige Entwicklungen aufnehmen", dagegen „sind die ausgewiesenen Bauflächen in der Gemeinde Tornesch ostwärts der Bahn (Esinger *Moor)* zu verkleinern". Im Raum Pinneberg „sollte die weitere Entwicklung nur im Rahmen des örtlichen Bedarfs gehalten . . . werden", da eine „wesentliche Erweiterung der Bauflächen über den jetzigen Stand sowohl in bezug auf die Bevölkerungszahl der Stadt wie auf die räumlichen Voraussetzungen (Baumschulen) zu unerwünschten Folgen führen würde".

b) Die Achse Kaltenkirchen

Die Achse Kaltenkirchen liegt i. w. in einem flachen, häufig vermoorten Gelände vor dem Rande der Warthevereisung.

Zunächst ungeregelte Arbeiterwohngemeinden sind zu geschlossenen Großsiedlungen, zu Massenwohngebieten zusammengefaßt worden mit Wohnblocks, Hochhäusern, Reihenhäusern (nicht viel Einzelhäuser!) und mit viel eigener Industrie.

c) Die Achse Oldesloe und die Achse Schwarzenbek

Im Gegensatz dazu ist das lebhaftere, waldreiche Jungmoränengebiet der Achse Oldesloe zu einem qualifizierten Wohngebiet geworden mit flacher Bebauung, Gartenstadtcharakter, Einzelgrundstücken, Landschaftsschutzgebieten. In noch stärkerem Maße trifft das zu für die Achse Schwarzenbek. Billelauf, Waldreichtum, lebhaftes Relief haben hier ein sehr qualifiziertes Wohngebiet und Erholungsgebiet entstehen lassen. (Der Boden des Sachsenwaldes ist zwar relativ kalkarm – Altmoräne! –, dafür aber lehmig, so daß sich der Wald halten konnte und keine Bleicherde - Entwicklung eintrat!).

Entsprechend dem Charakter der Landschaft hat sich somit auch der Charakter der Bebauung an den einzelnen Aufbauachsen unterschiedlich entwickelt.

ZUSAMMENFASSUNG

DIE KAUSALEN ZUSAMMENHÄNGE ZWISCHEN BAUGRUND UND BEBAUUNG

Welches sind die im Untergrund Hamburgs liegenden Faktoren, die einen Einfluß auf die Bebauung ausüben?

Unter den Komponenten, die den Begriff der Tragfähigkeit bilden, steht die Setzungsgefährlichkeit eines Baugrundes, gekennzeichnet durch die „Steifeziffer", an erster Stelle. *Zusammensetzung, Kornverteilung Lagerungsdichte* des Bodens sowie auch Wassergehalt und Höhe und eventuelle Schwankungen des Grundwasserstandes sind hierfür die maßgebenden Faktoren.

Die Standfestigkeit des Bodens, in Zahlen erfaßbar durch den „Winkel der inneren Reibung" und die „Kohäsion", ist in der Hauptsache eine Funktion des *Ton-, Sand-* und *Wassergehaltes* sowie auch der Kornverteilung. Die Folgen zu geringer Standfestigkeit sind Grundbruch, Geländebruch, Böschungsrutschungen, die Folgen zu großen Erddruckes das Gleiten und Kippen von Bauwerken.

Das Grundwasser ist ein wesentlicher Bestandteil des Baugrundes. Seine *Spiegellage* unter der Geländeoberkante entscheidet nicht nur über den Wert des Bodens für die Landwirtschaft, sondern auch über dessen Eignung für Bebauungszwecke. Zu hoher Grundwasserstand erfordert oft umfangreiche künstliche Entwässerung. Zu niedriger Grundwasserstand ist wegen der erforderlichen tiefen Brunnen der Besiedlung hinderlich gewesen. Schwankender Grundwasserstand beeinflußt die Tragfähigkeit des Bodens, Grundwasserabsenkungen führen zu Sakkungen.

Geringe Wasserdurchlässigkeit des Baugrundes (Lehm!) verursacht Staunässe im Boden. Es kommt zur Aufweichung des Bodens, zur Durchfeuchtung der Bauwerke und zu Frostschäden.

Zu großes Geländegefälle erschwert den Verkehr, zu kleines die künstliche Entwässerung (Kanalisation). Geringe Reliefenergie liefert ein eintöniges Landschaftsbild, ein lebhaftes Relief dagegen gibt oft den Anlaß zu einer qualifizierten Wohnhausbebauung (Einzelhäuser).

Die höhenmäßige Lage des Baugrundes gewinnt für die Bebauung Bedeutung in Verbindung mit den angrenzenden Wasserflächen (Verkehr, Warenumschlag, Brücken, Überschwemmungsgefahren).

Auch als Lieferant heimischer Baustoffe hat der Baugrund seine Bedeutung für die Bebauung.

GENETISCHE BETRACHTUNGSWEISE DER ZUSAMMENHÄNGE ZWISCHEN BAUGRUND UND BEBAUUNG

In vorgeschichtlicher Zeit wurden die trockenen, warmen, sandigen, jedoch von Wasserflächen umgebenen Gebiete von den damaligen Jägern und Sammlern bevorzugt, und zwar sowohl auf der Geest als auch in dem noch nicht verschlickten Elburstromtal. Mit dem Seßhaftwerden der Bewohner folgte dann die Besiedlung der nährstoffreicheren, bindigen Moränenböden.

In frühgeschichtlicher Zeit bis ins 9. Jahrhundert war zweifellos der erhöhte, trockene, von sumpfigen Marschflächen umgebene Geestsporn (St. Petri) der bevorzugte Ort im Raume nördlich des unpassierbaren Stromspaltungsgebietes der Elbe. Auf ihm wurde dann auch die Hammaburg errichtet.

Mit der Zunahme der Bedeutung des Unterlaufs der Elbe für die Verbindung mit der Außenwelt wurde vom 10. Jahrhundert an die Marsch zu Füßen des Geestspornes das bevorzugte Siedlungsgebiet, für den Wikort Hamburg zunächst die Alstermarsch, während der Hansezeit bis zum Ende des Mittelalters dann auch die Elbmarsch.

Größere Geestgebiete (St. Michaelis) wurden erst im 17. Jahrhundert mit in die Befestigungsanlagen einbezogen (abgesehen von dem zwar früh von Mauern umschlossenen – 11. Jahrhundert – aber erst spät dicht bebauten – 16. Jahrhundert – Kirchspiel St. Jakobi).

Eine plötzliche Ausdehnung erfuhr die Stadt auf der Geest im 19. Jahrhundert, als dort nach Aufhebung der Torsperre die großen Wohngebiete entstanden. Gleichzeitig wurde auch die restliche stadtnahe Marsch nördlich der Elbe (hauptsächlich für Hafen und Industrie, aber auch für hafennahe Wohnungen) erschlossen.

Die Marsch des Stromspaltungsgebietes südlich der Norderelbe wurde erst im 20. Jahrhundert für die Erweiterung von Hafen und Industrie bebaut. Vereinzelt entstanden und entstehen dort auch Wohngebiete (Wilhelmsburg, Finkenwerder), die jedoch in wesentlich größerem Umfange wieder auf der Geest zu finden sind. Hier entstanden sie zunächst auf den trockenen Höhen, drangen jedoch auch bald – besonders in Stadtkernnähe – in die feuchten Entwässerungsrinnen vor.

Die weiter elbaufwärts (Vier- und Marschlande) oder elbabwärts (Altes Land) gelegenen Marschgebiete werden auch heute noch landwirtschaftlich genutzt – im Gegensatz zu den ebensoweit vom Stadtkern entfernt liegenden Geestgebieten. Die Baugrund- und Entwässerungsschwierigkeiten lassen es auch wünschenswert erscheinen, daß die (intensive) landwirtschaftliche Nutzung beibehalten und diese im Aufbauplan 1960 als Untersuchungsgebiete ausgewiesenen Flächen nicht zu Wohngebieten erklärt werden.

FUNKTIONALE ZUSAMMENHÄNGE ZWISCHEN DEN NATÜRLICHEN LANDSCHAFTSRÄUMEN UND DEN STADTLANDSCHAFTEN

Auf Grund der natürlichen Gelände- und Bodenverhältnisse zeichnet sich für bestimmte Landschaftsräume auch ihre Eignung für ganz bestimmte Zwecke ab, so z. B.

der trockene, hochwasserfreie, feste Geestboden für jegliche Bebauung,

der Kleiboden der Marsch für die Landwirtschaft,

das wassernahe Gelände des Urstromtales für Hafen und Industrie,

landschaftlich hervorragende Gebiete an kleinen Wasserflächen oder in waldreichem Gelände für qualifizierte Wohnhausbebauung (Einzelhäuser).

Ebenso sind manche Bodenarten für eine gewisse Nutzung grundsätzlich nicht oder nur wenig geeignet, so z. B.

feuchter und weicher Boden für jegliche Bebauung und für Verkehrswege (Marschklei, Moore, Entwässerungsrinnen der Geest),
flache Gebiete für Entwässerung, Kanalisation (Marsch, Moore),
steiles Gelände für den Verkehr (Geestabhang!),
die Bleicherdeböden der Altmoräne für die Landwirtschaft.

Eignung und Nichteignung können dabei in Widerspruch geraten:

Im wassernahen, sturmflutgefährdeten Urstromtal steht der nichttragfähige Marschboden an. Und gerade hier sollen schwere Bauten für Hafen und Industrie errichtet werden. Der *Wasseranschluß* ist aber für Hafen und Industrie *entscheidend*, daher werden die erforderlichen Aufschließungs- und Gründungskosten auch von der Wirtschaft aufgebracht. Außerdem müssen aus demselben Grunde diese in nicht unbeschränktem Maße vorhandenen Flächen für Hafen und Industrie reserviert bleiben.

Für die Wohngebiete ist die wassernahe Lage nicht erforderlich, im Gegenteil, sie ist sogar wegen der Überschwemmungsgefahr und wegen der Feuchtigkeit des Bodens und der Luft unerwünscht. Sofern nur ausreichende Verkehrsverbindungen zu den Arbeitsplätzen auf den Elbinseln beständen, könnte also der Wohnungsbau auf die trockene Geest mit ihrem meist tragfähigen Baugrund beschränkt bleiben.

Wo dagegen auf der Geest der Baugrund nicht tragfähig ist, kann er für die ohnehin erforderlichen Grün- und Erholungsflächen genutzt werden. In der Hauptsache sind dies die vermoorten Bachtäler, die sowieso aus wasserwirtschaftlichen Gründen unbebaut bleiben müssen.

WIRTSCHAFTLICHKEITSBETRACHTUNGEN ÜBER DIE BEBAUUNG DER VERSCHIEDENEN BAUGRUNDARTEN

Der Marschboden erfordert immer zusätzliche Maßnahmen:

Sicherung gegen Hochwasser (Eindeichung, Aufhöhung)

Künstliche Entwässerung (Grundwasserabsenkung, wenn keine Aufhöhung)

Erhöhte Gründungskosten (Pfahlgründung).

Für Handel und Industrie sind diese Maßnahmen nicht zu teuer:

Die Kaufmannshäuser der Altstadt und die Büro- und Geschäftshäuser der modernen City standen bzw. stehen in der Alstermarsch, Hafen und Industrie liegen in der Elbmarsch.

Die technisch beste Lösung der Erschließungsprobleme im Elburstromtal stellen die großflächigen Aufhöhungen dar. Sie sind aber nur für die Industrie rentabel (z. B. Hohe Schaar!). Pfahlgründungen sind selbstverständlich bei größeren Lasten auch dann noch erforderlich.

Ist bereits aufgehöhtes Gelände vorhanden, so können die Kosten für Pfahlgründungen unter Umständen (Ausnutzung der Pfähle) auch beim Wohnungsbau aufgebracht werden (z. B. Rothenburgsort, Hamm-Süd!). Die Kosten für Pfähle *und* Aufhöhung (bzw. deren Ersatz: Grundwasserabsenkung und künstliche Vorflut im eingedeichten Gelände) sind jedoch für den Wohnungsbau zu hoch (Finkenwerder!). Es sei denn, der Staat übernimmt einen großen Teil dieser Erschließungskosten, wenn er der Ansicht ist, daß es wirtschaftlicher und zweckmäßiger ist, hier in der Nähe der Industrie Arbeitskräfte anzusiedeln als die erforderlichen Verkehrsverbindungen zu den Elbinseln zu schaffen.

Eindeichung und Entwässerung sind *allein* auch rentabel, wenn nämlich zusätzliche Gründungskosten für Bauwerke entfallen, wie z. B. bei der landwirtschaftlichen Nutzung in den Vier- und Marschlanden.

Sofern zum Wohle der Allgemeinheit die Errichtung von Bauten in der Marsch erforderlich wird (z. B. Gemüsegroßmarkthalle in Hammerbrook mit Wasseranschluß zur Oberelbe), *müssen* selbstverständlich die erhöhten Kosten aufgebracht werden und kann eine kaufmännische Rentabilitätsrechnung nicht aufgemacht werden.

Auf der Geest sind alle diese zusätzlichen Gründungs- und Erschließungsmaßnahmen grundsätzlich vermeidbar, es sei denn, daß hier und dort ein Pumpwerk für die Kanalisation errichtet werden muß.

Aber auch hier wurden und werden – mit der Begründung durch die Baulandknappheit – Gebiete hohen Grundwasserstandes sowie schlechten Baugrundes bebaut, um lange Anmarschwege von noch weiter draußen gelegenen Wohnstätten zu den Arbeitsplätzen zu vermeiden. Der einzelne wendet hier erhöhte Baukosten auf, um sich Zeit und Fahrkosten zu ersparen. Gleichzeitig bedeutet das für den Staat eine Senkung der Kosten für den Ausbau leistungsfähiger überörtlicher Verkehrswege (z. B. Elektrifizierung des Vorortverkehrs und Ausbau der Zubringerstraßen), nicht jedoch für die innerstädtischen Verkehrswege.

Bei der Betrachtung von Stadtgrundriß und Baugrundkarte läßt sich auf den ersten Blick meistens kein direkter Zusammenhang zwischen Baugrund und Bebauung feststellen, weil ja für die Bebauung so viele andere Dinge mitbestimmend sind. Aber wenn auch der Baugrund nicht der entscheidende Faktor für Art und Maß der Bebauung ist, da der Mensch gelernt hat, seiner mit Hilfe der Technik Herr zu werden, so bestimmt er doch in vielen Fällen die Höhe der Baukosten. Die eventuell erforderlichen zusätzlichen Gründungskosten mögen im Finanzierungsplan des einzelnen Bauvorhabens zwar gedeckt sein, ob sie jedoch auch volkswirtschaftlich als gerechtfertigt erscheinen können, ist damit noch nicht entschieden.

Im Rahmen dieser Arbeit wurden an Hamburger Beispielen die zahlreichen Wechselwirkungen zwischen Baugrund und Bauwerk aufgezeigt und die Folgen nachgewiesen, die sich daraus für die Bebauung Hamburgs ergaben und ergeben. Dabei können diese Folgen entweder unmittelbar im Erscheinungsbild der Bebauung sichtbar sein oder verborgen sein in den Erschließungs- und Gründungskosten.

SCHRIFTTUM

Arbeitsgemeinschaft der Landesplaner der Bundesrepublik Deutschland: Landesplanung – Begriffe und Richtlinien –. Düsseldorf 1953.

Architektonischer Verein (Herausgeb.): Hamburg, historisch-topographische Mitteilungen. Hamburg 1868.

Architekten- und Ingenieurverein in Hamburg (Herausgeb.): Hamburg und seine Bauten. Hamburg 1890.

Architekten- und Ingenieurverein zu Hamburg (Herausgeb.): Hamburg und seine Bauten, unter Berücksichtigung der Nachbarstädte Altona und Wandsbek 1914. Hamburg 1914.

Architekten- und Ingenieurverein Hamburg e. V. (Herausgeb.): Hamburg und seine Bauten 1914 - 1929. – Hamburg 1929.

Architekten- und Ingenieurverein Hamburg e. V. (Herausgeb.): Hamburg und seine Bauten 1929 - 1953. – Hamburg 1953.

Averdieck, F. R.: Zum Vegetationsbild der Flachmoor- und Bruchwaldtorfe am Rande der Boberger Dünen. – In: Hammaburg 4. Jg., H. 9, 1953.

Beckmann, Klaus: Flexibler Unterbau im Stadtstraßenbau Hamburgs. – In: Bitumen 1957, H. 5/6.

Benrath, Hermann: Der Aufbau und Wiederaufbau des Hafens Hamburg. – In: Festschrift z. XXX. Dt. Geogr.-tag 1955 in Hamburg. – Kiel 1955.

Bolland, Jürgen: Hamburgs Weg zur Großstadt. – In: Festschr. z. XXX. Dtsch. Geographentag 1955 in Hamburg. – Kiel 1955.

Bolland, Gustav: Zur Geschichte der Uhlenhorst. – In: Ztschr. d. Ver. f. Hbg. Gesch. 1928.

Bolland, Gustav: Hamburg, das Werden einer Großstadt. – Leipzig/Berlin 1938.

Bolle, Arved/Pfaffenholz, Hans: Wiederaufbauarbeiten im Hamburger Hafen im Zeitraum 1954 bis 1957. – In: Baumaschine und Bautechnik 5. Jg., H. 6, Berlin/Wiesbaden 1958.

Borchers, Hans: Der Flughafen Hamburg-Fuhlsbüttel. – In: Forschungsarb. a. d. Straßenwesen, H. 36. – Bielefeld 1958.

Brandenburg, Claus: Über die Verdichtungsprüfung von Schüttungen aus gleichförmigen Sanden. – In: Mitt. d. Hannov. Versuchsanstalt Franzius-Institut, H. 14. – Hannover 1958.

Brennecke, L./Lohmeyer, E.: Der Grundbau, Bd. I, Teil 1: Baugrund. – Berlin 1948.

Bromehead, C. E. N.: The Influence of it's Geography on the Growth of London. – In: Geogr. Journ. London 1922, II, S. 125 - 135.

Brüggmann, J. J. F.: Entwässerung des Billwärder Marschgebietes. – In: Hamburg und seine Bauten 1914, Bd. II.

Brünger, Wilhelm: Betrachtungen zur Stadtgeographie Hamburgs. – In: Geogr. Rundschau 1955, H. 7, S. 241.

Brünger, Wilhelm: Die Landschaft Hamburgs und ihre natürliche Gliederung. – In: Festschr. z. XXX. Dtsch. Geographentag in Hamburg. – Kiel 1955.

Caspers, Hubert: Die Biologie von Elbe und Alster. – In: Gas- und Wasserfach Jg. 95, H. 20. – 1954.

Christiani & Nielsen Ingenieurbau AG: Kaimauerkatalog (Jubiläumsschrift im Selbstverlag) – Hamburg 1958.

Christiani, Rud.: Gebäude und Plätze für den Sport. – In: Hamburg und seine Bauten 1914, Bd. I.

Cordes, W.: Zentralfriedhof Ohlsdorf. – In: Hamburg und seine Bauten 1914, Bd. II, S. 299.

Dewers, F.: Das Diluvium. – In: Känozoikum in Niedersachsen. – Oldenburg i. O. 1941.

DIN 1054: Gründungen – Zulässige Belastung des Baugrundes – Richtlinien. – Ausgabe Juni 1953.

DIN 1179: Körnungen für Sand, Kies und zerkleinerte Stoffe. – Ausgabe März 1935.

DIN 4020: Bautechnische Bodenuntersuchungen – Richtlinien. – Ausgabe Juli 1953.

DIN 4021: Grundsätze für die Entnahme von Bodenproben zur Untersuchung des Baugrundes. – Ausgabe Mai 1955.

DIN 4022: Einheitliches Benennen der Bodenarten und Aufstellen der Schichtenverzeichnisse. – Ausgabe Februar 1955.

DIN 4023: Darstellung von Boden- und Gesteinsarten für Bautechnische Zwecke. – Ausgabe Februar 1955.

Drobek, Wilhelm: Die Wasserversorgung in Hamburg – einst und jetzt. – In: Festschr. z. XXX. Dtsch. Geographentag in Hamburg. – Kiel 1955.

Dücker, Alfred: Glazialmorphologische Landschaftsräume an der Reichsautobahn Hamburg-Lübeck. – In: Die Straße 1936, H. 10.

Dücker, Alfred: Ein Untersuchungsverfahren zur Bestimmung der Mächtigkeit des diluvialen Inlandeises. – In: Mitt. Geol. Staatsinst. Hamburg, H. 20, 1951.

Faulwasser, Julius: Der Große Brand und der Wiederaufbau von Hamburg. – Hamburg 1892.

Ferber, Kurt: Der ursprüngliche Lauf von Alster und Elbe in der Hamburger Stadtmarsch. – In: Mitt. d. Geogr. Ges. 1922.

Fick, K. E: Typen niederelbischer Geestrandstädte. – In: Festschr. z. 70. Geburtstag Prof. Dr. Ludwig Mecking. – Hannover 1949.

Gaedechens, F. C.: Historische Topographie von Hamburg und Umgebung. – Hamburg 1880.

Göderitz, Johannes: Städtebau. In: Schleicher: Taschenbuch für Bauingenieure. – Berlin / Göttingen / Heidelberg 1956.

v. Halle, L. / Koch, G. / Wolter, F.: Die Cholera in Hamburg in ihren Ursachen und Wirkungen. – Hamburg 1893.

Hebebrand, Werner: Hamburg vor und nach dem Kriege. – In: Festschr. z. XXX. Dtsch. Geographentag in Hamburg. – Kiel 1955.

Henning, E. / Salzmann / Kloth / Diersen: Der Hamburger Hafen. – Hamburg 1955.

v. Heß, J. L.: Beschreibung von Hamburg. Dritter Teil. Topographie des Stadtgebietes. – Hamburg 1824.

Gripp, Karl: Geologie von Hamburg. – Hamburg 1933.

Gripp, Karl: Eider und Elbe, ein erdgeschichtlicher Vergleich. – Neumünster 1941.

Havemann, Konrad: Neue Brücken in Hamburg. – In: Forschungsarb. a. d. Straßenwesen, H. 36, – Bielefeld 1958.

Hensen, Walter: Stromregelungen, Hafenbauten, Sturmfluten in der Elbe und ihr Einfluß auf den Tideablauf. – In: Festschr. z. XXX. Dtsch. Geographentag in Hamburg. – Kiel 1955.

Heynssen, Franz: Zur Geschichte der Stadtbaukunst Hamburgs im Mittelalter. – Hamburg 1917.

Hingst, H.: Siedlungsgeographische Karten für die vorchristliche Eisenzeit und Kaiserzeit in Südholstein. – In: Archaeologia Geographica, Jg. 2, Aug. 1951, S. 75.

Hinrichs, E.: Der Geestrand Schleswig-Holsteins. – In: Mitt. Geogr. Ges., Lübeck, 1925.

Horn, Erich: Die geologischen Verhältnisse des Elbtunnels. – In: Jb. Hamb. wiss. Anst. Bd. 29. – Hamburg 1912.

Horn, Erich: Die geologischen Aufschlüsse des Stadtparkes in Winterhude und des Elbtunnels. – In: Zetischr. Dtsch. Geol. Ges. 1912, B, Monatsber. Nr. 3, S. 130

Illies, Henning: Die eiszeitliche Fluß- und Formgeschichte des Unterelbegebietes. – In: Geol. Jahrb. Bd. 66, Hannover 1952, S. 525-529.

Illies, Henning: Die glazialmorphologische Lage Hamburgs. – In: Geogr. Rundschau 1955, H. 7, S. 257.

Illies, Henning: Vereisungsgrenzen in der weiteren Umgebung Hamburgs. – In: Mitt. Geogr. Ges. in Hamburg Bd. 51, 1955.

Jelinek, Richard: Eigenschaften des Bodens. – In: Grundbautaschenbuch, Berlin 1955.

Keil, Georg: Grundlagen und Ziele der gemeinsamen Landesplanung. – In: Leitgedanken und Empfehlungen des Gemeinsamen Landesplanungsrates Hamburg / Schleswig-Holstein. – Hamburg und Kiel 1960.

Kellermann, V.: Die Bohlwege im Wittmoor und der vorgeschichtliche Straßenbau. – In: Hammaburg II, 1949.

Koch, Emil: Die prädiluviale Auflagerungsfläche unter Hamburg und Umgebung. – In: Mitt. Min.-Geol. Staatsinst. in Hamburg 1924, H. 6.

Koch, Emil: Beiträge zur Geologie des Untergrundes von Hamburg und Umgebung. – In: Mitt. Min.-Geol. Staatsinst. in Hamburg 1927, H. 7.

Koch, Emil: Die Grundwasserträger des Niederelbegebietes. – In: Gas- und Wasserfach 1928, H. 37.

Koch, Emil: Geologisches zur Grundwassergewinnung. – In: Festschr. z. 100-jähr. Bestehen der Hamburger Wasserwerke. – Hamburg 1948.

Koch, Emil: Die geologischen Grundlagen der Grundwassergewinnung Hamburgs. – In: Gas- und Wasserfach 1948, Sonderheft 100 Jahre Hamburger Wasserwerke.

Koch, Emil: Hamburgs Untergrund. – In: Mitt. Nr. 19 Geol. Landesamt Hamburg, 1954.

Koch, Emil: Die Wasserversorgung von Hamburg. Erläuterungen zu Blatt Hamburg der hydrogeologischen Übersichtskarte 1 : 500 000. – Remagen 1954.

Koch, Emil: Vom Untergrund Hamburgs. – In: Mitt. Geol. Staatsinst. Hamburg 1954,

Koch, Emil: Vom Untergrund Barmbeks. – In: Mitt. Nr. 20 a. d. Geol. Landesamt Hamburg, 1955.

Koch, Emil/Simon/Hallik: Eine heimatkundliche Geologie (Barmbek-Uhlenhorst). – In: Mitt. Nr. 20 a. d. Geol. Landesamt Hamburg, 1955.

Kögler, E./Scheidig, A.: Baugrund und Bauwerk. – Berlin 1948.

Kolumbe, Erich: Die Geschichte der Landschaft um Rissen. – In: Unterrichtl. Merkbl. f. d. Hand d. Lehrers H. 4. – Hamburg 1950.

Kolumbe, Erich: Das Werden der Natur- und Kulturlandschaft. – In: Die Landschaft um Wohldorf. – Unterrichtl. Merkbl. f. d. Hand d. Lehrers H. 6. – Hamburg 1951.

Kolumbe, Erich: Aus der Geschichte der Wälder, Dünen und Moore. – In: Die Landschaft Hamburg. – Hamburg 1953.

Kollhoff, Wilhelm: Grundriss der Geschichte Hamburgs. – Hamburg 1905.

Krawczyk, E.: Gräber der älteren Eisenzeit in Hamburg-Hummelsbüttel. – In: Hammaburg H. 10, 1953.

Kressner, Bernhard: Die Norderelbe in der Geschichte des hamburgischen Strombaues. – In: Unterrichtl. Merkbl. f. d. Hand d. Lehrers H. 2. – Hamburg 1950.

Krupinski, H.-J./Wetzel, W.: Erweiterung und Umbau der Strompfeiler der Norderelbbrücke Hamburg. – In: Beton- und Stahlbetonbau, 53. Jg., H. 6. – Berlin 1958.

Lademann, Friedrich: Der öffentliche Nahverkehr in Hamburg. – In: Festschr. z. XXX. Dtsch. Geographentag in Hamburg. – Kiel 1955.

Laucht, Hans: Zustand und Entwicklungsmöglichkeiten des Hamburger Stromspaltungsgebietes der Elbe. – In: Mitt. d. Franzius-Inst. T. H. Hannover H. 9, 1956.

v. Lehe, E./Kausche, D./Ramm, H.: Heimatchronik der Freien und Hansestadt Hamburg. – Köln 1958.

Leo, G.: Kanäle, Schleusen, Alsterregulierung. – In: Hamburg und seine Bauten 1914, Bd. II, S. 190.

Lichey, Werner: Hamburg als Industrieraum. – In: Festschr. z. XXX. Geographentag in Hamburg. – Kiel 1955.

Linde, Richard: Die Niederelbe. – Berlin/Bielefeld/Leipzig 1912.

Lodders, R./Siebert, B.: Die Hochhäuser am Grindelberg. – In: Hamburg und seine Bauten 1953. – Hamburg 1953.

Loos, Wilhelm: Baugrundfragen aus der Praxis des Architekten und Bauingenieurs. – In: Bautechn. Hefte R. 6, H. 5. – Bremen u. a. 1949.

Lukner, Bernward: Der Elbübergang Hamburg-Harburg in seiner Verkehrsbedeutung. – Hamburg 1950.

Mandel, Georg: Der U-Bahnbau in Hamburg. – In: Forschungsarbeiten a. d. Straßenwesen, H. 36. – Bielefeld 1958.

Mecking, Ludwig: Die Entwicklung der Großstädte in den Hauptländern der Industrie. – Hamburg 1949.

Melhop, Wilhelm: Geographische Lage Hamburgs. – In: Hamburg und seine Bauten 1914 Bd. I.

Melhop, Wilhelm: Die Alster, geschichtlich, ortskundlich und flußbautechnisch beschrieben. – Hamburg 1932.

Mende, Richard: Eis-Wasser-Wind. Eine allgemein verständliche Eiszeitgeologie der Hamburger Gegend. – Hamburg 1956.

Meng, Alfred: Die Beschaffenheit des Tiefengrundwassers im Hamburger Raum in Beziehung zum geologischen Bau. – Nicht veröff. Diss. Hamburg 1950.

Meng, Alfred: Geologisches aus der Wasserversorgung Hamburgs. – In: Mitt. a. d. Geol. Staatsinst. Hamburg H. 23, 1954.

Merckel, Curt: Die Kanalisation der Freien und Hansestadt Hamburg. – Hamburg 1910.

Mittelbach, Heinz-Arno: Der Grund und Boden als Basis der Siedlungsplanung. – Stuttgart 1948.

Müller, Rudolf: Ingenieurwissenschaftliche Geländeuntersuchung in der Stadt- und Landesplanung. – In: Deutsche Wasserwirtschaft 1942, H. 3-5.

Müller, Rudolf: Bodenkundliche Arbeiten für die Stadt- und Landesplanung. – In: L. Bendel: Ingenieurgeologie Bd. II. – Wien 1948.

Muhs, Heinz: Die Prüfung des Baugrundes und der Böden. – In: Handbuch der Werkstoffprüfung 2. Aufl. Bd. III, Kapitel XXIII, Sonderdruck. – Berlin / Göttingen / Heidelberg 1957.

Ohde, I.: Die Berechnung der Standsicherheit von Böschungen und Dämmen. – In: Bautechnik-Archiv H. 8. – Berlin 1952.

Pemöller, Adalbert: Hamm als Teil der Großstadtlandschaft Hamburg. – Diss Hamburg 1958. – Hmb. Geogr. Studien 11. – Hamburg 1960.

Preß, Heinrich: Der Boden als Baugrund. – Berlin 1949.

Puls, E: Der Hamburger Hafen. – In: Geogr. Rundschau 1955, H. 7, S. 248.

Puttfarken, W.: Die Geschichte Hamburgs in Tabellen. – Hamburg 1928.

Reincke, Heinrich: Höhe und Reichweite der Flut in und um Hamburg. – In: Hammaburg II Jg., S. 23. – Hamburg 1950.

Reincke, Heinrich: Forschungen und Skizzen zur Geschichte Hamburgs. – In: Veröffentl. a. d. Staatsarchiv Hamburg Bd. III. – Hamburg 1951.

Reincke, Heinrich: Die Alster als Lebensader Hamburgs. – Hamburg 1958.

Ruscheweyh, Walther: Hausmakler und Grundeigentum in Hamburg. – Hamburg 1947.

Rust, Alfred: Die alt- und mittelsteinzeitlichen Funde von Stellmoor. – Neumünster 1943.

Rust, Alfred: Die Entwicklung der steinzeitlichen Kulturen im Raum von Hamburg. – In: Festschr. z. XXX. Dtsch. Geographentag in Hamburg. – Kiel 1955.

Schenck, W. / Fink, E.: Beobachtungen von Rammerschütterungen unter besonderer Berücksichtigung des U-Bahnbaues in der Innenstadt von Hamburg. – In: Baumaschine und Bautechnik 5. Jg., H. 6. – Wiesbaden / Berlin 1958.

Schertel, O.: Geologisches und Hydrologisches. – In: Hamburg und seine Bauten 1914 Bd. I.

Schindler, Reinhard: Die Entdeckung zweier jungsteinzeitlicher Wohnplätze unter dem Marschenschlick im Vorgelände der Boberger Dünen. – In: Hammaburg H. 9, 4. Jg., Sept. 1953.

Schindler, Reinhard: Ein Eisenschmelzofen mit Formziegeln in Duvenstedt um Christi Geburt. – In: Hammaburg, H. 9, 4. Jg., Sept. 1953.

Schindler, Reinhard: Eine germanische Siedlung des 1.-5. Jahrhunderts n. Chr. in Hamburg-Farmsen. – In: Hammaburg H. 10, 4. Jg. 1955.

Schindler, Reinhard: Hamburg in vor- und frühgeschichtlicher Zeit. – In: Festschr. z. XXX. Dtsch. Geographentag in Hamburg. – Kiel 1955.

Schindler, Reinhard: Hamburgs Frühzeit im Lichte der Ausgrabungen. – In: Zeitschr. d. Ver. f. hamb. Gesch. Bd. XLIII. – Hamburg 1956.

Schindler, Reinhard: Ausgrabungen in Alt-Hamburg. – Hamburg 1957.

Schott, Carl: Die Naturlandschaften Schleswig-Holsteins. – Neumünster 1956.

Schroeder, G.: Landwirtschaftlicher Wasserbau. – Berlin 1937.
Schucht, F.: Das Wasser und seine Sedimente im Flutgebiet der Elbe. – In: Jahrb. Preuß Geol. Landesanst. Bd. 25 (1904).
Schumacher, Fritz: Wie das Kunstwerk Hamburg nach dem Großen Brande entstand. – Berlin 1920.
Schumacher, Fritz: Das Werden einer Wohnstadt. – Hamburg 1932.
Schwabedissen, H.: Hamburg-Rissen, ein wichtiger Fundplatz der frühen Menschheitsgeschichte. – In: Hammaburg 2; 1949.
Schwartz, Bernhard: Erschließungsprobleme in Wohn- und Siedlungsgebieten. – In: Forschungsarb. a. d. Straßenwesen, H. 36. – Bielefeld 1958.
Schwiecker, Friedrich: Hamburg, eine landschaftskundliche Stadtuntersuchung. – Hamburg 1925.
Schwiecker, Friedrich: Die hamburgische Stadtlandschaft und ihre Entstehung. – In: Festschr. z. XXX. Dtsch. Geographentag in Hamburg. – Kiel 1955.
Seilkopf, Heinrich: Zum Lageklima und Witterungsklima des Hamburger Raumes. – In: Festschr. z. XXX. Dtsch. Geographentag in Hamburg. – Kiel 1955.
Siedeck, P. / Dücker, A.: 15 Jahre Baugrunduntersuchung im Hamburger Raum. – Elmshorn 1949.
Singer, Max: Der Baugrund. – Wien 1932.
Speckter, Hans: Der Wiederaufbau Hamburgs nach dem großen Brand 1842. – Hamburg 1952.
Sperber, F.: Stadterweiterung, Sanierung, Straßendurchbrüche. – In: Hamburg und seine Bauten 1914, Bd. II, S. 196.
Sperber, F. / Schumacher, F.: Stadtpark. – In: Hamburg und seine Bauten 1914 Bd. II, S. 291.
Spörhase, Rolf: Bauverein zu Hamburg AG. Entstehung und Geschichte im Werden des gemeinnützigen Wohnungswesens in Hamburg. – Hamburg 1942.
Stockhausen, O.: Der Elbtunnel. In: Hamburg und seine Bauten 1914 Bd. II.
Suerth, Anton: Verkehrs- und Siedlungspolitik der Freien und Hansestadt Hamburg. – Hamburg 1919.
v. Terzaghi, Karl: Erdbaumechanik auf bodenphysikalischer Grundlage. – Leipzig / Wien 1925.
v. Terzaghi, K. / Redlich, K. / Kampe, R.: Ingenieurgeologie. – Wien / Berlin 1929.
Wichmann, E. H.: Atlas zur Geschichte Hamburgs. – Hamburg 1914.
Willigerod, Friedrich: Neue Straßen in modernen Bauweisen. – In: Forschungsarb. a. d. Straßenwesen H. 36. – Bielefeld 1958.
Wolff, Wilhelm: Das Diluvium der Gegend von Hamburg. – In: Jahrb. Preuß. Geol. Landesanst. 36 (1915), S. 227 - 324.
Wolff, Wilhelm: Erdgeschichte und Bodenaufbau Schleswig-Holsteins. – Hamburg 1922.
Wolff, Wilhelm: Die Bedeutung des geologischen Baues für die wirtschaftlichen Verhältnisse Schleswig-Holsteins. – In: Zeitschr. f. prakt. Geol. 36 (1928) H. 8.

KARTENNACHWEIS

a) Topographische Karten

Schleswig-Holstein, 1 : 300 000 von W. Eggers, Flemmings Verlag Hamburg
Schleswig-Holstein, Höhenschichten, 1 : 500 000 (aus C. Schott 1955)
Großblatt 33 Hamburg-Stade, 1 : 100 000.
Karten der Gebietseinteilung der Hansestadt Hamburg 1 : 20 000 (Hansestadt Hamburg Vermessungsamt)
Topographische Karten 1 : 25 000 (Landesvermessungsamt Schleswig-Holstein)
Straßenkarten von Hamburg 1 : 10 000 (Vermessungsamt der Freien und Hansestadt Hamburg)
Deutsche Grundkarten 1 : 5 000 (Vermessungsamt der Freien und Hansestadt Hamburg)
Harburger Berge 1 : 15 000 (Vermessungsamt der Freien und Hansestadt Hamburg)

b) **Historisch-topographische Karten**

Hamburg im 9., 10. und 11. Jahrhundert (aus R. Schindler 1956)
Atlas zur Geschichte Hamburgs, E. H. Wichmann, Hamburg 1914
Hamburg im Jahre 1320 (aus C. F. Gaedechens, 1880)
Grundriß Hamburgs 1589 von Braun und Hogenberg
Grundriß Hamburgs 1651 von Johann Meyer aus Husum
Umgebung von Hamburg 1600, 1 : 40 000 von C. F. Gaedechens 1863
Grundriß der Kayserl. Freien Reichs- und Handels-Stadt Hamburg von F. A. v. Lawrence 1791
Stadtgrundriß der Freien und Hansestadt Hamburg um 1800, 1 : 2 500, von W. Unbehauen
Das Gebieth der Stadt Hamburg mit den angrenzenden Landen von P. G. Heinrich, 1810, ca. 1 : 92 000 (in J. L. v. Heß, 1824)
Grundriß von Hamburg und Umgebung 1 : 6 000 von A. A. M. Nagel 1845.
Vogteikarten 1 : 4 000 aus den Jahren 1867 bis 1874 (Hamburgisches Staatsarchiv)
Stadtgrundrisse von Hamburg 1 : 50 000 aus den Jahren 1860 bis 1890 (aus „Hamburg und seine Bauten 1890")
Plan von Hamburg und Umgebung 1874 zur Veranschaulichung der Höhenverhältnisse 1 : 50 000 (aus R. Spörhase, 1940)
Die Stadt Hamburg mit Angabe ihrer Begrenzung in den Jahren 900, 1300, 1560, 1650, 1880, 1 : 10 000 (in C. F. Gaedechens 1880)
Hamburg und Umgebung 1 : 10 000. – Vermessungsbureau der Bau-Deputation, Hamburg 1895.

c) **Geologische Karten**

Geologische Karte von Preußen und Benachbarten Deutschen Ländern 1 : 25 000, Bll. Hamburg und Wandsbek
Geologische Baugrundplanungskarte von Hamburg 1 : 10 000

Blatt 6448 : Ochsenzoll
„ 7248 : Bergstedt
„ 5644 : Schnelsen
„ 5444 : Langenhorn
„ 7244 : Volksdorf
„ 4840 : Klövensteen
„ 5640 : Stellingen
„ 6440 : Winterhude
„ 7240 : Rahlstedt
„ 4836 : Blankenese
„ 5636 : Bahrenfeld
„ 6436 : Uhlenhorst
„ 7236 : Wandsbek

Hydrogeologische Übersichtskarte 1 : 500 000 Blatt Hamburg
Karte der geologischen Landschaftsformen der Umgebung von Hamburg von Dr. W. Eggers, 1 : 100 000

d) **Sonstige Karten**

Einzugsgebiete der Misch- und Schmutzwassersiele 1 : 50 000 (Baubehörde Hamburg, Tiefbauamt)
Wasserkarte der Freien und Hansestadt Hamburg 1 : 50 000 (Baubehörde Hamburg, Tiefbauamt)
Aufbauplan der Hansestadt Hamburg 1950, 1 : 50 000
Stromkarte der Elbe, 1 : 100 000 (Kartogr. Büro Strom- und Hafenbau, Hamburg)
Aufbauplan der Freien und Hansestadt Hamburg 1960, 1 : 20 000

Kolibri 360 GmbH
Ferdinand-Jühlke-Straße 7
99095 Erfurt, Deutschland
produktsicherheit@kolibri360.de